计算机类知识点复习指导

(上册)

主　编　陈振方
副主编　史春水　刘　伟　肖　春
参　编　黄伟峰　范国学　刘泽松
　　　　李潇澜　刘小华　谢　洋
　　　　胡源源　杨远琴　袁新平
　　　　郑　鹏　张香玉

北京理工大学出版社
BEIJING INSTITUTE OF TECHNOLOGY PRESS

版权专有 侵权必究

图书在版编目(CIP)数据

计算机类知识点复习指导.上册/陈振方主编. —北京：北京理工大学出版社，2020.9

ISBN 978-7-5682-8651-0

Ⅰ.①计⋯ Ⅱ.①陈⋯ Ⅲ.①电子计算机-高等学校-入学考试-自学参考资料 Ⅳ.①TP3

中国版本图书馆 CIP 数据核字(2020)第 115603 号

出版发行 /	北京理工大学出版社有限责任公司
社　　址 /	北京市海淀区中关村南大街 5 号
邮　　编 /	100081
电　　话 /	(010)68914775(总编室)
	(010)82562903(教材售后服务热线)
	(010)68948351(其他图书服务热线)
网　　址 /	http://www.bitpress.com.cn
经　　销 /	全国各地新华书店
印　　刷 /	定州市新华印刷有限公司
开　　本 /	787 毫米×1092 毫米　1/16
印　　张 / 16.75	责任编辑 / 张荣君
字　　数 / 393 千字	文案编辑 / 张荣君
版　　次 / 2020 年 9 月第 1 版　2020 年 9 月第 1 次印刷	责任校对 / 周瑞红
定　　价 / 50.00 元	责任印制 / 边心超

图书出现印装质量问题，请拨打售后服务热线，本社负责调换

本书紧扣计算机考试大纲，实现职业岗位能力教育与计算机水平考试相结合，以基础知识加强化训练为主，加强巩固知识，提升计算机应用能力水平，更适合计算机类专业对口升学考试的考生。

本书共分为两册，上册是计算机应用类专业对口高考复习基础篇，分为计算机应用基础知识、Windows 7、Word 2010、Excel 2010、PowerPoint 2010、计算机组装与维修、计算机网络技术、网页制作基础、C 语言程序设计共 9 章；每章有学习目标、知识梳理、同步训练及跟踪训练模块。下册是计算机应用类专业对口高考复习提高篇，分为计算机应用基础知识、Windows 7、Word 2010、Excel 2010、PowerPoint 2010、计算机组装与维修、计算机网络技术、网页制作基础、C 语言程序设计共 9 章，另配 10 套模拟题；每章有考题探究、真题回顾及各章的强化训练。上下册每章基本上包含填空题、选择题、判断题，有些配有简答题、综合分析题，题目类型多样，内容丰富。

编者从事计算机应用类专业教学多年，经验丰富，同时感谢各位同仁的帮助与指导，本书由陈振方主编，参与编写的还有黄伟峰、范国学、刘泽松、史春水、李潇澜、肖春、刘伟、刘小华、谢洋、胡源源、杨远琴、袁新平、郑鹏、张香玉。本书为湖南省教育科学研究工作者协会课题《中职学校计算机专业对口升学课堂教学资源的开发研究》研究成果，课题编号：XJKX18B105。

由于编者水平有限，加之时间仓促，书中难免有不足和疏漏之处，恳请广大读者、专家、同行批评指正，不吝赐教。

敬请各位读者认真地把这套书读完，并把易做错的题反复做，直到把知识点掌握为止，相信你的计算机应用水平会有一个质的飞跃。最后，祝各种资格证书考试的考生顺利过关，广大高考的考生稳操胜券。

中职学校计算机专业对口升学课堂教学资源的开发研究课题组
2020 年 6 月

目录 CONTENTS

第1章 计算机应用基础知识 ... 1
第1节 了解计算机 ... 2
第2节 认识微型计算机 ... 3
第3节 微型计算机的输入/输出设备 ... 6
第4节 计算机软件及其使用 ... 7
第5节 数制与编码 ... 8
第6节 了解多媒体 ... 12
第7节 计算机病毒 ... 14
第8节 因特网（Internet）应用 ... 16

第2章 Windows 7 ... 24
第1节 Windows 7 入门 ... 24
第2节 管理文件 ... 31
第3节 管理与应用 Windows 7 ... 35
第4节 维护系统与常用工具软件 ... 38
第5节 中文输入 ... 39

第3章 Word 2010 ... 45
第1节 Word 2010 入门 ... 45
第2节 格式化文档 ... 49
第3节 设置页面与输出打印 ... 51
第4节 制作 Word 表格 ... 54
第5节 图文混合排版 ... 58

第4章 Excel 2010 ... 66
第1节 Excel 入门 ... 66
第2节 电子表格基本操作 ... 69

第 3 节　格式化电子表格 …………………………………………………… 72
第 4 节　计算数据 …………………………………………………………… 75
第 5 节　处理数据 …………………………………………………………… 82
第 6 节　制作数据表格 ……………………………………………………… 85
第 7 节　打印工作表 ………………………………………………………… 89

第 5 章　PowerPoint 2010 …………………………………………………… 96
第 1 节　PowerPoint 入门 …………………………………………………… 96
第 2 节　修饰演示文稿 ……………………………………………………… 99
第 3 节　编辑演示文稿对象 ………………………………………………… 101
第 4 节　播放演示文稿 ……………………………………………………… 106

第 6 章　计算机组装与维修 ………………………………………………… 113
第 1 节　微型机算机的基本知识 …………………………………………… 113
第 2 节　CPU ………………………………………………………………… 116
第 3 节　主板 ………………………………………………………………… 117
第 4 节　存储设备 …………………………………………………………… 120
第 5 节　输入设备 …………………………………………………………… 122
第 6 节　输出设备 …………………………………………………………… 123
第 7 节　其他设备 …………………………………………………………… 125
第 8 节　选配计算机整机 …………………………………………………… 126
第 9 节　组装计算机整机 …………………………………………………… 126
第 10 节　设置 CMOS 参数 ………………………………………………… 129
第 11 节　硬盘分区及安装软件 ……………………………………………… 130
第 12 节　常用外围设备及安装 ……………………………………………… 132
第 13 节　测试和优化系统性能 ……………………………………………… 132
第 14 节　备份和还原系统 …………………………………………………… 133
第 15 节　诊断和排除系统故障 ……………………………………………… 135
第 16 节　计算机日常保养与维护 …………………………………………… 139

第 7 章　计算机网络技术 …………………………………………………… 146
第 1 节　计算机网络的基本知识 …………………………………………… 147
第 2 节　数据通信基础 ……………………………………………………… 150
第 3 节　计算机网络技术基础 ……………………………………………… 153
第 4 节　网络传输介质 ……………………………………………………… 158
第 5 节　计算机网络设备 …………………………………………………… 160

第 6 节	Internet 基础	164
第 7 节	网络安全与网络常用命令	167
第 8 节	家庭网络的组建	170
第 9 节	中小型办公局域网的组建方案	171

第 8 章 网页制作基础 … 176

第 1 节	网页设计基础	176
第 2 节	网页元素编辑	177
第 3 节	超链接的使用	181
第 4 节	表格的使用	182
第 5 节	框架的应用	184
第 6 节	表单的设计	186
第 7 节	多媒体网页效果	187
第 8 节	CSS 基础知识	188

第 9 章 C 语言程序设计 … 195

第 1 节	数据类型与运算符	196
第 2 节	数据的输入与输出	198
第 3 节	程序流程的控制	200
第 4 节	数组	203
第 5 节	函数	207
第 6 节	指针	209
第 7 节	用户建立的数据类型	213
第 8 节	文件	216

计算机类知识点复习指导（上册）参考答案 … 245

第1章　计算机应用基础知识

学习目标

1. 掌握数据与信息的概念及数据在计算机中的表示和处理过程；了解计算机技术的发展过程。

2. 了解计算机的工作原理；掌握计算机分类的概念、计算机的性能指标及计算机的主机、外设等主要组成部件的功能和特点，以及总线及接口的功能与作用。

3. 了解计算机的应用领域、计算机系统中软件的类型及程序设计语言，区别系统软件和应用软件。

4. 掌握计算机系统的组成、计算机软件和硬件的关系、解释和编译的概念、系统软件的种类、应用程序。

5. 掌握数制的概念。

6. 掌握几种进制及特点、ASCII 码。

7. 了解常见的多媒体输入/输出设备、常见的多媒体文件格式；掌握常用计算机设备(存储设备、输入/输出设备)的作用和使用方法。

8. 了解多媒体的关键技术；熟悉多媒体系统的硬件组成。

9. 掌握计算机安全基础知识、计算机安全与防范的基本技能、计算机病毒的概念和特点；熟悉病毒的原理及防毒和查毒技术。

10. 掌握计算机网络的基础知识和网络管理的基本技能，以及因特网的基本概念、因特网的常用接入方式及相关设备。

11. 使用浏览器浏览网页；掌握网页内容的存储、下载；使用搜索引擎；配置浏览器的常用参数。

12. 了解电子邮件的基本概念；熟练进行免费电子邮箱的建立与使用；了解邮件客户端软件 Microsoft Outlook 并学会使用。

13. 掌握常用即时通信软件的使用方法，以及使用工具软件上传与下载信息的方法。

知识梳理

第1节 了解计算机

一、了解计算机技术

1. 信息

世界上不同物质、事物和人都有不同的特征，不同的特征会通过不同的形式（如电磁波、声波、文字、图像、颜色、符号等）发出不同的信息，计算机的应用就是对信息的收集、处理、储存、传递。

2. 数据信息

计算机可以处理的信息有字符、数字和各种数字符号、图形、图像、音频、视频、动画等。这些可以识别的记号或符号都称为数据，它们的各种组合用来表达客观世界中的各种信息。

3. 信息技术

现代信息技术是以微电子技术为基础，将计算机技术、通信技术及传感技术相结合的一门新技术。

4. 新一轮信息技术革命

信息时代的创新，不断催生出新技术、新产品和新应用，以"云计算""物联网"和"下一代互联网"为代表的新一轮信息技术革命，正在深刻影响着全球社会和经济发展。

二、了解计算机技术的发展过程及趋势

1. 计算机的发展阶段

1946年，在美国诞生了第一台计算机ENIAC（埃尼阿克），按计算机所采用的电子器件的不同，可将其发展历程划分为4个阶段，见表1-1。

表1-1 计算机发展历程

发展阶段	电子器件	软件	应用领域
第一代（1946—1958年）	电子管	机器语言、汇编语言	军事与科研
第二代（1959—1964年）	晶体管	高级语言、操作语言	数据管理和事务管理
第三代（1965—1970年）	中、小规模集成电路	多种高级语言、完善的操作系统	科学计算、数据处理及过程控制
第四代（1971年至今）	大规模、超大规模集成电路	数据库管理系统、网络操作系统	人工智能、数据通信及社会的各领域

2. 微型计算机的发展

20世纪70年代初，美国Intel公司等采用先进的微电子技术将运算器和控制器集成到一块芯片中，称为微处理器（MPU）。

3. 计算机的发展趋势

目前，计算机正朝着巨型化、微型化、网络化、智能化和多功能化方向发展。

4. 计算机的特点

计算机是高度自动化的信息处理设备。其主要特点有处理速度快、计算精度高、记忆能力强(存储容量大)、可靠的逻辑判断能力、自动化程度高、通用性强。

①处理速度快：计算机的运算速度用MIPS(每秒钟执行多少百万条指令)来衡量。

②计算机精度高：数值的精度主要由表示这个数的二进制码的位数决定。

③记忆能力强：存储器能存储大量的数据和计算机程序。

④可靠的逻辑判断能力：具有可靠的逻辑判断能力是计算机的一个重要特点，是计算机能实现信息处理自动化的重要原因。

同步训练

选择题

1. IBM公司推出的第一台个人计算机，属于(　　)。
   A. 巨型机　　　B. 小型机　　　C. 大型机　　　D. 微型机

2. 第一台计算机(PC)诞生于(　　)。
   A. 1946年　　　B. 1974年　　　C. 1971年　　　D. 1991年

3. 在微型计算机中，使用大规模集成电路工艺将运算器和控制器集成在一块芯片中，形成微处理器，简称为(　　)。
   A. CCU　　　B. PPU　　　C. MPU　　　D. ARIT

4. 在计算机领域中通常用MIPS来描述(　　)。
   A. 计算机的可运行性　　　B. 计算机的运算速度
   C. 计算机的可靠性　　　　D. 计算机的可扩充性

5. 第二代计算机的电子元器件是(　　)。
   A. 中小规模集成电路　　　B. 大规模集成电路
   C. 晶体管　　　　　　　　D. 电子管

第2节　认识微型计算机

1. 什么是计算机

计算机(Computer)是一种能接收和储存信息，并按照存储在其内部分布的程序对输入的信息进行加工、处理，然后把结果输出的高度自动化的电子设备。

2. 计算机工作原理

计算机工作原理为冯·诺依曼原理(又称为存储程序原理)。

3. 组成计算机的物理设备(硬件)

组成计算机的物理设备包括运算器、控制器、存储器、输入设备和输出设备5个部分。所有程序和数据都以二进制的形式储存在存储器中。计算机系统在过程控制下自动运行。

4. 计算机的应用领域

计算机的应用范围，按其应用特点，可分为科学计算、信息处理、过程控制、计算机辅助系统、多媒体技术、计算机通信及人工智能。

（1）科学计算

科学计算是指将计算机应用于完成科学研究和工程技术中所提出的数学问题（数值计算）。一般要求计算机速度快、精度高、存储容量大。科学计算是计算机最早的应用方面。

（2）信息处理

信息处理主要是指非数值形式的数据处理，包括对数据资料的收集、存储、加工、分类、排序、检索和发布等一系列工作。信息处理包括办公自动化（OA）、企业管理、情报检索、报刊编排处理等。

（3）过程控制

过程控制是把计算机用于科学技术、军事领域、工业、农业等各个领域的过程控制。

（4）计算机辅助系统

计算机辅助系统有计算机辅助教学（CAI）、计算机辅助设计（CAD）、计算机辅助制造（CAM）、计算机辅助测试（CAT）和计算机集成制造（CIMS）等。

（5）多媒体技术

多媒体技术把数字、文字、声音、图像和动画等多种媒体有机组合起来。

（6）计算机通信

计算机通信是计算机技术与通信技术结合的产物。计算机网络技术的发展将处在不同地域的计算机用通信线路连接起来，达到资源共享的目的。

（7）人工智能

人工智能包括知识工程、机器学习、模拟识别、自然语言处理、智能机器人等多方面的研究。

5. 计算机的性能指标

计算机的主要技术性能指标有主频、字长、内存容量、存储周期、运算速度及其他指标。

（1）主频（时钟频率）

主频是指计算机CPU在单位时间内输出的脉冲数。在很大程度上它决定了计算机的运行速度。其单位为GHz。

（2）字长

字长是指计算机的运算部件能同时处理的二进制数据的位数。字长决定运算精度。

（3）内存容量

内存容量是指内存储器中能存储的信息总字节数。通常以8个二进制位（bit）作为一个字节（Byte）。

（4）存储周期

存储周期是指存储器连续两次独立地进行"读"或"写"操作所需的最短时间，单位为纳秒（ns）。存储器完成一次"读"或"写"操作所需的时间称为存储器的访问时间（或读写时间）。

（5）运算速度

运算速度是一个综合性的指标。影响运算速度的因素主要是主频和存储周期，字长和存储容量也有影响。

（6）其他指标

机器的兼容性（包括数据和文件的兼容、程序兼容、系统兼容和设备兼容）、系统的可靠性[平均无故障工作时间（MTBF）]、系统的可维护性[平均修复时间（MTTR）]、机器允许配置的外部设备的最大数目、计算机系统的汉字处理能力、数据库管理系统及网络功能等的性能价格比

(性能价格比是一个综合性评价计算机性能的指标)。

6. 计算机的发展趋势

计算机的发展趋势是智能化、巨型化、微型化、网络化、多媒体化。

7. 计算机分类

计算机可按用途、规模或处理对象等多方面进行划分。

(1) 按用途划分

按用途划分,可分为以下两种。

①通用机:适合解决多种一般问题,该类计算机使用领域广泛、通用性较强,在科学计算、数据处理和过程控制等多个领域都能适用。

②专用机:用于解决某个特定方面的问题,从而配有解决该类问题的软件和硬件,如在生产过程自动化控制、工业智能仪表等方面的应用。

(2) 按规模划分

按规模划分,依据美国电气和电子工程师协会(IEEE)的划分标准,可分为以下6种。

①巨型机:巨型机也称为超级计算机,在所有计算机类型中价格最高、功能最强,其浮点运算速度最快。

②小巨型机:小巨型机是小型超级计算机,也称桌面型超级计算机,功能略低于巨型机,但价格仅为巨型机的1/10。

③大型机:大型机也称大型计算机,特点是大型、通用,具有很强的处理和管理能力,主要用于大银行、大公司、规模较大的高校和科研院所。

④小型机:小型机结构简单,可靠性高,成本较低,对于广大中、小用户,比昂贵的大型主机具有更大的吸引力。

⑤工作站:工作站是介于PC和小型机之间的一种高档机,其运算速度比微型机快,且具有较强的联网功能,主要用于特殊的专业领域,如图像处理、计算机辅助设计等。

⑥微型机:微型机也称PC,以其设计先进、软件丰富、功能齐全、价格便宜等优势而拥有广大的用户。PC除了台式机,还有膝上型、笔记本、掌上型、手表型等。

(3) 按处理对象划分

按处理对象划分,可分为以下3种。

①数字计算机:计算机处理时输入和输出的数值都是数字量。

②模拟计算机:处理的数据直接为连续的电压、温度、速度等模拟数据。

③数字模拟混合计算机:输入/输出既可以是数字,也可以是模拟数据。

同步训练

选择题

1. 由我国国防科技大学研制的银河系列计算机,按规模归类,应属于(　　)。
   A. 巨型机　　　　B. 小型机　　　　C. 大型机　　　　D. 微型机
2. 当今广泛进入广大家庭用户的计算机,属于(　　)。
   A. 数字计算机　　B. 模拟计算机　　C. 通用计算机　　D. 专用计算机
3. 计算机辅助教学的英文简写是(　　)。
   A. CAM　　　　　B. CAT　　　　　C. CAI　　　　　D. CAD

4. 计算机能够自动、准确、快速地按照人们的意图进行运行的最基本思想是冯·诺依曼提出的(　　)和程序控制。
   A. 高速运算　　　B. 二进制　　　C. 指令控制　　　D. 存储程序
5. 以下硬件(　　)不属于计算机基本组成。
   A. CPU　　　　　B. 控制器　　　C. 输出设备　　　D. 输入设备

第3节　微型计算机的输入/输出设备

微型计算机的输入和输出设备是人与计算机系统之间进行信息交换的主要装置。

输入设备可以将外部信息(如文字、数字、声音、图像、程序等)转变为数据输入到计算机中进行加工、处理；而输出设备是把计算机处理的中间结果或最终结果，用人所能识别的形式(如字符、图像、语音等)表示出来，它包括显示设备、打印设备等。

一、认识输入设备

1. 键盘

键盘是计算机常用的输入设备，目前普遍使用的是电容式101键键盘。另外，还有104键和107键键盘，增加了一些功能键。

常见的101键键盘可以分为4个区：功能键区、字符键区、光标控制键区和数字键区。

2. 鼠标

鼠标是目前最常用的微型计算机输入设备。

鼠标的主要功能是进行光标定位或用来完成某种特定的输入。鼠标的主要技术指标是分辨率，单位是dpi，它是指每移动一英寸能检测出的点数。

3. 扫描仪

扫描仪通常用于将图片、照片、胶片、各类图纸及各类文稿资料扫描成图像文件输入到计算机中，进而实现对这些图像形式的信息的处理。扫描仪的主要指标是分辨率，单位是dpi。

4. 触摸屏

触摸屏是一种多媒体输入定位设备，用户可以直接用手操作屏幕上的菜单、按钮、图标等，向计算机输入信息。

5. 条码阅读仪

一维条码：一维条码阅读仪是专门用于扫描、识读条码的仪器，将收集的数据输入到计算机系统进行处理。

二维条码：二维条码可以印刷在报纸、杂志、广告、图书、商品包装及个人名片等多种载体上。

6. 手写和语音输入设备

手写输入设备一般由手写板和输入笔组成。使用手写输入设备时，先读取手写板上的笔迹信息，分析笔画特征。

二、认识输出设备

输出设备的作用是把计算机处理的中间结果或最终结果用人所能识别的形式(如字符、图形、图像、语音等)表示出来,它包括显示设备、打印设备、语音输出设备、图像输出设备等。

1. 显示器

显示器通常也称作监视器或屏幕,它是用户与计算机之间对话的主要信息窗口,其作用是在屏幕上显示从键盘输入的命令或数据,程序运行时,能自动将计算机内的数据转换成直观的字符、图形输出。

2. 打印机

从打印原理上来说,常见的打印机大致可分为喷墨打印机、激光打印机和针式打印机。

打印机分辨率又称为输出分辨率,是指在打印输出时横向和纵向两个方向上每英寸最多能打印的点数,单位为 dpi。打印机主要接口类型包括常见的并行接口、专业的 SCSI 接口和 USB 接口。

3. 3D 打印机

3D 打印机是一位名为恩里科·迪尼的发明家设计的一种神奇的打印机。

4. 音箱或耳机

音箱或耳机是多媒体计算机不可缺少的设备。

5. 绘图仪

绘图仪是比较常用的一种图形输出设备,它可以在纸上或其他材料上画出图形。

6. 投影仪

目前常见的投影仪主要有 DLP(数字光学处理)、LCD(液晶)两大类。

同步训练

选择题

1. 显示器的主要技术指标之一是(   )。
   A. 分辨率   B. 扫描频率   C. 重量   D. 耗电量
2. 在下列设备中,不能作为微机输出设备的是(   )。
   A. 打印机   B. 显示器   C. 鼠标   D. 绘图仪
3. 下列设备中,可以作为微机输入设备的是(   )。
   A. 打印机   B. 显示器   C. 鼠标   D. 绘图仪
4. 下列设备组中,完全属于计算机输出设备的一组是(   )。
   A. 喷墨打印机,显示器,键盘   B. 激光打印机,键盘,鼠标
   C. 键盘,鼠标,扫描仪   D. 打印机,绘图仪,显示器
5. 以下不属于外围设备的是(   )。
   A. 打印机   B. 键盘   C. 鼠标   D. 电源

第 4 节　计算机软件及其使用

1. 系统软件和应用软件

除用于协助用户开发的工具性软件(包括帮助程序人员开发软件产品的工具,以及帮助管理人员控制开发进程的工具,也称为支撑软件)之外,一般将软件分为系统软件和应用软件两

大类。

系统软件主要是指用于计算机系统内部的管理、控制和维护计算机的各种资源的软件，如Windows操作系统及其中的设备驱动程序。应用软件是指向计算机提供相应指令并实现某种用途的软件，它们是为解决各种实际问题而专门设计的程序。

2. 程序设计语言

程序设计语言是用于编写程序（或制作软件）的开发工具，人们把自己的意图用某种程序设计语言编成程序，输入计算机，告诉计算机完成什么任务及如何完成，达到人对计算机进行控制的目的。

3. 软件版本

各类软件在开发过程中为适应不断发展的需求，生产厂商在早期软件的基础上不断进行更新，每个更新阶段的软件产品用版本表示，如Photoshop CS6中的CS6就是软件的版本。

4. 压缩软件

WinRAR可以创建两种不同的压缩文件格式：RAR和ZIP。

同步训练

选择题

1. 汇编语言是一种(　　)。
   A. 依赖于计算机的低级程序设计语言　　B. 计算机能直接执行的程序设计语言
   C. 独立于计算机的高级程序设计语言　　D. 面向问题的程序设计语言
2. 用高级程序设计语言编写的程序(　　)。
   A. 计算机能直接执行　　B. 具有良好的可读性和可移植性
   C. 执行效率高，但可读性差　　D. 依赖于具体机器，可移植性差
3. 高级语言编写的未经编译的程序，被称为(　　)。
   A. 源程序　　B. 汇编语言　　C. 目标程序　　D. 连接程序
4. (　　)的作用是将用高级程序语言编写的源程序翻译成目标程序。
   A. 连接程序　　B. 编辑程序　　C. 编译程序　　D. 诊断维护程序
5. 应用软件是指(　　)。
   A. 能够使用的软件　　B. 为某一应用目的而编写的软件
   C. 所有微机上都能应用的软件　　D. 管理计算机硬件的软件

第5节　数制与编码

一、了解二进制、八进制、十六进制及十进制相关知识

1. 各进制数

二进制包括0和1，八进制包括0~7，十进制包括0~9，十六进制包括0~9、A、B、C、D、E、F。

2. 字符

字符是各种文字和符号的总称，包括各国家文字、标点符号、图形符号、数字等。

3. 计算机采用二进制数的主要原因

①计算机内部只有两个基础符号 0 和 1，这两种基本状态易于用物理器件表示。

②运算器规则简单，操作容易实现。

③二进制中的 0 和 1 正好与逻辑值的"真"和"假"对应，为计算机实现逻辑运算和程序中的逻辑判断创造了良好的基础。

4. 各进制简称

二进制的简称为 B，八进制的简称为 O 或 Q，十进制的简称为 D，十六进制的简称为 H。

5. 数据的存储单位

(1) 位

计算机中所有的数据都是以二进制来表示的，一个二进制代码称为一位，记为 bit。位是计算机中存储信息的最小单位。

(2) 字节

在对二进制数据进行存储时，以八位二进制代码为一个单元存放在一起，称为一个字节，记为 Byte。字节是计算机中存储信息的基本单位。

(3) 字

一条指令或一个数据信息，称为一个字。字是计算机进行信息交换、处理、存储的基本单元。

(4) 字长

CPU 中每个字所包含的二进制代码的位数，称为字长。字长是衡量计算机性能的一个重要指标。

6. 容量

容量是衡量计算机存储能力常用的一个名词，指存储器所能存储信息的字节数。

(1) 各单位之间的关系

1B = 8b，1KB = 1024B，1MB = 1024KB，1GB = 1024MB，1TB = 1024GB。

(2) 簇

簇又称为分配单元，由若干个连续的扇区组成，是磁道空间分配和磁盘读写的最小单位。对软盘来说，一般一个扇区为一个簇；对硬盘来说，不同容量和不同的分区类型，其簇的大小也不同。

7. 原码，反码，补码

符号位为 0 表示正数，符号位为 1 表示负数，其余各位表示真值数本身，这种表示方法称为原码表示法。

符号位为 0 表示正数，其数值位与真值相等，符号位为 1 表示负数，数值位是原码数值位的"各位取反"，这种表示方法称为反码表示方法。

符号位为 0 表示正数，其数值位与真值相等，符号位为 1 表示负数，数值位是原码数值位的"各位取反后加 1"，这种表示方法称为补码表示方法。

二、了解二进制数与八进制、十六进制数之间的转换

1. 进位计数三要素

进位计数的三要素是位权、基数和码数。

①数码：在某进位计数制中可以使用的符号。
②基数：指在某进位制中允许使用的基本数码(每个数位上能使用的数码)个数。
③位权：也称为权，它的计算方法是以该进位制所在数位的序号为指数，所得的整数次幂即该进位制在该数位上的权。

位权与基数的关系是各进位制中位权的值是基数的若干次幂。

2. 十进制、二进制、八进制、十六进制的比较(表1-2)

表1-2 十进制、二进制、八进制、十六进制的比较

进位计数制	数码	基数	第i位的位权	尾符
十进制	0、1、2、3、4、5、6、7、8、9	10	10^{i-1}	D或省略
二进制	0、1	2	2^{i-1}	B
八进制	0、1、2、3、4、5、6、7	8	8^{i-1}	O或Q
十六进制	0、1、2、3、4、5、6、7、8、9、A、B、C、D、E、F	16	16^{i-1}	H

(1) 十进制

数的基为10，数码为0~9十个数，权是以10为底的幂。十进制数12345.6可直接表示为12345.6或12345.6D。

$12345.6D = 1\times10^4 + 2\times10^3 + 3\times10^2 + 4\times10^1 + 5\times10^0 + 6\times10^{-1}$

(2) 二进制

数的基为2，只有0和1两个数。二进制数1001.1可表示为$(1001.1)_2$或1001.1B。

$1001.1B = 1\times2^3 + 0\times2^2 + 0\times2^1 + 1\times2^0 + 1\times2^{-1}$

(3) 八进制

数的基为8，数码为0~7八个数。八进制数1357.6可表示为$(1357.6)_8$或1357.6Q。

$1357.6Q = 1\times8^3 + 3\times8^2 + 5\times8^1 + 7\times8^0 + 6\times8^{-1}$

(4) 十六进制

数的基为16，数码为0~9、A、B、C、D、E、F十六个数。十六进制数12EF.A可表示为$(12EF.A)_{16}$或12EF.AH。

$12EF.AH = 1\times16^3 + 2\times16^2 + 14\times16^1 + 15\times16^0 + 10\times16^{-1}$

3. R进制数转换为十进制数(R表示二、八、十六)

$(X_1X_2X_3X_4X_5.X_6X_7)_R = X_1\times R^4 + X_2\times R^3 + X_3\times R^2 + X_4\times R^1 + X_5\times R^0 + X_6\times R^{-1} + X_7\times R^{-2}$

例如，二进制数11001.101转换为十进制数：

$11001.101B = 1\times2^4 + 1\times2^3 + 0\times2^2 + 0\times2^1 + 1\times2^0 + 1\times2^{-1} + 0\times2^{-2} + 1\times2^{-3} = 25.625$

二进制数、八进制数、十六进制数转换为十进制数，规则为按权展开相加。

4. 十进制数转换为R进制数

对于整数部分，采用"除R取余法"，而对于小数部分，则采用"乘R取整法"。例如，十进制数236.625转换为二进制数。首先将236采用"除二取余法"转换为二进制数11101100，再将0.625采用"乘二取整法"转换为二进制数0.101，故236.625 = 11101100.101B。

5. 二进制数转换为八进制数或十六进制数

从小数点开始，向左、右按3位(八进制)或4位(十六进制)分段，不足3位或4位者补0，然后将每段转换为八进制数或十六进制数即可。例如，将11101100.101B转换为十六进制数。

原数	分段	转换
11101100.101B	1110 1100.1010B	EC.A

因此，11101100.101B=EC.AH。

6. 八进制数或十六进制数转换为二进制数

每一位当二进制数的 3 位(八进制)或 4 位(十六进制)，直接转换。例如，A01.101H 转换为二进制数。直接写出：A01.101H = 1010 0000 0001.0001 0000 0001B。在转换时，注意十六进制数的 0 应转换为二进制数的 0000。

7. 八进制数和十六进制数之间的互化

借助二进制数作为中间状态进行转换。

三、认识 ASCII 码和汉字编码

1. ASCII 码

ASCII 码即美国标准信息交换码，被国际标准化组织(ISO)定为国际标准，是计算机系统使用最广泛的字符编码。

ASCII 码分为基本 ASCII 码和扩充 ASCII 码。

2. 汉字编码

西文是拼音文字，基本符号比较少，编码比较容易。因此，在一个计算机系统中，输入、内部处理、存储和输出都可以使用统一代码。汉字种类繁多，编码比拼音文字困难，因此在不同的场合要使用不同的编码。通常有 4 种类型的编码，即输入码、国际码、内码和字形码。

(1) 输入码

输入码所要解决的问题是如何使用西文标准键盘把汉字输入到计算机内。有各种不同的输入码，主要可以分为四类：顺序码、音码、形码和音形码。

①顺序码：用数字串代表一个汉字，常用的是国际区位码。它将国家标准局公布的 6763 个两级汉字分为 94 个区，每个区分为 94 位。

②音码：以汉字读音为基础的输入方法。由于汉字同音太多，从而重码率高，但易学易用。

③形码：以汉字的形状确定编码，即按汉字的笔画部件用字母或数字进行编码。如五笔字型、字形码，便属于此类编码。其难点在于如何拆分一个汉字。

④音形码：结合音码和形码的优点，同时考虑汉字的读音和字形进行编码。

(2) 国标码

国标码又称为汉字交换码，用于在计算机之间交换信息。用两个字节来表示，每个字节的最高位均为 0。将汉字区位码的高位字节、低位字节各加十进制数 32(即十六进制数的 20)，便得到国标码。这就是国家标准局规定的 GB 2312—1980 信息交换用汉字编码集。

(3) 机内码

机内码是在设备和信息处理系统内部存储、处理、传输汉字用的代码。

(4) 字形码

字形码表示汉字字形的字模数据，因此也称为字模码，是汉字的输出形式。通常用点阵、矢量函数等表示。从汉字代码转换的角度，一般可以把字节信息处理系统抽象为一个结构模型，如下所示：

汉字输入→输入码→国标码→机内码→字形码→汉字输入

汉字的内码=汉字的国标码+8080H，区位码的十六进制表示+2020H=国标码。

同步训练

选择题

1. 在符号数表示中，采用二进制的原因不包括( )。
   A. 可降低硬件成本　　　　　　　　B. 两个状态的系统具有稳定性
   C. 二进制的运算法则简单　　　　　D. 合乎人们的习惯
2. 一个字长为6位的无符号二进制数能表示的十进制数值范围是( )。
   A. 0~64　　　　B. 1~64　　　　C. 1~63　　　　D. 0~63
3. 无符号二进制整数1001001转换成十进制数是( )。
   A. 72　　　　　B. 71　　　　　C. 75　　　　　D. 73
4. 十进制数32转换成无符号二进制整数是( )。
   A. 100000　　　B. 100100　　　C. 100010　　　D. 101000
5. 一个字符的标准ASCII码的长度是( )。
   A. 7b　　　　　B. 8b　　　　　C. 16b　　　　　D. 6b

第6节　了解多媒体

1. 多媒体与多媒体技术

多媒体在计算机信息领域中泛指一切信息载体，如文本、图像、图形、动画、音频、视频等。多媒体技术是利用计算机技术同时对两种或两种以上的多媒体进行采集、编辑、存储等综合处理的技术，它具有交互性、集成性、多样性、实时性等特征。

2. 常见的多媒体硬件设备

常用的采集、编辑、存储数据的多媒体输入/输出设备如下。

输入设备：数码摄像机、扫描仪、刻录机、麦克风、数码相机、摄像头、录音笔、手写板等。

输出设备：打印机、投影仪等。

3. 常见的图像文件格式

计算机中的图像是由扫描仪、数码相机等输入设备捕捉实际画面产生的数字影像信息。在计算机中，将图像数据存储成文件，就得到图像文件。

常见的图像文件格式和特点如下。

BMP：Windows中的标准图像文件格式。它用非压缩格式存储图像数据，解码速度快，支持多种图像的存储，常见的图形图像软件都能对其进行处理。

JPG/JPEG：24位的图像文件格式，是一种高效率的压缩格式。它用有损压缩方式去除冗余的图像和色彩数据，获取高压缩率的同时，能展现丰富生动的图像，即用最少的磁盘空间得到较好的图像质量。

GIF：采用无损压缩，文件容量小，支持动态和单色透明效果及渐显方式。其缺点是颜色数太少，最多为256色。

PDF：支持跨平台上的多媒体集成的信息出版和发布，尤其是提供对网络信息发布的支持。

4. 常见的音频文件格式

WAV：未经过压缩，文件比较大，不适合网络应用，适合保存原始音频素材。

MIDI：音乐数据文件，文件较小。MIDI 文件并不是录制好的声音，而是记录声音的信息，然后再告诉声卡如何再现音乐的一组指令。其能与电子乐器的数据交互，适合乐曲创作等。

MP3：压缩率比较高(最高 1∶12)，音质次于 CD 格式或 WAV 格式的声音文件。文件较小，适合网络应用、移动存储设备使用。

WMA：压缩率比较高(1∶18)，音质强于 MP3 格式。生成的文件大小只有相应 MP3 文件的一半，适合在网络上在线播放。

5. 常见的视频文件格式

AVI：微软公司采用的标准视频文件格式，将视频和音频混合在一起。AVI 在多媒体中应用较广，一般视频采集直接存储的文件为 AVI 格式。

MPEG/MPG：采用 MPEG 有损压缩标准，压缩率很高，是视频的主要格式。

MOV：美国 Apple 公司开发的一种视频格式。其具有较高的压缩率和较完美的视频清晰度，不仅能支持 Mac OS，同样也支持 Windows 系列操作系统。

ASF：微软公司推出的一种视频格式。使用了 MPEG-4 的压缩算法，压缩率和图像的质量较高。除了进行网络视频播放和本地直接播放，还可以将图形、声音和动画数据组合成一个 ASF 格式文件。

WMV：微软公司推出的视频文件格式。其具有本地或网络回放、可扩充的媒体类型、多语言支持、环境独特性、丰富的流间关系及扩展性等优点，采用独特编码方式并且可以直接在网上实时观看视频节目。

RM：RealNetworks 公司开发的一种流式视频 Real Video 和音频 Real Audio 文件格式。其可根据网络数据传输速率的不同而采用不同压缩率。

DAT：VCD 使用的视频文件格式，采用 MPEG 标准压缩而成。

6. 多媒体音频处理

①数字音频技术：多媒体计算机以数字形式进行声音处理的技术。

②数字音频技术处理的过程：将模拟信号通过模/数转换成数字信号，用于进行处理、传输和存储等。输出时，通过数/模转换成模拟信号。

③数字音频数据量的计算：

$$数字音频的数据量=(采样频率×每个采样位数×声道数)/8$$

④声音处理设备：多媒体计算机处理声音的组件是声卡。声卡一般可同时处理数字化声音、MIDI 消息、CD 音频。

7. 多媒体位图处理

(1) 位图图像

位图图像是指在空间和亮度上已经离散化的图像。

(2) 重要的技术参数

分辨率：分辨率有 3 种，分别是屏幕分辨率、图像分辨率和像素分辨率。

图像深度：位图中每个像素所占的位数称为图像深度。

调色板：包含此幅图像中各种颜色的颜色表。

(3) 位图图像的数据量

数据量的计算公式为

$$B=(h×w×c)/8(字节)$$

式中，h 为图像的垂直方向分辨率；w 为水平方向分辨率；c 为颜色深度。

同步训练

选择题

1. 以下（　　）不是数字图形、图像的常用文件格式。
   A. BMP　　　　B. TXT　　　　C. CIF　　　　D. JPG
2. Flash 动画播放文件的扩展名是（　　）。
   A. LIV　　　　B. FLA　　　　C. EXE　　　　D. SWF
3. 用于数字存储媒体运动图像的压缩编码国际标准是（　　）。
   A. JPEG　　　B. Video　　　C. MPEG　　　D. P*64
4. 以下（　　）不是常用的声音文件格式。
   A. JPEG　　　B. WAV　　　　C. MIDI　　　　D. VOC
5. 多媒体计算机常用的图像有（　　）。
   A. 静态图像、照片、图形
   B. 静态图像、照片、视频
   C. 静态图像、图形、视频
   D. 静态图像、照片、图形、视频图形

第 7 节　计算机病毒

1. 计算机病毒概述

（1）计算机病毒的特性

病毒是一种程序，所以它具有程序的所有特性，除此之外，它还具有隐蔽性、潜伏性、传染性和破坏性。

病毒通常的扩展途径是将自身的具有破坏性的代码复制到其他有用的代码中。它的传播是以计算机系统的运行及读写磁盘为基础的。

（2）病毒的分类

病毒按其危害程度，分为良性病毒和恶性病毒；按其侵害的对象，可以分为引导型、文件型、复合型和网络型等。

在计算机应用的早期，软盘是病毒传播的最主要方式，随着网络的飞速发展，软盘趋于淘汰，网络这个载体给病毒的传播插上了"翅膀"。据统计，通过网络邮件系统附件传播的病毒超过病毒传播总途径的 60%。

（3）病毒的侵害

减少存储器的可用空间，占用 CPU 的工作时间；破坏存储器中的数据信息和网络中的各项资源；破坏 I/O 功能；破坏系统文件，甚至危及硬件，等等。

2. 计算机病毒的防御

可通过以下几个途径预防计算机病毒。

①谨慎对待来历不明的软件、电子邮件等。
②使用外来磁盘或其他机器的文件时，要先杀病毒再使用。
③重要数据和文件定期做备份，以减少损失。
④为计算机安装病毒检测软件，定期清查病毒，并注意及时升级。
⑤为计算机安装专门用于防毒、杀毒的病毒防火墙或防护卡。

⑥在上网时，尽量减少可执行代码交换，能脱网工作时尽量脱网工作。

3. 病毒的检测与消除

（1）病毒的检测

病毒潜伏在计算机中，如果不被激发，是很难被发现的，因此要仔细观察系统的异常现象。一般计算机出现异常，首先判断是不是计算机硬件造成的，若硬件系统正常，则应该考虑是否感染了计算机病毒。安装在计算机中的病毒检测软件或硬件检测到病毒后，应该立即采取相应的措施。

（2）病毒的清理

对病毒的清理一般使用杀毒软件。杀毒软件的作用原理与病毒的作用原理正好相反。其可以同时清除几千种病毒，且对计算机中的数据没有影响。常见的杀毒软件有KV3000、诺顿、瑞星、金山毒霸等。

同步训练

选择题

1. 下列各种方法中，（　　）是预防优盘感染病毒的有效措施。
   A. 定期对优盘进行格式化　　　　B. 不要把优盘和有病毒的软盘放在一起
   C. 保持优盘清洁　　　　　　　　D. 给优盘杀毒

2. 怀疑计算机感染病毒后，首先应采用的合理措施是（　　）。
   A. 重新安装操作系统　　　　　　B. 用杀毒软件查杀病毒
   C. 对所有磁盘进行格式化　　　　D. 立即关机，以后不再使用

3. 计算机黑客是指（　　）。
   A. 利用不正当手段窃取计算机网络的口令和密码，从而非法进入计算机网络的人
   B. 计算机专业人士
   C. 使用计算机的黑人
   D. 匿名进入计算机网络的人

4. 计算机病毒会造成计算机（　　）的损坏。
   A. 硬件、软件和数据　　　　　　B. 硬件和软件
   C. 软件和数据　　　　　　　　　D. 硬件和数据

5. 下列叙述中，属于防御计算机病毒措施的是（　　）。
   A. 不要把干净的优盘和来历不明的优盘放在一起
   B. 将来历不明的优盘换一台计算机使用
   C. 将来历不明的优盘上的文件复制到另一张刚格式化的软盘上使用
   D. 不要复制和使用来历不明的优盘上的程序

第 8 节　因特网(Internet)应用

一、连接 Internet

Internet 起源于美国国防部建立的 ARPAnet，其主导思想是网络必须能够经受住故障的考验而维持正常的工作，一旦发生战争，当网络的某一部分因遭受攻击而失去工作能力时，网络的其他部分应能够维持正常通信。

接入 Internet 的常见方式有窄带接入(电话拨号接入)、宽带接入(ADSL、小区宽带接入)和无线上网。

（1）ADSL 接入

ADSL(Asymmetric Digital Subscriber Line，非对称数字用户环路)技术，以现有普通电话线作为传输介质，用户只需要在普通线路两端加装 ADSL 设备，即可使用 ADSL 提供的宽带上网服务。ADSL 和固定电话使用同一条线路实现宽带上网和语音通信，在上网的同时，也可以使用语音通信服务，上网和接听、拨打电话互不干扰。

（2）小区宽带接入

小区宽带接入是目前大中城市较普及的一种宽带接入方式，网络服务商利用以太网技术，采用光纤接入到社区，从社区机房敷设光缆至住户宅楼，楼内布线采用 5 类双绞线敷设至用户家里，双绞线总长度一般不超过 100m，用户家里的计算机通过 5 类双绞线接入墙上的 5 类模块就可以实现上网。

（3）电话拨号接入

电话拨号接入是过去非常普遍的一种接入方式，主要利用公用电话交换网(Public Switched Telephone Network，PSTN)通过 Modem 拨号实现用户接入。其最高速率为 56kbps。

（4）无线上网

无线上网是指使用无线连接的互联网接入方式。它使用无线电波作为数据传送的媒介。

为了识别网络中的计算机，使网络通信顺利进行，必须使每台计算机有一个独一无二的识别标记，这个标记就是 IP 地址。TCP/IP 协议确定了网络传输的规则，是计算机与计算机之间以及网络与网络之间沟通、交流的桥梁，是目前网络通信的主要协议。Internet 基于 TCP/IP 协议，要顺利访问网络资源，必须正确配置 TCP/IP 协议参数。在"网络连接"窗口中，配置 TCP/IP 协议参数。

二、获取网络信息

网页是网站的基本信息单位，一个网站由众多不同内容的网页组成。网页一般由文字、图片、声音、动画等多媒体内容构成。

浏览网页是 Internet 提供的主要服务之一，广泛使用的网页浏览工具是 IE(Internet Explorer)浏览器。在 Windows 7 操作系统中就自带了 IE 浏览器。

1. 启动浏览器

启动 IE 浏览器通常用以下 3 种方法。

①双击桌面上的 IE 快捷方式图标。
②单击快速访问工具栏中的 IE 图标。
③单击"开始"按钮,选择"所有程序"→"Internet Explorer"选项。

2. 启动浏览器后的界面

标题栏:显示当前浏览的网页名称。
地址栏:输入和显示网页的地址。
菜单栏:包含对 IE 进行操作的所有命令。
选项卡:通过选择选项卡,可在浏览器窗口中查看不同的网页。

3. 保存和收藏网页

(1)保存整个网页

保存网页中的图片,在图片上右击,弹出快捷菜单,选择保存图片的位置后,再单击"保存"按钮即可。

(2)收藏网页

对于经常访问的网页,可以将其添加到收藏夹中,这样就不必每次访问时都要输入网址,只需要直接选择网页名称即可。

4. 设置浏览器

IE 浏览器的设置可以根据用户的需要进行改变,可以将经常访问的网页设为主页,还可以通过设置保存历史记录,访问曾经访问过的网页。

设置主页:主页就是启动 IE 浏览器时显示的网页,可以根据用户的需要进行设置。

设置和查看历史记录:浏览器的历史记录中会自动保存访问过的网页地址,保存的时间可以通过设置浏览器完成,以后再次访问时,就可以通过历史记录来查看。

设置浏览器安全级别:通过安全级别的设置,可以提高浏览器的安全性,从而提高系统安全性。

人们输入的网址大部分是以"WWW"开头,WWW 是 World Wide Web 的缩写,也简称为 Web,中文名称为万维网。WWW 是当前 Internet 上最受欢迎、最为流行、最新的信息检索服务系统,也是 Internet 提供的主要服务之一。

网址也称为 URL(Uniform Resource Locator,统一资源定位器),通常由三部分组成:所使用的传输协议、主机域名、访问资源的路径和名称。例如,http://news.sina.com.cn/c/2013-12-16/001828991361.html。其中,http://表示超文本传输协议;news.sina.com.cn 表示主机域名;c/2013-12-16/001828991361.html 表示文件的路径与名称。

URL 不限于 http 协议,它还包括 ftp 协议、gopher 及新闻 URL 等。

5. 网页文件的保存

网页文件的保存类型有多种,可以根据用途来选择保存类型。

网页:按网页原始格式保存显示网页时所需的所有文件,包括文字、图片、视频、框架等。

Web 档案:保存单一文件的方式。这种格式把当前网页上的所有内容都保存在一个用.mht 作为扩展名的文件中。

Web 页:仅生成一个.html 文件而不会创建同名的文件夹,所以它将不保存网页中的图片信息。

文本文件:将网页中的文本信息保存为.txt 文本文件。

6. 搜索下载网上资源

（1）认识搜索引擎

搜索引擎实际上是一个为用户提供信息"检索"服务的网站，它使用程序把网上的所有信息归类，以帮助人们在茫茫网海中搜寻到所需要的信息。当前较有名气的搜索引擎有百度（www.baidu.com）、谷歌（www.google.com）、搜狗（www.sogou.com）等。搜索引擎在 Internet 上检索网络资源的方式主要有关键词检索和分类目录检索两种。

（2）搜索引擎操作提示

所谓关键词，是指能表达将要查找的信息主题的单词或短语。用户以一定逻辑的组合方式输入各种关键词，搜索引擎根据这些关键词寻找用户所需资源的地址。使用关键词的操作方法为：给关键词加双引号（半角形式），可实现精确查询。

（3）下载资源

对于在网络中检索到的文本和图片信息，可以采用前面介绍过的方法进行保存，但若是其他文件，则需要下载。

三、收发电子邮件

电子邮件（Electronic Mail，E-mail）是一种通过 Internet 进行信息交换的通信方式。这些信息（电子邮件）可以是文字、图像、声音等各种形式，用户可以用非常低廉的价格，以非常快速的方式与世界上任何一个角落的网络用户联系。

1. 申请和使用免费邮箱

（1）网络查找，选择网站

利用搜索引擎，如在"百度"中输入要查找的内容"免费邮箱"。

（2）邮箱注册

在 163 网易免费邮箱页面中单击"注册"按钮进行注册。

（3）邮箱使用

单击"开启网易邮箱之旅"，或在 IE 浏览器中输入网站地址"http://mail.163.com"，出现 163 邮箱的主页面。在该页面中填写用户名和密码，单击"登录"按钮，将进入 163 网易邮箱页面。

单击"写信"按钮，进入 163 邮箱写信页面，还可以使用添加附件的功能发送有关文件或图片等。

2. 使用客户邮件工具 Microsoft Outlook

初次使用 Microsoft Outlook 2010，需要在已经申请的邮箱和 Microsoft Outlook 软件中配置 Outlook 2010 账户。

①配置邮箱 POP3/SMTP/IMAP 服务的设置。

②添加新账户。

在 Microsoft Outlook 软件中添加新账户。

③接收与阅读邮件。

在 Microsoft Outlook 软件界面接收电子邮件，如果有邮件到达，将出现"Outlook 发送、接收进度"对话框，并显示出邮件接收的进度。若收到的邮件中带有附件，则在邮件栏的右下方会出现带有回形针的标记。

④撰写与发送邮件。

使用 Outlook 2010 可以很方便地撰写与发送邮件。单击"新建电子邮件"按钮，屏幕显示"邮件"工作界面,填写收件人邮箱地址,并在邮件正文区输入邮件内容;如果有附件,可以单击"插入"→"附件文件",在"插入文件"对话框中选择所要添加的文件。

3. 电子邮件系统的工作过程

电子邮件系统是用于传输和处理电子邮件的设备和软件。它的工作过程遵循客户端-服务器模式,每份电子邮件的发送都要涉及发送方与接收方,发送方构成客户端,而接收方构成服务器,服务器含有众多用户的电子信箱。发送方通过电子邮箱传输协议(SMTP),将编辑好的电子邮件向邮局服务器(SMTP服务器)发送;邮局服务器通过邮局协议(POP3)识别接收方的地址,并向管理该地址的邮件服务器(POP3服务器)发送消息,邮件服务器将消息存放在接收方的电子信箱内,并会告知接收方有新邮件到来。因特网信息访问协议(IMAP)允许用户选择将邮件下载或存放在服务器上。

同步训练

选择题

1. 用户名为 XUEJY 的正确的电子邮件地址是(　　)。
   A. XUEJY @ bj163.com   B. XUEJYbj163.com
   C. XUEJY#bj163.com   D. XUEJY@ 163.com
2. 下列各项中,非法的 Internet 的 IP 地址是(　　)。
   A. 202.96.12.14   B. 202.196.72.140
   C. 112.256.23.8   D. 201.124.38.79
3. 计算机网络最突出的优点是(　　)。
   A. 精度高   B. 共享资源   C. 运算速度快   D. 容量大
4. POP3 服务器和 SMTP 服务器分别是指(　　)。
   A. 发送邮件服务器和接收邮件服务器
   B. 回复邮件服务器和转发邮件服务器
   C. 接收邮件服务器和发送邮件服务器
   D. 转发邮件服务器和回复邮件服务器
5. Windows 7 对等网中设置识别数据时,叙述不正确的是(　　)。
   A. 计算机名用来表示在整个网络中用户自己的计算机名称
   B. 计算机名用来区别于网络中的其他计算机
   C. 在同一工作组中的计算机名可以相同
   D. 在同一工作组中的计算机名必须不同

跟踪训练

一、选择题

1. Windows 7 操作系统从软件归类应属于(　　)。
   A. 系统软件   B. 应用软件   C. 数据库   D. 文字处理软件
2. 计算机的应用领域包括科学计算、数据处理、人工智能及(　　)等。
   A. 售票系统   B. 实时处理   C. 图书管理   D. 过程控制

3. 计算机能够直接识别和执行的语言是（　　）。
A. 汇编语言　　　B. 高级语言　　　C. C 语言　　　D. 机器语言
4. 操作系统是（　　）接口。
A. 主机和外设　　　　　　　B. 系统软件和应用软件
C. 用户和计算机　　　　　　D. 高级语言和机器语言
5. 在工业生产中，计算机能够对控制对象的动作实现自动调控，如生产过程自动化、过程仿真、过程控制等。这属于计算机应用中的（　　）。
A. 数据处理　　　B. 自动控制　　　C. 科学计算　　　D. 人工智能
6. 目前微型计算机中采用的主要逻辑组件是（　　）。
A. 晶体管　　　　　　　　　B. 中小规模集成电路
C. 大规模和超大规模集成电路　D. 电子管
7. 能反映计算机主要功能的是（　　）。
A. 计算机可以代替人的脑力劳动　　B. 计算机可以存储大量信息
C. 计算机可以实现高速度的运算　　D. 计算机是一种信息处理机
8. 下列不属于计算机发展总趋势的有（　　）。
A. 智能化　　　B. 多媒体化　　　C. 网络化　　　D. 数字化
9. IE 浏览器工具栏中的"刷新"按钮的作用是（　　）。
A. 返回上一页　　　　　　　B. 停止对当前网页的载入
C. 显示最新的网页信息　　　D. 下载当前网页
10. Web 每一个页面都有一个独立的地址，这些地址被称为（　　）。
A. IP 地址　　　B. URL　　　C. 域名　　　D. Location
11. 在 WWW 中，当超链接以文字的方式存在时，文本通常带有（　　）。
A. 下划线　　　B. 引号　　　C. 圆括号　　　D. 矩形框
12. 在 IE 浏览器中，如果要看刚刚看过的那一个 Web 页面，应该单击"（　　）"按钮。
A. 前进　　　B. 刷新　　　C. 历史　　　D. 后退
13. 在微型计算机内存储器中不能用指令修改其存储内容的部分是（　　）。
A. RAM　　　B. DRAM　　　C. ROM　　　D. SRAM
14. 在微型计算机存储系统中，PROM 是（　　）。
A. 可读写存储器　　　　　　B. 动态随机存储器
C. 只读存储器　　　　　　　D. 可编程只读存储器
15. 下列几种存储器中，存取周期最短的是（　　）。
A. 内存储器　　　　　　　　B. 光盘存储器
C. 硬盘存储器　　　　　　　D. 软盘存储器
16. 下列叙述中，正确的是（　　）。
A. 假如 CPU 向外输出 20 位地址，则它能直接访问的存储空间可达 1MB
B. PC 在使用过程中突然断电，SRAM 中存储的信息不会丢失
C. PC 在使用过程中突然断电，DRAM 中存储的信息不会丢失
D. 外存储器中的信息可以直接被 CPU 处理
17. 下列打印机中，属于击式打印机的是（　　）。
A. 点阵打印机　　B. 热敏打印机　　C. 激光打印机　　D. 喷墨打印机

18. 下面( )组设备包括输入设备、输出设备和存储设备。
A. CRT、CPU、ROM
B. 鼠标、绘图仪、光盘
C. 磁盘、鼠标、键盘
D. 磁带、打印机、激光打印机

19. 鼠标的单击操作是( )，双击操作是( )，指示操作是( )，拖动操作是( )。
A. 移动鼠标，使鼠标指针出现在屏幕上某一位置
B. 按下并快速释放鼠标按键
C. 按住鼠标按键，移动鼠标把鼠标指针移到某个位置后再释放鼠标按键
D. 快速地连续按两下并释放鼠标按键

20. 下面关于显示器的叙述中，有错误的是( )。
A. 显示器的分辨率与微处理器的型号有关
B. 显示器的分辨率为 1024 像素×768 像素，表示屏幕水平方向每行有 1024 个点，垂直方向每列有 768 个点
C. 显示卡是显示系统的一部分，显示卡的存储量与显示质量密切相关
D. 像素是显示屏上能独立赋予颜色和亮度的最小单位

21. 下列软件中属于系统软件的是( )。
A. WPS 2000   B. Word   C. Excel   D. 编译程序

22. 3D Max 从软件归类，应属于( )。
A. 操作系统   B. 应用软件   C. 数据库   D. 文字处理软件

23. 各种计算机高级语言属于( )。
A. 硬件系统   B. 软件系统   C. 应用软件   D. 系统软件

24. 在下列语言中，计算机处理执行速度最快的是( )。
A. 机器语言   B. 汇编语言   C. C 语言   D. 高级语言

25. 程序设计语言通常有( )等类型。
A. 翻译语言和数据库语言
B. 机器语言、汇编语言和高级语言
C. 汇编语言和解释语言
D. 高级语言和机器语言

26. 在计算机内部，数据加工、处理和传送的形式是( )。
A. 十六进制码   B. 八进制码   C. 二进制码   D. 十进制码

27. 下面关于计算机内部采用二进制编码的原因，表述不正确的是( )。
A. 只有 0 和 1 两种状态，技术实现简单
B. 电路简单，可靠性强
C. 简化运算规则，提高运算速度
D. 十进制在计算机中无法实现

28. 为了避免混乱，在书写二进制数时，常在后面加上字母( )。
A. H   B. O   C. D   D. B

29. 经常在十六进制数的后面添加字母( )。
A. H   B. B   C. D   D. O

30. 与十进制数 97 等值的二进制数是( )。
A. 1011111   B. 1100001   C. 1101111   D. 1100011

31. 在 Internet 中统一资源定位器的英文缩写是( )。
A. URL   B. HILP   C. WWW   D. HTML

32. IP 地址由( )位二进制数组成。
A. 32   B. 16   C. 8   D. 4

33. 某台主机的域名为 Public.cs.hn.cn，其中最高层域 cn 代表的国家是（　　）。
   A. 中国　　　　　B. 日本　　　　　C. 美国　　　　　D. 澳大利亚
34. 不可能作为 Internet 中主机的 IP 地址的是（　　）。
   A. 201.0.125.0　　　　　　　　　B. 202.38.64.1
   C. 98.172.49.0　　　　　　　　　D. 198.170.266.53
35. 主频是指微机（　　）的时钟频率。
   A. 主机　　　　　B. CPU　　　　　C. 总线　　　　　D. 内存
36. 打印机是一种（　　）。
   A. 输出设备　　　B. 输入设备　　　C. 存储器　　　　D. 运算器
37. 打印机的种类有点阵针式打印机、喷墨式打印机及（　　）。
   A. 喷射打印机　　B. 非击打式打印机　C. 激光打印机　　D. 击打式打印机
38. 显示器是一种（　　）。
   A. 存储设备　　　B. 控制设备　　　C. 输出设备　　　D. 输入设备
39. 目前使用的防病毒软件的作用是（　　）。
   A. 查出并清除任何病毒　　　　　　B. 查出已知名的病毒、清除任何病毒
   C. 查出任何已感染的病毒　　　　　D. 清除任何已感染的病毒
40. 设置病毒保护功能应该使用的 CMOS 功能是（　　）。
   A. CPU Internal Core Speed　　　B. CPU Bus Frequency
   C. Virus Warning　　　　　　　　D. Swap Floppy Drive
41. 下面关于 USB 的叙述中，错误的是（　　）。
   A. USB 接口的外表尺寸比并行接口大得多
   B. USB2.0 的数据传输率大大高于 USB1.1
   C. USB 具有热插拔与即插即用的功能
   D. 在 Windows 10 下，使用 USB 接口连接的外部设备（如移动硬盘、U 盘等）不需要驱动程序
42. 下面关于随机存取存储器（RAM）的叙述中，正确的是（　　）。
   A. 存储在 SRAM 或 DRAM 中的数据在断电后将全部丢失且无法恢复
   B. SRAM 的集成度比 DRAM 高
   C. DRAM 的存取速度比 SRAM 快
   D. DRAM 常用来做 Cache
43. 硬盘属于（　　）。
   A. 内部存储器　　B. 外部存储器　　C. 只读存储器　　D. 输出设备
44. 微机中访问速度最快的存储器是（　　）。
   A. CD-ROM　　　　B. 硬盘　　　　　C. U 盘　　　　　D. 内存
45. 下面 4 种存储器中，属于数据易失性的存储器是（　　）。
   A. RAM　　　　　B. ROM　　　　　C. PROM　　　　　D. CD-ROM

二、填空题
1. 程序必须放在_____内，计算机才可以执行其中的指令。
2. "信息高速公路"主要体现了计算机在_____方面的发展趋势。
3. 目前，电子计算机的发展趋势体现在微型化、巨型化、多媒体化、_____化和_____化等几方面。

4. 总线是一组_____，用它来_____；一般分为三类：_____、_____、_____。

5. 笔记本电脑常用的一种光驱，其除了可以读取 DVD 和 CD，还能进行 CD 刻录，但不能刻录 DVD，这种光驱称为_____光驱。

6. 描述信息存储容量的单位中，1MB =_____KB。

7. CD-ROM 光盘的存储容量大约是_____。

8. 计算机的基本配置包括主机、显示器和_____。

9. 在计算机工作时，内存用来存储_____。

10. 常用的 U 盘的单位是_____。

三、判断题

1. 裸机是指没有配置任何外部设备的主机。 （ ）
2. Word、Excel、AutoCAD 等软件都属于应用软件。 （ ）
3. 汇编语言比高级语言运行速度快，是因为它采用机器能直接识别的二进制数编程。 （ ）
4. 按 Ctrl+空格键，将在中、英文标点符号之间切换。 （ ）
5. 计算机辅助设计的英文缩写是 CAI。 （ ）
6. 应用软件的编制及运行必须在系统软件的支持下进行。 （ ）
7. 计算机显示器只能显示字符，不能显示图形。 （ ）
8. 微型计算机的发展可用微处理器的发展来衡量。 （ ）
9. 汇编语言之所以属于低级语言，是由于其性能差，用它编写的程序选择效率低。 （ ）
10. 把数据送入计算机中一般称为数据的输入。 （ ）

四、简答题

1. 操作系统有哪些功能模块？

2. 激光打印机有哪些优缺点？

3. 数字图像保存在计算机中要占用一定的内存空间，这个空间的大小就是数字图像文件的数据量大小。一幅具有 640 像素×480 像素的 256 色没有经过压缩的数字图像，其数据量是多少？一幅具有 1024 像素×768 像素的真彩色图像，其数据量是多少？

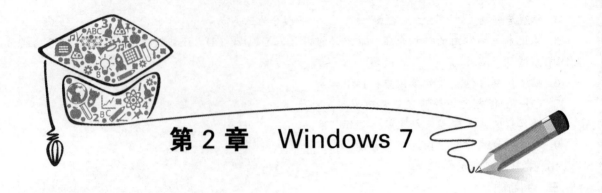

第 2 章　Windows 7

学习目标

1. 掌握操作系统的基本功能和作用；了解常用操作系统的类型。
2. 掌握 Windows 桌面及窗口相关知识。
3. 掌握 Windows 的基础知识和基本技能。
4. 掌握文件及文件夹的操作。
5. 掌握控制面板的基本知识。
6. 掌握 Windows 的基本操作和设置。
7. 掌握硬件安装后的检测。
8. 掌握打印机的安装。
9. 掌握操作系统常见故障的诊断及排除。
10. 掌握系统备份与恢复的方法。
11. 掌握 Windows 系统维护方法。
12. 掌握输入法设置。

知识梳理

第 1 节　Windows 7 入门

一、认识 Windows 7 操作系统

1. 认识计算机硬件

从外观来看，计算机可以分为两种类型：台式计算机和笔记本电脑。尽管计算机的外观千差万别，但都由主机、显示器、键盘和鼠标等设备组成。

2. 认识计算机软件

计算机软件主要分为系统软件和应用软件两大类。

（1）系统软件

系统软件是管理、监控和维护计算机资源，使计算机能够正常工作的程序及相关数据的集合。它包括操作系统、数据库管理系统和各种程序设计语言。

操作系统(Operating System，OS)是控制和管理计算机的平台。计算机需要安装操作系统才能工作。常见的操作系统有 Windows、Unix 等。其中，Windows 是主流的操作系统，包括 Windows XP、Windows 7、Windows 10 等。

数据库管理系统是用户建立、使用和维护数据库的软件，简称为 DBMS。

程序设计语言是指用来编译、解释、处理各种程序时所使用的计算机语言，它包括机器语言、汇编语言及高级语言等，如 Visual Basic(简称为 VB)、Visual C++(简称为 VC)、Delphi 等。

（2）应用软件

应用软件运行在操作系统之上，是为了解决用户的各种实际问题而编制的软件，如办公软件 Office、图像处理软件 Photoshop、网页制作软件 Dreamweaver、动画制作软件 Flash 等。

一台计算机必须首先安装操作系统，才能安装和使用其他软件。

3. 操作系统的概念

操作系统是方便用户管理和控制计算机系统资源的系统软件，是最重要、最基本的系统软件，可看成是计算机硬件的第一扩充。

操作系统是计算机用户和计算机硬件(物理设备)的接口，用户只有通过操作系统，才能使用计算机。所有应用程序必须在操作系统的支持下才能运行。

计算机系统资源包括硬件资源(CPU、存储器、外部设备等)和软件资源(各种系统程序、应用程序和数据文件)。

4. 操作系统的主要作用

操作系统主要作用有 3 个：一是提供方便、友好的用户界面；二是提高系统资源的利用率；三是提供软件开发的运行环境。

5. 操作系统的基本功能

操作系统一般应具有 CPU 管理、存储管理、外部设备管理、文件管理、作业管理 5 个方面的功能。

6. 操作系统分类

①按使用环境，可分为批处理、分时、实时操作系统。

②按用户数目可分为单用户(单任务、多任务)、多用户、单机、多机操作系统。

③按硬件结构，可分为网络、分布式、并行和多媒体操作系统等。

④根据应用领域，可分为桌面操作系统、服务器操作系统、嵌入式操作系统。

因操作系统具有很强的通用性，具体使用哪一种操作系统，要视硬件环境和用户的需求而定。在实际应用中，人们常采取以下的分类方法：批处理操作系统、分时操作系统、实时操作系统、网络操作系统和分布式操作系统。

①批处理操作系统：在计算机系统中能支持同时运行多个相互独立的用户程序的操作系统。

②分时操作系统：把计算机的系统资源(尤其是 CPU 时间)进行时间上的分割，每个时间段称为一个时间片，每个用户依次轮流使用时间片，实现多个用户分享同一台主机的操作系统。分时操作系统的基本特征为多路性、独立性、交互性、及时性。

③实时操作系统：能对随机发生的外部事件做出及时的响应并对其进行处理的操作系统。实时操作系统用于控制实施过程，它主要包括实时过程控制和实时信息处理两种系统。其特点是对外部事件的响应十分及时、迅速；系统可靠性高。实时系统一般都是专用系统，它为专门

的应用而设计。

④网络操作系统：使网络上各计算机能方便而有效地共享网络资源，为网络用户提供所需的各种服务的软件和有关协议的集合。

⑤分布式操作系统：以计算机网络为基础，它的基本特征是处理上的分布，即功能和任务的分布。分布式操作系统的所有系统任务都可以在系统中任何处理机上运行，自动实现全系统范围内的任务分配并自动调度各处理机的工作负载。

7. 启动计算机系统

按下计算机主机电源开关，系统开始自检，然后启动 Windows 7 系统。操作提示：启动计算机之前，应检查计算机主机与电源、显示器、键盘、鼠标等设备是否正确连接，检查电源是否有电。

8. 关闭计算机系统

通过"关机"按钮可以关闭或重新启动计算机。

关闭计算机系统之前，应确认文件已保存，同时还应关闭已启动的软件。如果临时不用计算机，可以在不关机情况下进入省电睡眠状态。

9. Windows 操作系统的特点

①面向对象的图形用户界面，包括图标、窗口、菜单、按钮等。用户对计算机的各种复杂操作只需通过操作鼠标就可以实现。

②程序执行窗口化。在 Windows 中启动程序和软件一般都会打开一个对应的窗口，不同的窗口具有的特征基本相同，基本操作方法也类似。

③多任务栏并行操作。允许用户同时运行多个应用程序。

10. 操作系统常用术语与功能

（1）指令

指令是让计算机完成某个操作发出的命令。它是由操作码、地址码两部分组成的一串二进制数码。操作码规定了操作的类型，即进行什么样的操作；地址码规定了要操作的数据（操作对象）存放在什么地址中，以及操作结果存放到哪个地址中。

（2）指令系统

指令系统是指机器所具有的全部指令的集合。它反映了计算机所拥有的基本功能。

（3）程序

程序是为完成一个完整的任务，计算机必须执行的一系列指令的有序集合。

（4）源程序

用户为解决问题而使用汇编语言或高级语言编制的程序。

（5）目标程序

由二进制代码组成的程序，或者说，将源程序经汇编或编译翻译而成的机器代码程序。

11. 单任务和多任务、单用户和多用户

（1）单任务

单任务操作系统在某一时间只允许打开和执行一个任务程序。

（2）多任务

多任务操作系统在某一时间允许打开和执行多个应用程序，前后台程序并行工作。

（3）单用户

单用户操作系统是微型计算机中广泛使用的操作系统，最主要的特点是在同一段时间仅能为一个用户提供服务。

(4)多用户

多用户操作系统同时面向多个用户，使系统资源同时为多个用户所共享。

12. Windows 的键盘快捷方式

Ctrl + X：剪切选定内容。

Crtl + C：复制选定内容。

Ctrl + V(或 Shift + Insert)：粘贴选定内容。

Ctrl +Z：撤销操作。

Ctrl +Y：恢复操作。

Alt + Enter：显示所选项目的属性。

Alt +F4：关闭活动项，或者退出活动程序。

Ctrl + Esc：打开"开始"菜单。

Ctrl + Shift + Esc/Ctrl + Alt +Del：打开"任务管理器"。

Esc：取消当前任务。

同步训练

选择题

1. 下列软件中，最靠近计算机硬件的是(　　)。
A. 应用软件　　　　B. 数据库管理系统　C. 语言处理程序　　D. 操作系统
2. 下面有关计算机操作系统的叙述中，不正确的是(　　)。
A. 操作系统属于系统软件
B. 计算机的处理器、内存等硬件资源也由操作系统管理
C. UNIX 是一种操作系统
D. 操作系统只负责管理内存储器，而不管理外存储器
3. 以下操作系统中，不是网络操作系统的是(　　)。
A. MS-DOS　　　　　　　　　　　B. Windows Server 2008
C. Windows NT　　　　　　　　　D. Novell
4. 在下列软件中，属于计算机操作系统的是(　　)。
A. Windows 7　　B. Word 2010　　C. Excel 2010　　D. PowerPoint 2010
5. 在 Windows 7 中，以下快捷键不可改变"剪贴簿查看器"中内容的有(　　)。
A. Ctrl+C　　　　B. Ctrl+V　　　　C. Ctrl+X　　　　D. PrintScreen

二、设置 Windows 7 桌面及系统设置

1. Windows 7 桌面

桌面区：在 Windows 中打开的所有程序和窗口都会呈现在它上面。

桌面图标：默认情况下，Windows 7 桌面上仅显示一个"回收站"图标(回收站不可以删除，系统默认的图标是回收站)。

任务栏：是指位于桌面最下方的小长条，用于执行或切换任务。

2. 设置桌面

①添加图标。

②添加桌面小工具。

③改变桌面背景。如果想要更换桌面背景(也称为壁纸)，可以在"开始"菜单中单击"控制面板"，执行"外观和个性化"→"更换桌面背景"命令。

3. 利用"开始"菜单设置程序的快捷方式

利用"开始"菜单添加"腾讯 QQ 桌面快捷方式"的操作步骤为：选择"开始"→"所有程序"→"腾讯 QQ"图标并拖到桌面上即可。

4. Windows 7 的锁定、休眠、睡眠、重启与关闭

在退出 Windows 7 操作系统时，用户可以根据不同的需求选择不同的退出操作，其中包括关闭计算机、重启计算机、让计算机进入休眠或睡眠状态、锁定计算机，以及切换与注销用户等。

5. 设置任务栏

锁定的图标：可以将一些常用项目的启动图标锁定到任务栏中，单击图标即可打开相应的项目。

任务图标：用户每执行一项任务，系统都会在任务栏中间的区域放置一个与该任务相关的图标。

通知区：显示了当前时间、声音调节、一些在后台运行的应用程序等图标。

"显示桌面"按钮：该按钮位于任务栏最右侧，单击该按钮，可快速显示桌面。快捷键为 Win+D。

同步训练

选择题

1. 在 Windows 7 中，可以通过(　　)对桌面背景进行设置。
   A. 右击"我的电脑"，选择"属性"选项
   B. 右击"开始"菜单
   C. 右击桌面空白区，选择"个性化"选项
   D. 右击任务栏空白区，选择"属性"选项

2. 在 Windows 7 操作系统中，显示桌面的快捷键是(　　)。
   A. Win+D　　　　B. Win+P　　　　C. Win+Tab　　　　D. Alt+Tab

3. 在 Windows 7 操作系统中，显示 3D 桌面效果的快捷键是(　　)。
   A. Win+D　　　　B. Win+P　　　　C. Win+Tab　　　　D. Alt+Tab

4. 在 Windows 7 中，关于桌面上的图标，正确的说法是(　　)。
   A. 删除桌面上的应用程序的快捷方式图标，就是删除对应的应用程序文件
   B. 删除桌面上的应用程序的快捷方式图标，并未删除对应的应用程序文件
   C. 在桌面上建立应用程序的快捷方式图标，就是将对应的应用程序文件复制到桌面上
   D. 在桌面上只能建立应用程序快捷方式图标，而不能建立文件夹快捷方式图标

5. 在 Windows 7 中，若要删除桌面上的图标或快捷图标，则可以通过(　　)。
   A. 右击桌面空白区，然后选择弹出式菜单中相应的命令
   B. 在图标上单击，然后选择弹出式菜单中的命令
   C. 在图标上右击，然后选择弹出式菜单中相应的命令
   D. 以上操作均不对

三、认识窗口与对话框

1. 窗口的组成

标题栏：位于窗口的顶部，由控制菜单按钮、标题名、关闭按钮等组成。

地址栏：显示当前文件的计算机路径。

"后退"和"前进"按钮：在使用地址栏更改文件后，可以使用"后退"按钮返回上一文件夹，使用"前进"按钮返回原文件夹。

菜单栏：由多个菜单组成，每个菜单名后有一个快捷键，按 Alt+快捷键可快速打开菜单。如按"Alt+F"组合键可直接打开"文件"菜单。

工具栏：使用工具栏可以执行一些常见的、实用的任务。

导航窗格：使用导航窗格可以访问库、文件夹，甚至可以访问整个硬盘。

搜索框：在搜索框中输入词或短语可查找当前文件夹或库中的项。

预览窗格：使用预览窗格可以查找大多数文件的内容。

文件列表窗格：整个窗口中最大的矩形区域，用于显示导航窗格中选中的操作对象和操作结果。

滚动条：当文档、网页或图片超出窗口大小时，会出现滚动条，可用于查看当前处于视图之外的信息。

2. 对话框的组成

选项卡：有的对话框含有选项卡，有的没有。

命令按钮：单击命令按钮，执行相应的程序。

复选框：一组复选框中可以选中多个选项。

单选按钮：一组单选按钮中只能有一个选项被选中。

文本框：用于输入文本、数值等字符。

数值框：是系统对某一个设置界定的数值范围，用户可以通过数值框右侧的微调按钮来增减数值，也可以直接输入数值。

下拉列表：单击右侧的▼按钮，可以弹出下拉列表，在其中选择需要的选项。

同步训练

选择题

1. 在 Windows 7 操作系统中，将打开的窗口拖动到屏幕顶端，窗口会(　　)。
   A. 关闭　　　　B. 消失　　　　C. 最大化　　　　D. 最小化

2. 在 Windows 7 操作系统中，打开外接显示设置窗口的快捷键是(　　)。
   A. Win+D　　　B. Win+P　　　C. Win+Tab　　　D. Alt+Tab

3. Windows 7 中，不能对窗口进行的操作是(　　)。
   A. 粘贴　　　　B. 移动　　　　C. 大小调整　　　D. 关闭

4. 在 Windows 7 操作环境下，要将整个屏幕画面全部复制到剪切板所使用的键是(　　)。
   A. PrintScreen　　B. PageUp　　　C. Alt+F4　　　D. Ctrl+Space

5. 下面关于窗口的说法，错误的是(　　)。
   A. 在还原状态下拖动窗口可调整其大小

B. 单击"最小化"按钮可将窗口缩放到任务栏中
C. 在还原状态下拖动窗口工具栏可改变其位置
D. 在还原状态下拖动窗口标题栏可改变其位置

四、操作窗口与对话框

1. 窗口的基本操作

（1）移动窗口

将鼠标指针指向窗口标题栏，按住鼠标左键，拖动鼠标，窗口随之移动。

（2）更改窗口大小

通过单击"最大化"按钮或双击窗口标题栏，使窗口占满整个屏幕；单击"还原"按钮或者双击窗口标题栏，将最大化的窗口还原到以前大小；单击"最小化"按钮，隐藏窗口。

若要任意调整窗口大小，可以将鼠标指针指向窗口的任意边框或角，当鼠标指针变成双向箭头时，拖动边框或角可以缩小或放大窗口。

（3）切换窗口

①通过任务栏切换。每个窗口在任务栏上都有对应的按钮，单击按钮，则对应窗口显示在其他窗口的前面，成为活动窗口。

②通过窗口缩略图切换。按住 Alt 键，同时按 Tab 键。

③通过 3D 窗口切换。按住 Win 键，同时按 Tab 键，可以显示 3D 窗口效果。

（4）排列窗口

使用快捷菜单命令排列窗口：右击任务栏的空白区域，弹出快捷菜单，单击"层叠窗口""堆叠显示窗口"或"并排显示窗口"进行窗口排列。

（5）关闭窗口

单击"关闭"按钮关闭窗口。

2. 对话框的基本操作

虽然对话框的形态各异，功能各不相同，但大都包含了一些相同的元素，如标题栏、选项卡、编辑框、列表框、复选框、单选按钮、预览框、按钮等。

标题栏：位于窗口的最上方，单击其右侧的 3 个窗口控制按钮，可以将窗口最大化/还原、最小化或关闭。

菜单栏：分类存放命令的地方。

工具栏：提供了一组按钮，单击这些按钮，可以快速执行一些常用操作。

功能区：一些应用程序将其大部分命令以选项卡的方式分类组织在功能区，单击选项卡标签，可切换到不同的选项卡，单击选项卡中的按钮，可执行相应命令。

工作区：用于显示操作对象及操作结果。

滚动条：拖动滚动条可显示工作区中隐藏的内容。

状态栏：大多数窗口的底部还有一个状态栏，用来显示当前窗口的有关信息。

3. Windows 窗口快捷方式

Windows 徽标键+ Pause 键：显示"系统属性"对话框。

Windows 徽标键+ D：显示桌面。

Windows 徽标键+ E：打开计算机。

Windows 徽标键：打开或关闭"开始"菜单。

Windows 徽标键 + L：锁定计算机或切换用户。
Windows 徽标键 + R：打开"运行"对话框。
Windows 徽标键 + P：选择演示显示模式。

同步训练

选择题

1. 在 Windows 7 中 Alt+Tab 组合键的作用是(　　)。
   A. 关闭应用程序　　　　　　　　B. 打开应用程序的控制菜单
   C. 应用程序之间互相切换　　　　D. 打开"开始"菜单
2. 用鼠标双击窗口的标题栏，则(　　)。
   A. 关闭窗口　　　　　　　　　　B. 最小化窗口
   C. 移动窗口的位置　　　　　　　D. 改变窗口的大小
3. 在 Windows 7 中，要实现同时改变窗口的高度和宽度，可以拖放(　　)。
   A. 窗口边框　　B. 窗口角　　C. 滚动条　　D. 菜单栏
4. 在 Windows 7 中，当一个应用程序窗口被最小化后，该应用程序将(　　)。
   A. 终止运行　　B. 继续运行　　C. 暂停运行　　D. 以上都不正确
5. 在 Windows 7 中，下列关于对话框的描述，不正确的是(　　)。
   A. 弹出对话框后，一般要求用户输入或选择某些参数
   B. 在对话框中输入或选择操作成功后，单击"确定"按钮，对话框关闭
   C. 若想在未执行命令时关闭对话框，可单击"取消"按钮，或按 Esc 键
   D. 对话框不能移动

第 2 节　管理文件

一、资源管理器

1. 认识"资源管理器"

"资源管理器"是 Windows 系统提供的资源管理工具，它采用树形文件系统结构，用户可以直观查看本地的所有资源，它的搜索框、库、地址栏、视图模式切换、预览窗口等功能可以有效地提高文件操作效率。

2. 使用"资源管理器"

右击"开始"按钮，在弹出的快捷菜单中选择"打开 Windows 资源管理器"命令，打开"资源管理器"窗口。

如果想一次选择多个文件，可分为两种情况处理。

①当选择多个相邻文件或文件夹时，可以单击第一个要选择的文件或文件夹，按住 Shift 键不放，单击要选择的最后一个文件或文件夹，被选择的文件将高亮显示。

②当选择多个不相邻的文件或文件夹时，可以先单击要选择的一个文件或文件夹，再按住 Ctrl 键不放，依次单击其他文件或文件夹。

操作提示：按 Ctrl+A 组合键可选中全部文件。

同步训练

选择题

1. 在 Windows 中，关于启动应用程序的说法，不正确的是(　　)。
   A. 通过双击桌面上的应用程序快捷图标，可启动应用程序
   B. 在"资源管理器"中，双击应用程序名即可运行该应用程序
   C. 只需选中该应用程序图标，然后右击，即可启动该应用程序
   D. 从"开始"→"所有程序"菜单，选择应用程序项，即可运行该应用程序

2. "资源管理器"窗口的右窗口称为文件夹的内容窗口，它将显示活动文件夹的内容。如果要使显示的内容按照"名称、修改日期、类型、大小"列出，应该单击窗口工具栏中的(　　)按钮，然后选择"详细"选项。
   A. 查看　　　　B. 更改你的视图　　　C. 编辑　　　　D. 文件

3. 关于快捷方式的说法，正确的是(　　)。
   A. 快捷方式就是应用程序本身
   B. 如果应用程序被删除，快捷方式仍然有效
   C. 快捷方式大小与应用程序相同
   D. 快捷方式是指向并打开应用程序的一个指针

4. 在 Windows 7 中，若在某一文档中做过剪切操作，当关闭该文档后，"剪切板"中存放的是(　　)。
   A. 空白　　　　　　　　　　B. 剪切过的内容
   C. 信息丢失　　　　　　　　D. 以上说法都错

5. 资源管理器的列表内容，按(　　)排列，就是"按类型"排列。
   A. 文件扩展名　　　　　　　B. 文件主名
   C. 日期先后　　　　　　　　D. 文件大小

二、文件与文件夹

1. 文件夹和库

文件一般都存储在文件夹或子文件夹(文件夹中的文件夹)中。

打开库时，也会看到文件或文件夹。但是库中并没有存放文件或文件夹，只是包含不同文件的位置。

2. 盘符

盘符是对磁盘存储设备的标识符。

3. 文件路径

文件路径是指文件的存放位置。

4. 操作文件与文件夹

(1) 新建文件与文件夹

选择"文件"→"新建"→"文件夹"命令，可以新建文件夹；也可以使用该方式新建文件。

(2)文件和文件夹的命名

文件的名称一般由文件名和扩展名两部分组成,这两部分由一个句点隔开。

文件名由汉字、英文、数字等字符组成。文件名一般不超过255个字符(一个汉字相当于两个字符)。

文件名不区分大小写,可以使用加号(+)、方括号([、])、空格等特殊字符,但不能使用斜线(/)、反斜线(\)、竖线(|)、冒号(:)、问号(?)、双引号(" ")、星号(*)、小于号(<)、大于号(>)等字符。

查找和显示文件名时,可以使用通配符"*"和"?"。前者代表所有字符,后者代表一个字符。在同一个文件夹中,不能有名称相同的文件或文件夹。

Windows 7通过扩展名来识别文件的类型,见表2-1。

表2-1 Windows 7中的扩展名

扩展名	类型	扩展名	类型
.sys	系统文件	.docx	Word文档文件
.ini	配置文件	.xlsx	Excel文档文件
.tmp	临时文件	.bmp	一种常用的图像文件
.htm	网页文档文件	.jpg	一种常用的图像文件
.txt	文本文件	.mp3	一种常用的声音文件
.zip	压缩文件	.rm	一种常用的视频文件
.dll	动态链接库文件	.swf	Flash动画文件
.hlp	帮助文件	.exe或.com	可执行文件

(3)重命名文件或文件夹

如果想为文件或文件夹更名,可选中该文件或文件夹,选择以下任意一种方法。

①执行"文件"→"重命名"命令。

②右击该文件或文件夹,弹出快捷菜单,选择"重命名"命令。

(4)复制和移动文件与文件夹

执行"编辑"→"剪切"命令,将实现文件移动操作。

用鼠标拖动也能实现文件和文件夹的复制和移动。按住Shift键,用鼠标拖动文件或文件夹到目标位置,实现移动;按住Ctrl键,执行同样的操作,实现复制。

除了复制文件或文件夹,还可以复制其所在的路径。按住Shift键的同时右击文件或文件夹,在弹出的快捷菜单中选择"复制为路径"命令,然后在写字板、Word或者即时通信软件中使用"粘贴"命令(或者使用Ctrl+V组合键)。

(5)删除和恢复文件或文件夹

对没有用的文件和文件夹可以进行删除。选中要删除的文件,按Delete键或者执行"文件"→"删除"命令,在弹出的"删除文件"对话框中单击"是"按钮确认删除。

在桌面上双击"回收站"图标,打开"回收站"窗口,选中想要恢复的文件或文件夹,执行"文件"→"还原"命令可恢复。

"回收站"中的文件可以定期清理,确定不再需要时,可在"回收站"中执行"文件"→"清空回收站"命令,即可彻底删除其中的文件和文件夹。

（6）改变文件或文件夹属性

文件或文件夹通常有 3 种属性：存档、只读、隐藏。存档是默认属性（在 NTFS 文件系统中不显示）；只读属性只对应于文件，指只能阅读该文件，但不能改写，要改写，必须保存到其他位置；隐藏属性能将文件或文件夹隐藏起来，通常重要的系统文件被设置为隐藏属性，只读和隐藏两种属性对文件都有保护作用。

改变属性的具体操作步骤为：右击文件或文件夹，在弹出的快捷菜单中选择"属性"命令，打开"属性"对话框，选择"常规"选项卡，通过选择相关复选框来设置属性。

（7）搜索文件或文件夹

单击"开始"按钮，在"开始"菜单的"搜索程序和文件"搜索框中输入要搜索的内容。

小技巧：如果用户知道要查找的文件或文件夹的大致存放位置，可在"资源管理器"中首先打开该磁盘或文件夹窗口，然后输入关键字进行搜索，以缩小搜索范围，提高搜索速度；如果不知道文件或文件夹的全名，可只输入部分文件名；还可以使用通配符"？"和"＊"，其中"？"代表任意一个字符，"＊"代表多个任意字符。

（8）压缩/解压缩文件或文件夹

利用 WinRAR 可以方便地压缩文件，也可以解压几乎所有压缩格式的文件。

同步训练

选择题

1. 文件的类型可以根据（　　）来识别。
   A. 文件的大小　　　　　　　B. 文件的用途
   C. 文件的扩展名　　　　　　D. 文件的存放位置

2. 在 Windows 7 中，"我的文档"含有 3 个特殊的系统建立的个人文件夹，以下不属于这些文件夹的是（　　）。
   A. 我的图片　　　　　　　　B. 我的视频
   C. 我的音乐　　　　　　　　D. 打开的文档

3. 在 Windows 7 中，打开 Windows 资源管理器窗口，在该窗口中有一个搜索框，如果要搜索第 1 个字符是 G，扩展名是 .exe 的所有文本文件，那么可在搜索框中输入（　　）。
   A. ？G．exe　　B. G＊．exe　　C. ＊．＊　　D. G？．exe

4. 在 Windows 7 中，关于文件夹的描述，不正确的是（　　）。
   A. 文件夹是用来组织和管理文件的
   B. 文件夹中可以存放子文件夹
   C. 文件夹可以形象地看作一个容器，用来存放文件或子文件夹
   D. 文件夹中不可以存放设备驱动程序

5. 在 Windows 中，用户建立的文件默认具有的属性是（　　）。
   A. 隐藏　　　　B. 只读　　　　C. 系统　　　　D. 存档

第 3 节　管理与应用 Windows 7

一、使用控制面板

1. 控制面板

"控制面板"是用来进行系统设置和设备管理的工具集合,利用它可以对计算机的软件、硬件及 Windows 7 进行设置,见表 2-2。

表 2-2 "控制面板"中的工具类别及主要功能

类别	主要功能
系统和安全	查看并更改系统和安全状态,备份并还原文件和系统设置,更新计算机,检查防火墙等
网络和 Internet	检查网络状态并更改设置,设置共享文件和计算机的首选项,Internet 显示和连接等
硬件和声音	添加或删除打印机及其他硬件,更改系统声音,自动播放 CD,更新设备驱动程序等
程序	卸载程序或 Windows 功能,卸载小工具,从网络通过联机获取新程序等
用户账户和家庭安全	更改用户账户设置和密码,并设置家长控制
外观和个性化	更改桌面项目的外观,应用主题或屏幕保护程序,自定义"开始"菜单和任务栏
时钟、语言和区域	修改计算机时间、日期、时区及使用语言,设置货币、日期、时间的显示方式
轻松访问	根据视觉、听觉和移动的需要来调整计算机设置,并使用语音识别功能控制计算机

2. 打开"控制面板"窗口

执行"开始"→"控制面板"命令,打开"控制面板"窗口,单击"查看方式"对应的下拉按钮,显示 3 种查看方式:类别、大图标、小图标。

3. 利用控制面板设置系统日期和时间

如果计算机当前显示的时间不正确,可以通过控制面板进行修改。

同步训练

选择题

1. 在 Windows 7 中,使用"添加/删除程序"功能,必须首先打开(　　)窗口。
   A. 资源管理器　　B. 磁盘管理　　C. 管理工具　　D. 控制面板
2. 在 Windows 中要更改当前计算机的日期和时间,可以(　　)。
   A. 双击任务栏上的时间

B. 使用"控制面板"的"区域设置"
C. 使用附件
D. 使用"控制面板"的"日期/时间"

3. 在 Windows 7 中，说法不正确的是(　　)。
A. 可以建立多个用户账号　　　B. 只能一个账户访问系统
B. 当前用户账户可以切换　　　D. 可以注销当前用户账户

4. 有关"任务管理器"，不正确的说法是(　　)。
A. 计算机死机后，通过"任务管理器"关闭程序有可能恢复计算机的正常运行
B. 同时按"Ctrl+Alt+Del"组合键可启动"任务管理器"
C. "任务管理器"窗口中不能看到 CPU 的使用情况
D. 右击任务栏的空白处，在弹出的快捷菜单中也可以启动"任务管理器"

5. 在 Windows 7 中，不属于控制面板的操作是(　　)。
A. 更改桌面显示和字体　　　　B. 添加设备
C. 造字　　　　　　　　　　　D. 更改键盘设置

二、使用附件中的常用工具

1. 使用记事本创建文本文件

记事本是一种简单的文本文件编辑器，可以进行日常记事或编写说明文件。执行"开始"→"所有程序"→"附件"→"记事本"命令可以打开记事本。

2. 使用画图工具

画图工具用于在空白绘图区域或在现有的图片上创建绘图。

执行"开始"→"所有程序"→"附件"→"画图"命令即可启动画图程序。

小技巧：选择某些形状工具后，若在拖动鼠标的同时按住 Shift 键，可绘制规则图形，如正圆、正方形、正星形，或水平、垂直直线等。

3. 使用计算器

计算器是 Windows 7 中的一个数学计算工具。它分为"标准型""科学型""程序员""统计信息"等模式。要启动计算器，执行"开始"→"所有程序"→"计算器"命令即可。

4. 使用写字板

执行"开始"→"所有程序"→"附件"→"写字板"命令，可启动写字板程序。

▰▰ 同步训练

选择题

1. 写字板的扩展名为(　　)。
A. .txt　　　B. .docx　　　C. .rtf　　　D. .bmp

2. 不属于附件中常用工具的是(　　)。
A. 360 杀毒软件　　B. 写字板　　C. 画图　　D. 记事本

3. 在"记事本"或"写字板"中输入文字时，如果要开始新的段落，需按(　　)键。
A. Alt　　　B. Ctrl　　　C. Enter　　　D. Shift

4. 在画图程序中，要设置前景色，可执行(　　)操作。
A. 在颜色组中用鼠标单击颜色 1，然后单击颜色块

B. 在颜色组中用鼠标右击颜色1，然后单击颜色块

C. 在颜色组中用鼠标右击颜色2，然后单击颜色块

D. 在颜色组中用鼠标单击颜色2，然后单击颜色块

5. 在画图程序中绘制水平、垂直或45°直线，可在选择"直线"形状后，按住（　　）键在画布中拖动鼠标。

  A. Ctrl   B. Alt   C. Shift   D. Tab

三、安装和使用打印机及安装和管理应用软件

1. 安装和使用打印机

(1) 连接打印机

目前的打印机主要有两种接口：一种是并行接口，另一种是USB接口。有的打印机同时带有并行接口和USB接口。

要连接并行接口打印机，首先应关闭计算机，然后再连接，以防损坏接口。连接USB接口打印机时，可以直接与计算机连接。

(2) 添加本地打印机

单击"控制面板"→"设备和打印机"→"添加打印机"，打开"添加打印机"对话框，选择"添加本地打印机"。按照提示完成其他操作。如果使用的计算机与其他计算机联网，可在"添加打印机"的过程中将连接的打印机设置为"共享"打印机。

(3) 添加网络打印机

如果想添加网络中的其他打印机，可以选择"添加网络、无线或Bluetooth打印机"，进入"选择打印机"对话框。在列表框中选择需要的打印机，单击"下一步"按钮即可。

(4) 安装打印机驱动程序

连接好打印机后，还需要为其安装打印机驱动程序，然后才能使用它打印文件。

(5) 管理打印任务

打印机驱动程序安装好后，就可以将制作的文件打印出来了。要打印文件，通常在编辑文件的应用程序中选择"文件"→"打印"选项或其他相似操作。

2. 安装和管理应用程序

(1) 认识常用的应用软件

办公类：主要用于编辑文档和制作电子表格，如编辑文档的Word、制作电子表格的Excel等。

播放器类：主要用于播放计算机和Internet中的媒体文件，如播放视频的暴风影音、迅雷看看、PPS网络电视，播放音乐的千千静听、QQ音乐等。

下载类：主要用于从Internet上下载文件，如迅雷、BT下载等。

压缩类：主要用于压缩/解压缩文件，如WinRAR。

翻译类：主要用于帮助用户翻译外文词语，如金山词霸等。

阅读类：主要用于阅读各种电子书，如阅读PDF电子书的Adobe Reader。

杀毒防毒类：主要用于维护计算机的安全，防止病毒入侵，如360杀毒、瑞星、卡巴斯基等。

(2) 安装应用软件

应用软件必须安装（而不是复制）到Windows 7系统中才能使用。如果是存放在本地磁盘中

的应用软件，那么需要在存放软件的文件夹中找到 setup.exe 或 install.exe（也可能是软件名称等）安装程序，双击便可进行应用程序的安装操作。

卸载应用程序有两种方法：一种是使用"开始"菜单，另一种是使用控制面板的功能。

（3）使用应用程序

常用启动方法有 3 种："开始"菜单、快捷方式图标、应用程序的启动文件。

使用兼容模式运行应用程序：要以管理员身份运行程序，可右击要运行的程序启动图标，在弹出的快捷菜单中选择"以管理员身份运行"。

同步训练

选择题

1. 目前打印机主要有两种接口：一种是（　　）接口，另一种是（　　）接口。有的打印机同时带有两种接口。

   A. 并行　　　　　B. USB　　　　　C. SATA　　　　　D. 1394

2. 要管理打印任务，可双击任务栏右侧的（　　）图标，打开打印任务管理窗口，然后利用该窗口的"打印机""文档"菜单队列中的任务进行（　　）、取消或改变打印顺序等操作。

   A. 打印机　　　　B. 扬声器　　　　C. 暂停　　　　　D. 打印

3. 下列不是图像格式的是（　　）。

   A. AVI　　　　　B. GIF　　　　　C. JPEG　　　　　D. PNG

4. 关于打印机及驱动程序，以下说法中正确的是（　　）。

   A. Windows 7 改变默认打印机后，必须重新启动计算机方能生效
   B. Windows 7 可以同时设置多种打印机为默认打印机
   C. Windows 7 带有任何一种打印机的驱动程序
   D. Windows 7 可以同时安装多种打印机驱动程序

5. 下列关于打印机的描述中，（　　）是正确的。

   A. 喷墨打印机是击打式打印机
   B. 可打多联发票的打印机是针式打印机
   C. 激光打印机是页式打印机
   D. 分辨率最高的打印机是针式打印机

第 4 节　维护系统与常用工具软件

1. 整理磁盘碎片

过多的磁盘碎片会影响文件的存取速度，进而导致计算机运行速度变慢。因此，定期对磁盘（尤其是操作系统所在磁盘）进行碎片整理，能适当提高系统运行的速度，并能让硬盘拥有更多的剩余空间。在"开始"菜单的"所有程序"列表选择"附件"→"系统工具"→"磁盘碎片整理程序"选项。

2. 检查磁盘错误

Windows 7 提供的磁盘错误检查功能可以检测当前磁盘中存在的错误，如果发现错误，还可以进行修复，从而确保磁盘中存储的数据的安全。

3. 磁盘维护

查看 C 盘的属性：右击 C 盘盘符，在弹出的快捷菜单中选择"属性"命令，在此可以查看磁

盘属性，检查磁盘差错。

　　清理 C 盘：单击"磁盘清理"，打开"(C:)的磁盘清理"对话框，可以进行磁盘清理设置。"磁盘清理"可以帮助清理系统中不必要的文件，释放硬盘空间。清理工作包括删除临时 Internet 文件、删除程序安装文件、清理回收站等。

　　在"附件"包含的"系统工具"中，也能打开"磁盘清理"程序。此外，还可以运行"磁盘碎片整理程序"，它可以将硬盘上的碎片文件进行合并，有效整理磁盘空间，提高磁盘读写速度。

　　磁盘碎片主要是在对硬盘进行频繁写入和删除中产生的。一般来说，文件碎片不会造成系统问题，但是过多的文件碎片会降低系统运行速度，导致系统性能下降。

同步训练

选择题

1. 下列(　　)不属于 Windows 7 自带的维护工具。
   A. 磁盘清理工具　　　　　　　　B. 磁盘碎片整理工具
   C. 磁盘扫描工具　　　　　　　　D. Ghost 备份工具
2. 以下关于磁盘碎片的说法，错误的是(　　)。
   A. 磁盘碎片随着创建、更改或删除文件次数的增加而增加
   B. 磁盘碎片属于垃圾文件
   C. 磁盘碎片增加后，读取文件时消耗的时间也相应增加
   D. 整理磁盘碎片可以提高文件系统的输入/输出性能
3. 在 Windows 中单击"开始"→"程序"→"附件"→"系统工具"后，能启动(　　)程序。
   A. 计算器　　　　B. 网上邻居　　　　C. 屏幕复制　　　　D. 磁盘碎片整理

第 5 节　中文输入

1. 输入法的种类

　　中文输入法一般可分为键盘输入法和非键盘输入法。键盘输入法有音码、形码、音形码 3 种类型。音码采用汉语拼音作为编码方法，如智能 ABC 输入法、搜狗拼音输入法等。形码是依据汉字字形，如笔画或汉字部件进行编码的方法，如五笔字型输入法。音形码是以拼音（通常为拼音首字母或双拼）加上汉字笔画或者偏旁为编码方式的输入法。非键盘输入法主要有光电输入法、手写输入法、语音识别输入法等。

2. 选择和切换输入法

　　①移动鼠标指针指向"任务栏"图标，单击输入法按钮，打开输入法列表，从中选取所需输入法，单击即可。

　　②在输入文本的过程中如果要切换到其他输入法，可用"Ctrl+空格"组合键在中文输入法和英文输入法之间进行切换；按 Ctrl+Shift 组合键可在所添加的各种输入法之间循环切换。

同步训练

选择题

1. 在 Windows 7 默认环境中，下列 4 个组合键中，系统默认的中英文输入切换键是（　　）。
   A. Ctrl+空格　　　B. Ctrl+Alt　　　C. Shift+空格　　　D. Ctrl+Shift

2. 在 Windows 中，按（　　）组合键可以进行中文输入法中的全角和半角的切换。
   A. Alt+PrintScreen　　B. Shift+空格　　C. Ctrl+Alt+Del　　D. Ctrl+空格

3. 在 Windows 7 操作系统中，切换输入法的快捷键默认是（　　）。
   A. Alt+Enter　　　B. Ctrl+Alt　　　C. Ctrl+Shift　　　D. Alt+Shift

4. 如果要添加某一输入法，可在"控制面板"中单击（　　）。
   A. 字体　　　B. 键盘　　　C. 区域和语言　　　D. 通知区域图标

5. 使用微软和搜狗拼音输入法输入单个汉字时，可以使用（　　）输入方式，即输入汉字的全部拼音字母，然后按空格键；输入词组时，可以使用（　　）或（　　）输入方式。（　　）输入方式是指只取每个汉字音节的第一个字母，或者取音节中的前两个字母。
   A. 简拼　　　B. 全拼　　　C. 五笔　　　D. 区位

跟踪训练

一、选择题

1. 在 Windows 7 中，五笔字型输入法是（　　）。
   A. 音码　　　B. 形码　　　C. 音形码　　　D. 郑码

2. 根据汉字国际码（GB 2312—1980）的规定，将汉字分为常用汉字（一级）和非常用汉字（二级）两级汉字。一级常用汉字按（　　）排列，二级汉字按（　　）排列。
   A. 拼音　部首　　B. 偏旁　部首　　C. 使用频率　多少　　D. 笔画　多少

3. 全拼输入法属于（　　）。
   A. 音码输入法　　　　　　　　B. 形码输入法
   C. 音形结合的输入法　　　　　D. 联想输入法

4. 多媒体计算机处理的信息类型有（　　）。
   A. 文字、数字、图形　　　　　B. 文字、数字、图形、图像、音频、视频
   C. 文字、数字、图形、图像　　D. 文字、图形、图像、动画

5. 下列操作系统中（　　）不是微软公司开发的操作系统。
   A. Windows Server 2003　　　　B. Windows 7
   C. Linux　　　　　　　　　　　D. Vista

6. 关于 Windows 7 操作系统，下列说法正确的是（　　）。
   A. 是用户与软件的接口　　　　B. 不是图形用户界面操作系统
   B. 是用户与计算机的接口　　　D. 属于应用软件

7. Windows 7 操作系统的主要功能是（　　）。
   A. 实现软、硬件转换　　　　　B. 管理计算机的所有软、硬件资源
   C. 把源程序转换为目标程序　　D. 进行数据处理

8. Windows 7 操作系统的特点不包括(　　)。
A. 图形界面　　　B. 多任务　　　C. 即插即用　　　D. 卫星通信
9. 在 Windows 7 中，能弹出对话框的操作是(　　)。
A. 选择了带省略号的选项
B. 选择了带向右三角形箭头的选项
C. 选择了颜色变灰的选项
D. 运行了与对话框对应的应用和程序
10. 在 Windows 7 窗口的选项中，有些选项前面有"√"，它表示(　　)。
A. 若用户选择了此选项，则会弹出下一级菜单
B. 若用户选择了此选项，则会弹出一个对话框
C. 该选项当前正在被使用
D. 该选项不能被使用
11. 在 Windows 7 窗口的选项中，有些选项呈灰色显示，它表示(　　)。
A. 该选项已经被使用过　　　　　　B. 该选项已经被删除
C. 该选项正在被使用　　　　　　　D. 该选项当前不能被使用
12. 在 Windows 7 中随时能得到帮助信息的快捷键是(　　)。
A. Ctrl+F1　　　B. Shift+F1　　　C. F3　　　D. F1
13. 在 Windows 中，任务栏上的程序按钮区(　　)。
A. 只有程序当前窗口的图标　　　　B. 只有已经打开的文件名
C. 含有所有已打开窗口的图标　　　D. 以上说法都错误
14. 在 Windows 中，任务栏的其中一个作用是(　　)。
A. 显示系统的所有功能　　　　　　B. 实现被打开的窗口之间的切换
C. 只显示当前活动的窗口名称　　　D. 只显示正在后台工作的窗口名称
15. 在 Windows 7 中，不能在任务栏内进行的操作是(　　)。
A. 排列桌面图标　　　　　　　　　B. 设置系统日期和时间
C. 切换窗口　　　　　　　　　　　D. 启动"开始"菜单
16. 关于 Windows 7 任务栏，下列说法不正确的是(　　)。
A. 任务栏位于桌面的底部
B. 应用程序的窗口被打开，任务栏中就有代表该应用程序的图标和名称的按钮出现
C. 应用程序窗口被"最小化"后，任务栏中不会留有代表它的图标和名称的按钮
D. 用鼠标单击应用程序窗口的"最小化"按钮后，即可使它恢复成原来的窗口
17. 在 Windows 7 中不能对窗口设置的排列方法是(　　)。
A. 层叠窗口　　　B. 横排显示　　　C. 并排显示　　　D. 堆叠显示
18. 下列关于活动窗口的描述中，正确的是(　　)。
A. 光标的插入在活动窗口中不会闪烁
B. 活动窗口的标题栏是高亮显示的
C. 活动窗口在任务栏上的按钮处于凸出状态
D. 桌面上可以同时有两个活动窗口
19. 下列关于创建快捷方式的操作，错误的是(　　)。
A. 右击对象，选择"创建快捷方式"选项
B. 按住 Alt+Delete 组合键

C. 右键拖动，在快捷菜单中选择"在当前位置创建快捷方式"
D. 按 Alt 键，选择对象拖动到目标位置

20. 在 Windows 7 个性化菜单中，不能设置的是(　　)。
A. 桌面背景　　　B. 窗口颜色　　　C. 分辨率　　　D. 声音

21. 在 Windows 7 中用于应用程序之间切换的快捷键是(　　)。
A. Alt+Tab　　　B. Alt+Esc　　　C. Win+Tab　　　D. 以上皆可

22. 在 Windows 7 中，"显示预览窗格"按钮在窗口的(　　)部分。
A. 菜单栏　　　B. 状态栏　　　C. 工具栏　　　D. 库窗格

23. 在 Windows 中，当一个应用程序窗口被关闭后，该应用程序将(　　)。
A. 保留在内存中
B. 同时保留在内存和外存中
C. 从外存中清除
D. 仅保留在外存中

24. 不能将窗口最大化的操作是(　　)。
A. 拖动窗口到屏幕最顶端
B. 单击右上角的"最大化"按钮
C. 右击系统图标，选择"最大化"
D. 双击标题栏

25. 在对话框中，复选框是指在所列的选项中(　　)。
A. 仅选一项　　　B. 可以选多项　　　C. 必须选多项　　　D. 必须选全部项

26. 下列不属于对话框的组成部分的是(　　)。
A. 选项卡　　　B. 菜单栏　　　C. 命令按钮　　　D. 数值选择框

27. 以下关于对话框的叙述中，错误的是(　　)。
A. 对话框是一种特殊的窗口
B. 对话框可能出现单选框和复选框
C. 对话框可以移动
D. 对话框不能关闭

28. 对话框窗口的大小(　　)。
A. 不能改变
B. 双击标题栏可变大
C. 用鼠标可以拉伸
D. 以上都不对

29. 在 Windows 7 菜单操作中，若某个选项的颜色暗淡，则表示(　　)。
A. 只要双击就能选中
B. 必须连续三击，才能选中
C. 单击被选中后，还会显示出一个方框，要求操作者进一步输入信息
D. 在当前情况下，这项选择是没有意义的，选中它不会有任何反应

30. 对于 Windows 7 系统来说，下列叙述中错误的是(　　)。
A. Windows 7 的任务栏的位置是可以调整的
B. Windows 7 为每一个任务自动建立一个显示窗口，其位置和大小不能改变
C. 对 Windows 7 打开的多个窗口，既可平铺，也可层叠
D. 在 Windows 7 环境下，可同时运行多个程序

31. 在 Windows 7 中，被放入回收站中的文件仍然占用(　　)。
A. 硬盘空间　　　B. 内存空间　　　C. 软盘空间　　　D. 光盘空间

32. 下列关于"回收站"的说法中，不正确的一项是(　　)。
A. "回收站"是内存的一块空间
B. "回收站"用来存放被删除的文件和文件夹
C. "回收站"中的文件可以被"删除"和"还原"
D. "回收站"中的文件占用磁盘空间

33. "回收站"属性对话框中有( )个选项卡。
A. 1　　　　　　　B. 2　　　　　　　C. 3　　　　　　　D. 4

34. 在 Windows 7 中使用删除命令删除硬盘中的文件后,( )。
A. 文件确实被删除,无法恢复
B. 在没有存盘的操作下,还可恢复,否则不可恢复
C. 文件被放入回收站,可以通过"查看"菜单的"刷新"命令恢复
D. 文件被放入回收站,可以通过回收站操作恢复

35. Windows 7 可通过( )访问同一局域网中其他计算机中的资源。
A. 网上邻居　　　B. 资源管理器　　　C. 浏览器　　　D. 我的电脑

36. 在 Windows 7 的"资源管理器"中,要选择多个不连续的文件时,应( )。
A. 单击第一个文件,再单击最后一个文件
B. 用鼠标逐个单击各文件
C. 单击第一个文件,按住 Shift 键,再单击最后一个文件
D. 单击第一个文件,按住 Ctrl 键,再单击要选定的文件

37. 当用户要访问某个计算机时,如果知道该计算机的名称,可直接利用( )的搜索功能在整个网络中进行搜索。
A. 网络
B. 桌面上的"我的文档"图标
C. 资源管理器
D. 文件管理器

38. 在 Windows 7 中,欲选定当前文件夹中的全部文件和文件对象,可使用的组合键是( )。
A. Ctrl+V　　　B. Ctrl+A　　　C. Ctrl+X　　　D. Ctrl+D

39. 在"文件夹选项"对话框中,有( )个选项卡。
A. 1　　　　　　　B. 2　　　　　　　C. 3　　　　　　　D. 4

40. 要选定多个不连续的文件(文件夹),要先按住( )键,再选定文件。
A. Alt　　　　　　B. Ctrl　　　　　　C. Shift　　　　　　D. Tab

41. 计算机病毒是一种( )。
A. 被破坏的计算机软件
B. 能传染的生物病毒
C. 人为编制的具有破坏性的程序
D. 以上都不是

42. 下列不属于计算机病毒特性的是( )。
A. 潜伏性　　　B. 引导性　　　C. 破坏性　　　D. 传播性

43. 下列关于预防计算机病毒的说法,错误的是( )。
A. 安装系统补丁
B. 安装杀毒软件
C. 安装操作系统
D. 安装网络防火墙

44. 下列文件名中属于非法文件名的是( )。
A. Resp1？.DLL
B. Hitt.txt！txt
C. apple.docx
D. 隆回高铁.xlsx

45. 关于桌面上的图标,下列说法正确的是( )。
A. 数目和位置是固定不变的
B. 数目和位置都可以通过人工调整
C. 位置可以改变,但数目不能增或减
D. 数目可增加,但位置无法人工调整

二、填空题

1. 用户可以使用 Windows 7 自带的_____，来编辑、修改注册表。在"运行"对话框中，输入_____可以启动该程序。
2. Windows 7 是_____公司开发的_____。
3. 任务栏中的_____显示用户当前所使用的输入法。
4. 选定系统中的某一文件后，按 Del 键，该文件被放到_____中。
5. 在 Windows 7 中，文件或文件夹的管理可以使用_____或_____。
6. 在 Windows 7 操作系统中，文件名的类型可以根据_____来识别。
7. 文件或文件夹通常有_____、_____、_____ 3 种属性。
8. 在 Windows 7 中，"关机"对话框包括"注销""切换用户""锁定""重新启动"及_____按钮。
9. 桌面一般由桌面背景、桌面图标、_____、"开始"按钮等组成。
10. 任务栏的工具栏有_____、地址栏、链接栏、桌面栏、语言栏等。

三、判断题

1. "开始"菜单不能自行定义。( )
2. Windows 7 的剪贴板只能复制文本，不能复制图形。( )
3. 若需要经常运行一个程序，则可以在桌面上创建一个该程序的图标，随时访问都很方便。( )
4. 若要选中或取消选中某个复选框，只需单击该复选框前的方框即可。( )
5. 删除快捷方式，它所指向的应用程序也会被删除。( )
6. 在"资源管理器"中，只能复制文件或文件夹，不能复制其所在路径。( )
7. "回收站"图标可以从桌面上删除。( )
8. 桌面上的图标完全可以按用户的意愿重新排列。( )
9. Windows 7 不支持网络功能。( )
10. Windows 7 中的媒体播放器可以播放音频、视频或动画文件。( )

四、简答题

1. 如何恢复被删除的文件或文件夹？

2. 写出在 Windows 7 下，能够显示所有类型和所有属性文件的主文件名和扩展名的操作步骤。

3. 文件名命名规则有哪些？

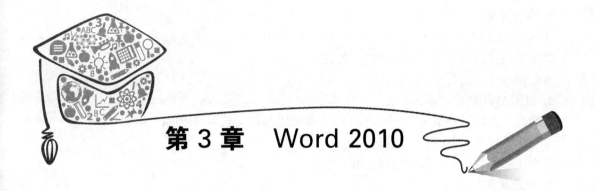

第 3 章　Word 2010

学习目标

1. 掌握 Word 2010 软件的基本操作。
2. 能熟练使用文字编辑软件进行文字处理。
3. 掌握文档的基本操作。
4. 掌握表格制作和简单的数据处理。
5. 掌握图文表混排。
6. 掌握文档的权限管理。
7. 掌握邮件合并。
8. 掌握页面设置和打印。
9. 掌握 Word 2010 的综合应用。

知识梳理

第 1 节　Word 2010 入门

一、Word 基本操作

1. 启动 Word 的方法
①执行"开始"→"所有程序"→"Microsoft Office"→"Microsoft Word 2010"命令，启动 Word。
②双击桌面上 Word 的快捷方式图标。
③双击打开已有的 Word 文档，同时启动 Word 软件。
④单击任务栏中的 Word 快捷方式图标。

2. 创建新文档
①启动 Word 的同时，系统自动创建名为文档 1.docx 的空白文档。
②单击快速访问工具栏中的"新建"按钮。
③单击"文件"下的"新建"命令，选择可用模板，创建空白文档。
④按 Ctrl+N 组合键，新建文档。

3. 保存文档
①执行"文件"→"保存"（或"另存为"）命令，打开"另存为"对话框。
②单击快速访问工具栏中的"保存"按钮。
③使用 Ctrl+S 组合键。

4. 退出 Word
①执行"文件"→"退出"命令，完成文档编辑并保存文档后可以退出 Word。
②单击窗口右上角的关闭按钮。
③双击工作窗口左上角的控制选项卡。

5. 打开文件
①单击"文件"→"打开"命令。
②单击快速访问工具栏中的"打开"按钮，或者双击文档图标也可以打开文档。
③使用 Ctrl+O 组合键。

6. 设置自动保存文档
执行"文件"→"选项"命令，在打开的"Word 选项"对话框中，在"保存"设置界面中设置保存自动恢复信息时间间隔。

加密保护文档：执行"文件"→"信息"命令，选择"权限"→"保护文档"→"用密码进行加密"选项，打开"加密文档"对话框，输入密码，单击"确定"按钮，在"确认密码"对话框中再次输入密码，单击"确定"按钮。

同步训练

选择题

1. Word 2010 文档的默认扩展名为（　　）。
   A．.txt　　　　　B．.exe　　　　　C．.docx　　　　　D．.jpg

2. 在 Word 中，按 Del 键，可删除（　　）。
   A．插入点前面的两个字符　　　　B．插入点前面所有的字符
   C．插入点后面的一个字符　　　　D．插入点后面所有的字符

3. 在 Word 的默认状态下，能够直接打开最近使用过的文档的方法是（　　）。
   A．单击快速访问工具栏上的"打开"按钮
   B．选择"文件"选项卡中的"打开"选项
   C．按 Ctrl+O 组合键
   D．"文件"选项卡，在下拉列表中选择

4. 在 Word 的编辑状态，当前正编辑一个新建文档"文档1"，当执行"文件"选项卡中的"保存"命令后，（　　）。
   A．"文档1"被改名存盘　　　　　B．弹出"另存为"对话框，供进一步操作
   C．自动以"文档1"为名存盘　　　D．不能以"文档1"存盘

5. 在 Word 2010 中，给文件加密的选项卡是（　　）。
   A．视图　　　　B．工具　　　　C．文件　　　　D．审阅

二、编辑操作

1. 文字选定的方法

鼠标选定：要选定的对象操作。

数量不限的文本：拖动。

一个单词：双击。

一个图形：单击。

多个图形：按住 Ctrl 或 Shift 键不放，单击各个图形。

一行文本：单击行选区。

多行文本：在行选区向上或向下拖动鼠标。

一个句子：按住 Ctrl 键，然后单击该句中的任何位置。

一个段落：双击该段落的行选区，或三击段落中的任何位置。

多个段落：在行选区双击首段或末段，并向上或向下拖动鼠标。

一大块文本：单击选定内容的起始处，然后在结尾处按住 Shift 键的同时单击。

整篇文档：三击行选区。

一块垂直文本：按住 Alt 键，然后将鼠标拖过选定的文本。

2. 键盘选定文字的方法

右侧一个字符：Shift+右箭头。

左侧一个字符：Shift+左箭头。

单词结尾：Ctrl+Shift+右箭头。

单词开始：Ctrl+Shift+左箭头。

行尾：Shift+End。

行首：Shift+Home。

下一行：Shift+下箭头。

上一行：Shift+上箭头。

段尾：Ctrl+Shift+下箭头。

段首：Ctrl+Shift+上箭头。

下一屏：Shift+PageDown。

上一屏：Shift+PageUp。

文档开始处：Ctrl+Home。

文档结尾处：Ctrl+End。

窗口结尾：Alt+Ctrl+Shift+PageDown。

包含整篇文档：Ctrl+A。

纵向文本块：Ctrl+Shift+F8，然后用箭头键，按 Esc 键取消。

3. 扩展选取

在 Word 中按下 F8 键，表明现在进入了扩展状态；再按一下 F8 键，则选择了光标所在处的一个词；再按一下，选区扩展到了整句；再按一下，就成了一段了；再按一下，就成了全文；再按，没了反应，按一下 Esc 键，状态栏的"扩展"两个字变成了灰色的，表明现在退出了扩展状态。用鼠标在"扩展"两个字上双击也可以切换扩展状态。

4. 使用剪贴板复制文本

使用剪贴板复制文本一般有 3 种方法。

①选择要复制的文本,单击常用工具栏中的"复制"按钮,在目标位置单击"粘贴"按钮,即可实现复制文本的功能。

②选择要复制的文本,按 Ctrl+C 组合键进行复制,在目标位置按 Ctrl+V 组合键进行粘贴,即可实现复制文本的功能。

③选择要复制的文本,按住鼠标右键至目标位置,然后释放鼠标,弹出快捷菜单,选择"复制到此位置"即可实现复制文本的功能。

5. Word 文档使用的快捷键

Ctrl+A:全选。

Ctrl+C:复制。

Ctrl+X:剪切。

Ctrl+O:打开。

Ctrl+V:粘贴。

Ctrl+S:保存。

Ctrl+Z:撤销。

Ctrl+B:加粗。

Ctrl+U:加下划线。

Ctrl+I:倾斜。

Ctrl+P:打印。

Ctrl+}:将文字放大。

Ctrl+{:将文字缩小。

同步训练

选择题

1. 如果要将 Word 文档中选定的文本复制到其他文档中,首先要(   )。
   A. 按 Ctrl+V 组合键　　　　　　　B. 按 Ctrl+X 组合键
   C. 按 Ctrl+C 组合键　　　　　　　D. 按 Ctrl+Z 组合键

2. 在 Word 2010 中,将光标定位到待选择文本的左上角,然后按住(   )键和鼠标左键拖动到文本块的右下角可以选定一个矩形文本区域。
   A. Esc　　　　B. Ctrl　　　　C. Shift　　　　D. Alt

3. 在 Word 2010 中,可以使插入点快速移动到文档尾部的组合键是(   )。
   A. Ctrl+Home　　　　　　　　　　B. Ctrl+End
   C. Shift +Home　　　　　　　　　D. Alt +Home

4. 在 Word 编辑状态下,对于选定的文字(   )。
   A. 可以移动,不可以复制　　　　　B. 可以复制,不可以移动
   C. 可以进行移动或复制　　　　　　D. 可以同时进行移动和复制

5. 为了避免在编辑操作过程中突然断电造成数据丢失,应(   )。
   A. 在文档编辑完毕时,立即保存文档
   B. 在打开文档时,即做存盘操作
   C. 在编辑时,每隔一段时间做一次存盘操作
   D. 在新建文档时,即保存文档

第 2 节　格式化文档

一、设置字符格式

1. 字符格式

在"字体"选项卡中可设置字体、字形、字号、字体颜色、下划线及下划线颜色、着重号、删除线、双删除线、上标、下标等。

2. 改变字体

方式 1：在"开始"功能区中"字体"组命令的下拉列表中选择字体。

方式 2：单击"开始"功能区"字体"组右下角的对话框启动器，打开"字体"对话框，在"字体"选项卡中，设置对应字体。

3. 改变字形

用"开始"功能区中的"字体"组命令。

4. 改变字号

用"开始"选项卡中的"字体"组命令。

5. 使用格式刷设置格式

①选取。

②选取完成设置格式的字符，单击"开始"选项卡"剪贴板"组中的"格式刷"按钮。

③拖曳格式刷。

④设置为同一格式。

⑤按 Esc 键取消格式刷。

6. 设置字符缩放、间距、位置和效果

①选取要设置的字符。

②单击"字体"组右下角的对话框启动器。

③在"高级"选项卡中设置字符缩放、间距和位置。

④单击"文字效果"按钮。

⑤在"设置文本效果格式"对话框中选择"发光和柔化边缘"选项。

⑥在预设中选择"紫色发光"。

⑦单击"关闭"按钮。

⑧单击"确定"按钮。

⑨"字符间距"功能中的"缩放"是指字符的缩放比例，当该值大于 100% 时字形加宽，小于 100% 时字形变得狭长。

7. 首字下沉

首字下沉是指将选定段落的第一行的第一个字放大数倍，以引起读者注意。其设置步骤为：选定某一段落，单击"插入"选项卡"文本"组中的"首字下沉"按钮，打开"首字下沉"对话框；在该对话框中，可设置下沉类型（无、下沉、悬挂）、首字应用字体，首字下沉或悬挂行数、首字距正文距离等。

同步训练

选择题

1. 在 Word 编辑状态下，对于选定的文字，不能进行的设置是(　　)。
   A. 加下划线　　　　B. 加着重号　　　　C. 动态效果　　　　D. 自动版式
2. 水平标尺上的数字的单位默认是(　　)。
   A. 厘米　　　　　　B. 字符　　　　　　C. 电　　　　　　　D. 磅值
3. 若要将一串字符的下划线取消，第一步骤是(　　)。
   A. 单击常用工具栏上的"撤销"按钮　　　　B. 将这串字符选定
   C. 单击字体组中的"U"按钮　　　　　　　D. 打开"格式"菜单
4. 要将一个字符设置为上标，应(　　)。
   A. 从"插入"菜单中调用"符号"命令
   B. 将该字符选定，然后使用"字符缩放"按钮
   C. 将该字符选定，然后按 Ctrl+= 组合键
   D. 将该字符选定，然后按 Ctrl+Shift+= 组合键
5. 在 Word 的编辑状态中，对已经输入的文档设置首字下沉，需要使用(　　)选项卡中的命令。
   A. 开始　　　　　　B. 审阅　　　　　　C. 插入　　　　　　D. 视图

二、设置段落格式

1. 设置段落格式

①选取需设置的段落。
②单击"开始"选项卡"段落"组右下角的对话框启动器，打开"段落"对话框。
③设置段落对齐方式为两端对齐。
④设置悬挂缩进。
⑤设置行距为固定值。
⑥单击"确定"按钮。

2. 段落缩进

在"缩进和间距"选项卡中可设置左缩进、右缩进、首行缩进、悬挂缩进、段前距、段后距、行距、大纲级别设置、段落对齐方式(左对齐、右对齐、两端对齐、居中和分散对齐)。

3. 制表符

制表符的作用是垂直对齐和制作简单的列表和目录。Word 2010 提供了 5 种制表符。
①左对齐：使文本在制表位左对齐。
②右对齐：使文本在制表位右对齐。
③居中：使文本的中间都位于制表符指定的直线上。
④小数点对齐：使数字的小数点对齐在制表符指定的直线上。
⑤竖线：在制表符所在处加一条竖线。

4. Word 常用段落对齐方式

段落对齐方式：左对齐、右对齐、居中、两端对齐(段落以页面左边界对齐，符合正常的排版习惯)、分散对齐(段落各行分别与页面左、右边界对齐，若某行不是整行，则增加字距使其凑成整行)。缩进格式：无缩进，首行缩进，悬挂缩进。

5. 段落间距

操作方法：把光标定位在要设置的段落中，打开"开始"选项卡，单击"段落"组中右下角的对话框启动器，打开"段落"对话框，在该对话框的"缩进和间距"选项卡中，单击"段后"设置框中向上的箭头，把间距设置为对应的值，单击"确定"按钮。

同步训练

选择题

1. 要把相邻的两个段落合并为一段，应执行的操作是（　　）。
   A. 将插入点定位于前段末尾，单击"撤销"按钮
   B. 将插入点定位于前段末尾，按退格键
   C. 将插入点定位在后段开头，按 Del 键
   D. 删除两个段落之间的段落标记

2. 为了使插入所在段落的首行向内缩进两个字符的距离（　　）。
   A. 将插入点置于段落开头处，按两次空格键
   B. 将插入点置于段落开头处，按四次空格键
   C. 将标尺上的首行缩进标记拖到刻度"2"处
   D. 将标尺上的左缩进标记拖至刻度"2"处

3. 要选定一个段落，以下操作错误的是（　　）。
   A. 将插入点定位于该段落的任何位置，然后按 Ctrl+A 组合键
   B. 使用鼠标拖过整个段落
   C. 将鼠标指针移到该段落左侧的选定区双击
   D. 使用鼠标在选定区纵向拖动，经过该段落的所有行

4. 在 Word 2010 编辑状态中，能设置文档行间距的功能按钮位于（　　）中。
   A. "文件"选项卡　　　　　　　　B. "开始"选项卡
   C. "插入"选项卡　　　　　　　　D. "页面布局"选项卡

5. 在 Word 2010 文档中，每个段落都有自己的段落标记，段落标记的位置在（　　）。
   A. 段落的首部　　　　　　　　　B. 段落的结尾处
   C. 段落的中间位置　　　　　　　D. 段落中，但用户找不到的位置

第3节　设置页面与输出打印

一、设置页面格式、页眉和页脚

打开"页面布局"选项卡，单击"页面设置"按钮，打开"页面设置"对话框，其中：

"纸张"选项卡：可以设定打印纸张的纸型，纸张来源。常见纸型有 A4、A5、B5、16 开、32 开。

"版式"选项卡：可以设置页面的页眉和页脚、行号、节的起始位置及页面的垂直对齐方式。

"文档网格"选项卡：可以设置文字和绘图的网格，还可以设置页面的字体属性和文字排列

方向，用于设置每页的行数和每行的字数，或者精确的字符和行的跨度。

1. 版式操作

打开"页面设置"对话框，选择"版式"选项卡，从"垂直对齐方式"下拉列表框中选择对齐方式，单击"确定"按钮。

2. 文档网格

打开"页面设置"对话框，选择"文档网格"选项卡。

操作步骤：

①选中"指定行网格和字符网格"单选按钮。

②输入每行字数。

③输入每页行数。

④单击"确定"按钮。

3. 页眉和页脚的设置

打开"插入"选项卡，单击"页眉"或"页脚"按钮，Word 自动弹出"页眉和页脚工具"选项卡，并进入页眉和页脚的编辑状态，默认的是编辑页眉，输入内容，单击"页眉和页脚工具"选项卡中的"转至页脚"按钮，切换到页脚的编辑状态，编辑完毕后，单击"页眉和页脚工具"选项卡中的"关闭页眉和页脚"按钮回到文档的编辑状态，设置好页眉和页脚后，可以看到设置的页眉和页脚就出现在文档中。

4. 打印

打印操作过程：打印时选择一些参数来设置。

①打开"文件"选项卡，选择"打印"命令，打开"打印"对话框进行打印设置。

②设置完毕后，单击"打印"按钮即可。

5. 页面背景

设置稿纸格式，添加水印效果，设置页面颜色。

①设置稿纸格式：单击"页面布局"选项卡中的"稿纸设置"按钮。

②添加水印效果：经过淡化处理且压在文字下的标语称为"水印"。单击"页面布局"选项卡"页面背景"组中的"水印"按钮。

③设置页面颜色：单击"页面布局"选项卡"页面背景"组中的"页面颜色"按钮。

同步训练

选择题

1. 在文档中设置了页眉和页脚后，页眉和页脚只能在(　　)才能看到。
   A. 普通视图方式下　　　　　　B. 大纲视图方式下
   C. 页面视图方式下　　　　　　D. 页面视图方式下或打印预览中

2. 设定打印纸张大小时，应当使用的命令是(　　)。
   A. "文件"选项卡中的"另存为"命令　　B. "文件"选项卡中的"打印"命令
   C. "视图"选项卡中的"显示比例"命令　D. "页面布局"选项卡中的"主题"命令

3. 设置页眉和页脚，应打开(　　)选项卡。
   A. 视图　　　　B. 插入　　　　C. 工具　　　　D. 编辑

4. 在 Word 中，下列关于设置页边距的说法，错误的是(　　)。
　A. 页边距的设置只影响当前页
　B. 用户可以使用"页面设置"对话框来设置页边距
　C. 用户可以使用标尺来调整页边距
　D. 用户既可以设置左、右边距，又可以设置上、下边距
5. 在文档中每一页都需要出现的内容应当放到(　　)中。
　A. 对象　　　　　B. 页眉与页脚　　　C. 文本　　　　　D. 文本框

二、设置分栏和分隔符

1. 分栏

步骤1：选定需要分栏的文字，单击"页面布局"选项卡"页面设置"组中的"分栏"按钮。

步骤2：分别对栏数、栏宽、栏间距、分隔线等进行设置，设置完成后单击"确定"按钮。

2. 调整栏宽

打开"分栏"对话框，这里有"宽度"和"间距"两个输入框，单击"宽度"输入框右边的上箭头来增大栏宽的数值，单击"确定"按钮。

3. 在分栏中间加分隔线

打开"分栏"对话框，选中"分隔线"复选框，单击"确定"按钮，在各个分栏之间就出现了分隔线。

4. 使用分栏符在段落结束位置开始分栏

把光标定位到这个段落的后面，打开"页面布局"选项卡，单击"分隔符"按钮，从弹出的下拉列表中选择"分栏符"选项。

5. 分页

在分页的地方插入一个分页符。

如不想把这些内容分页显示，把插入的分页符删除就可以了。在默认的情况下分页符是不显示的，在插入分页符的地方就出现了一个分页符标记，用鼠标在这一行上单击，光标就定位到了分页符的前面，按一下 Delete 键，分页符就被删除了。

6. 换行符

①含义：换行符只是分隔符的一种，主要用在需要换行但又不需要分段的地方。

②换行符的插入：打开"页面布局"选项卡，单击"分隔符"按钮，弹出下拉列表，选择"自动换行符"选项，就在光标所在的地方插入了一个换行符。

7. 分节符

有时候会在文档的不同部分使用不同的页面设置，若希望将一部分内容变成分栏格式的排版，可以选择这部分的内容，使用分栏的方法来将它们分栏，但也可以用插入分节符的方法来实现。

同步训练

选择题

1. 在同一个页面中，如果希望页面上半部分为一栏，后半部分分为两栏，应插入的分隔符号为(　　)。
　A. 分页符　　　　　　　　　　　B. 分栏符

C. 分节符(连续)　　　　　　　　D. 分节符(下一页)
　2. 在 Word 2010 中对内容不足一页的文档分栏时，如果要作两栏显示，那么首先应（　　）。
　　A. 选定全部文档　　　　　　　　B. 选定除文本末回车符以外的全部内容
　　C. 将插入点置于文档中部　　　　D. 以上都可以
　3. 下面的类型中，不是分隔符种类的是(　　)。
　　A. 分页符　　　B. 分栏符　　　C. 分节符　　　D. 分章符
　4. 能够看到 Word 2010 文档的分栏效果的页面格式是(　　)视图。
　　A. 页面　　　　B. 草稿　　　　C. 大纲　　　　D. Web 版式
　5. 在 Word 环境中，分栏文本在阅读版式视图下将显示在(　　)。
　　A. 较窄的一栏　B. 保持多栏　　C. 较宽的一栏　D. 不显示分栏

第 4 节　制作 Word 表格

一、创建和编辑表格

1. 使用"插入表格"对话框
①确定表格插入的位置。
②单击"插入"选项卡中的"表格"按钮，在弹出的下拉列表中选择"插入表格"命令。
③在"插入表格"对话框中输入行数和列数。
④单击"确定"按钮。

2. 使用"插入"→"表格"按钮创建表格
①单击"插入"选项卡中的"表格"按钮。
②拖动鼠标选中合适的行数和列数，释放鼠标即可。

3. Word 2010 允许在表格中插入另外的一个表格
把光标定位在表格的单元格中，插入的表格就显示在了单元格中。在单元格中右击，选择"插入表格"命令，也可以在单元格中插入一个表格。

4. 创建复杂的表格
方法 1：打开"插入"选项卡，单击"表格"按钮，在弹出的下拉列表中选择"绘制表格"命令，利用表格绘制工具直接绘制。
方法 2：先创建一个规范的表格，再利用"绘图边框"工具修改。

5. 拆分表格
拆分表格是指将表格从某一行截断分为两个表格，与拆分单元格是不同的操作。拆分表格的方法是将光标定位到表格的拆分处，再单击"表格工具-布局"→"拆分表格"按钮。

6. 表格的选定
方法：把光标定位到单元格里，在"表格工具-布局"选项卡里的"表"组中"选择"下拉列表中可选取行、列、单元格或整个表格。

7. 表格的移动
将插入点移到表格左上方，表格左上角出现移动符号时，单击符号就可选定整个表，再拖动就可移动表格。

8. 表格的设置

插入表格：选择"插入"→"插入表格"命令，弹出"插入表格"对话框，在其中设置需要插入表格的行、列数及列宽等。

设置表格属性：选定表格，单击"表格工具-布局"→"表"组中的"属性"按钮，弹出"表格属性"对话框，可以对表格的行高、列宽、单元格、对齐、缩进、环绕等进行设置。

9. 调整表格的方法

①调整整个表格：把鼠标指针放在表格右下角的一个小正方形上，鼠标指针就变成了一个拖动标记，按下左键，拖动鼠标，就可以改变整个表格的大小了，拖动的同时表格中的单元格的大小也在自动地调整。

②调整行高、列宽：把鼠标指针放到表格的框线上，鼠标指针会变成一个两边有箭头的双线标记，这时按下左键拖动鼠标，就可以改变当前框线的位置，同时也就改变了单元格的大小，按住 Alt 键，还可以在标尺上显示单位。

③调整单元格的大小：

选中要改变大小的单元格，用鼠标拖动它的框线，改变的只是拖动的框线的位置。

只改变一个单元格的大小：所有的框线在标尺上都有一个对应的标记，拖动这个标记，改变的只是选中的单元格的大小。

其他表格自动调整的方式：

①选中整个表格，按一下 Delete 键，将表格中的所有内容全部删除。

②通常希望输入相同性质的文字的单元格宽度和高度一致，先选中这些列，单击"表格工具-布局"选项卡中的"分布列"按钮，选中的列就自动调整到了相同的宽度；行也可以这样来调整。

③选择表格的自动调整为"固定列宽"，选中整个表格，按 Delete 键，可以看到表格框线的位置没有发生变化；选择"根据窗口自动调整表格"，表格自动充满了 Word 的整个窗口。

④在表格中右击，在弹出的快捷菜单中选择"自动调整"→"根据内容自动调整表格"命令，可以看到表格的单元格的大小都发生了变化，仅能容下单元格中的内容了。

10. 表格的复制和删除

（1）复制表格

表格可以全部或部分进行复制，与文字的复制一样，先选中要复制的单元格，单击"复制"按钮，把光标定位到要粘贴表格的地方，单击"粘贴"按钮，刚才复制的单元格形成了一个独立的表。

（2）删除表格

选中要删除的表格或单元格，按一下 Backspace 键，弹出一个"删除单元格"对话框，其中的几个选项同插入单元格时的是对应的，单击"确定"按钮。

11. 表格的自动套用格式

Word 提供了表格自动套用格式的功能。单击"表格工具-设计"选项卡中的"内置"按钮，打开"自动套用格式"对话框，选择格式，单击"确定"按钮，表格的格式就设置好了。常用的格式基本上从这里都可以找到。

同步训练

选择题

1. Word 中的"制表符"用于(　　)。
   A. 制作表格　　　B. 光标定位　　　C. 设定左缩进　　　D. 设定右缩进

2. 在 Word 2010 中，选中表格再对表格添加框应执行(　　)。
   A. "页面背景"选项卡中的"页面边框"对话框中的边框标签项
   B. "表格"菜单中的"边框和底纹"对话框中的"边框"标签项
   C. "工具"菜单中的"边框和底纹"对话框中的"边框"标签项
   D. "插入"菜单中的"边框和底纹"对话框中的"边框"标签项

3. 在 Word 2010 中，为了修饰表格，用户可以用"表格工具"的选项卡是(　　)。
   A. 布局　　　　　B. 插入　　　　　C. 样式　　　　　D. 设计

4. 在 Word 2010 中，选定表格第一列，再从"编辑"菜单中按 Del 键，结果是(　　)。
   A. 删除该列　　　　　　　　　　B. 删除该列单元格中的内容
   C. 删除该列第一个单元格的内容　　D. 删除插入点单元格中的内容

5. 在 Word 表格的处理中，以下叙述不正确的是(　　)。
   A. 表格建立后行列的数目可以修改
   B. 表格的行高和列宽可以修改
   C. 表格中除文字和数据外还可以含有其他对象
   D. 当单元格的数据放不下时会自动放到下一个单元格中

二、表格的基本操作

1. 表格调整方法

①使用鼠标或标尺改变行高和列宽。

②使用对话框精确设置行高和列宽。执行"表格工具-布局"选项卡 →"表"组中的"属性"命令，将会弹出"表格属性"对话框，选择"行"或"列"选项卡进行设置。

③选中需要平均分布的行或列，单击"表格工具-布局" →"单元格大小"组中的"分布行"或"分布列"按钮。

2. 设置边框与底纹

①选择设置对象。

②单击"表格工具-设计"选项卡中"表格样式"组右侧的"边框"和"底纹"按钮。

③设置边框和底纹。

3. 标题行重复

单击"表格工具-布局"选项卡"数据"组中的"重复标题行"按钮。

同步训练

选择题

1. 在 Word 中有 3 种方法为表格添加边框线，下列选项中不能为表格添加边框的是(　　)。
   A. 绘图边框　　　　　　　　　B. 绘图工具栏
   C. 边框和底纹　　　　　　　　D. 表格属性

2. 光标定位在表格中，在 Word 中"表格工具"命令菜单中"布局"下的"表"组中的"选择"命令下拉菜单中的"选择行"命令，再单击"选择列"命令，这表格中被选择的部分是(　　)。
   A. 插入点所在的行　　　　　　　B. 插入点所在的列
   C. 一个单元格　　　　　　　　　D. 整个单元格

3. 下面(　　)选项不是"插入表格"对话框中"'自动调整'操作"下的。
   A. 固定列宽　　　　　　　　　　B. 固定行宽
   C. 根据窗口调整表格　　　　　　D. 根据内容调整表格

4. 在 Word 2010 中，下列关于单元格的拆分与合并操作正确的是(　　)。
   A. 可以将表格左右拆分为两个表格
   B. 可以将同一行连续的若干个单元格合并为一个单元格
   C. 可以将某个单元格拆分为无限个单元格
   D. 以上说法均错

5. "表格"命令位于(　　)选项卡的"表格"组中。
   A. 视图　　　　B. 开始　　　　C. 页面布局　　　　D. 插入

三、计算和排序表格数据

1. 表格的计算

在表格中建立公式，从而进行简单的数值计算是 Word 2010 的基本功能之一。

SUM：求和函数。AVERAGE：求平均数。COUNT：计数函数(统计表格中含有数值的单元格个数)。LEFT：当前单元格左侧同一行中所有包含数字的单元格。ABOVE：当前单元格上面同一列中所有包含数字的单元格。RIGHT：当前单元格右侧同一行中所有包含数字的单元格。

(1)求和
①将光标定位于存放结果的单元格中。
②单击"表格工具-布局"选项卡"数据"组中的"公式"按钮。
③在"公式"对话框中输入求和公式。
④单击"确定"按钮。

(2)求平均数
①将光标定位于存放结果的单元格中。
②单击"数据"组中的"公式"命令，在"公式"对话框中输入 AVERAGE 函数。
③单击"确定"按钮。

2. 表格的排序

①选择排序对象。
②单击"表格工具-布局"选项卡"数据"组中的"排序"命令。
③选择排序方式。
④单击"确定"按钮。

同步训练

选择题

1. Word 在表格计算时，对运算结果进行刷新，可使用的功能键是(　　)。
   A. F9　　　　B. F8　　　　C. F5　　　　D. F7

2. 在 Word 2010 表格中求某行包含数字单元格的个数可使用的函数是(　　)。
   A. Sum( )　　　　　B. Total( )　　　　　C. Count( )　　　　　D. Average( )
3. 在 Word 2010 表格中最多可以对几个关键字进行排序(　　)。
   A. 3　　　　　　　B. 4　　　　　　　　C. 5　　　　　　　　D. 64
4. 在 Word 文档中加入复杂的数学公式，执行的命令是(　　)。
   A. "插入"→"符号"→"对象"
   B. "插入"→"符号"→"符号"
   C. "插入"→"符号"→"公式"
   D. "页面布局"→"文本"→"对象"
5. 对 Word 表格关键字进行排序时，排序的类型不可以是(　　)。
   A. 笔画　　　　　　B. 数字　　　　　　　C. 日期　　　　　　　D. 部首

第 5 节　图文混合排版

一、插入图片、文本框和艺术字

1. 插入图片

选择"插入"选项卡，单击"图片"按钮，选择要插入的图片，单击"插入"按钮，图片就插入到文档中了。选中图片，界面中还会出现一个"图片工具-格式"选项卡。

2. 调整图片大小

方法 1：插入的图片周围有一些的小正方形和小圆圈，这些是尺寸句柄，把鼠标指针放到上面，鼠标指针就变成了双箭头的形状，按下左键拖动鼠标，就可以改变图片的大小。

方法 2：单击"图片工具-格式"选项卡"大小"组中的"裁剪"按钮，在图片的尺寸句柄上按下左键，等鼠标指针变成了移动光标的形状拖动鼠标，虚线框所到的地方就是图片的裁剪位置了，松开左键，按 Enter 键，就把虚线框以外的部分"裁"掉了。

3. 设置图片的环绕方式

把图片放置在文字的上面和下面：单击布局上的"文字环绕"按钮，单击弹出的选项卡中的"浮于文字上方"命令，图片就位于文字上方了，从同样的选项卡中选择"衬于文字下方"命令，图片就到文字的下方了。

4. 图形组合

选中图形，单击格式选项卡中排列组的对齐命令，打开"对齐和分布"子选项卡，单击"左右居中"命令可以使它们摆放整齐，方法如下：选中图形，单击"排列"组，单击"组合"命令，我们就把整个图组合成了一个图形。

5. 图形的阴影和三维效果设置

单击绘图工具的格式选项卡的图片样式组中的图片效果的阴影，从弹出的面板中选择阴影样式，文档中的图形就有了阴影。阴影的调整：单击"阴影"按钮，可以设置阴影；要去掉阴影的话，单击"阴影"按钮，选择"无阴影"按钮，就可以去掉了。

6. 文本框的插入

单击插入选项卡上的"文本组中的文本框"按钮，单击绘制文本框在文档中拖动鼠标，也可以插入一个空的横排文本框；插入竖排的文本框只要使用"绘制竖排文本框"按钮就可以了。

7. 插入艺术字或设置艺术字格式
①单击"插入"选项卡"文本"组中的"艺术字"按钮。
②在"艺术字样式"库中选择样式。
③输入文字内容。
④设置文字字体、字号和字形。
⑤单击"绘图工具"功能区"艺术字样式"组中的"文本轮廓"按钮，选择"无轮廓"。
⑥单击"艺术字样式"组中的"文本填充"按钮，选择主题颜色为"黑色"。
⑦单击"艺术字样式"组中的"文本效果"按钮，选择"阴影"效果中的"左上对角透视"。

8. 将艺术字拖动到合适的位置。
在艺术字的"文本效果"中除可以设置"阴影"效果之外，还可以设置艺术字的"映像""发光""棱台""三维旋转"效果，在"文本效果"的"转换"效果中可以设置艺术字的弯曲效果。艺术字也可以像图片一样旋转，设置文字环绕方式，还可以使用"文字方向"按钮改变文字的方向。

同步训练

选择题

1. 在 Word 2010 文档中，要使一个图形放在另一个图形上面，可右击该图形，在弹出的菜单中选择(   )。
   A. 组合　　　　　B. 置于顶层　　　　C. 编辑顶点　　　　D. 设置图片格式

2. 在 Word 编辑状态下，若要在当前窗口中绘制自选图形，则可执行的前两步操作依次是单击(   )。
   A. "文件"选项卡"新建"
   B. "开始"选项卡"粘贴"按钮
   C. "审阅"选项卡"新建批注"按钮
   D. "插入"选项卡"形状"按钮

3. 在 Word 中，右击已插入的图片，窗口中(   )。
   A. 将启动该图片的编辑程序
   B. 将弹出快捷菜单
   C. 将同时弹出快捷菜单和"图片"工具栏
   D. 将弹出"图片"工具栏

4. 关于插入艺术字，以下说法正确的是(   )。
   A. 插入艺术字后，既可以改变艺术字的大小，也可以移动其位置
   B. 插入艺术字后，可以改变艺术字的大小，但不可以移动其位置
   C. 插入艺术字后，可以移动艺术字的位置，但不可以改变其大小
   D. 插入艺术字后，既不能移动艺术字的位置，也不能改变其大小

5. 在 Word 2010 编辑状态下，绘制文本框命令所在的选项卡是(   )。
   A. 引用　　　　　B. 插入　　　　　C. 开始　　　　　D. 视图

二、邮件合并

1. 邮件合并功能

使用"邮件合并"功能，可以使用相同格式的文档发送批量的信件。首先把信件发送的地址单独建立一个数据文件，设置好要发送的信件的样式，把开始的称呼等有变化的地方先空出来。

2. 使用"邮件合并"

最常用的需要批量处理的信函、工资条等文档，它们通常都具备两个规律。

①这些文档内容分为固定不变的内容和变化的内容，如信封上的寄信人地址和邮政编码、信函中的落款等，这些都是固定不变的内容；而收信人的地址邮政编码等就属于变化的内容。其中，变化的部分由数据表中含有标题行的数据记录表表示。

②含有标题行的数据记录表。通常是指这样的数据表：它由字段列和记录行构成，字段列规定该列存储的信息，每条记录行存储着一个对象的相应信息。

3. 基本处理过程

邮件合并的基本过程包括 3 个步骤。

（1）建立主文档

主文档是指邮件合并内容的固定不变的部分，建立主文档的过程与新建一个 Word 文档一样，在进行邮件合并之前它只是一个普通的文档。唯一不同的是，这份文档要如何写才能与数据源更完美地结合，写主文档需要对数据源的信息进行必要的修改。

（2）准备数据源

数据源就是数据记录表，其中包含着相关的字段和记录内容。如果没有现成的，也可以重新建立一个数据源。几乎可以使用任何类型的数据源，其中包括 Word 表格、Microsoft Outlook 联系人列表、Excel 工作表、Microsoft Access 数据库、Foxpro 创建的 DBF 文件和 ASCII 码文本文件。

（3）将数据源合并到主文档中

①在 Word 中单击"邮件"选项卡"邮件合并"组中的"邮件合并"按钮选择信函，再选择收件人下拉列表。

②将光标定位于文档要变化内容的(如收信人、姓名等)前面，单击编写和插入域组中的插入合并域列表框的"姓名"，然后单击"插入"按钮。重复操作，插入其他的域。

③单击完成并合并，选择编辑单个文档，邮件合并完成。

同步训练

选择题

1. 给每位家长发送一份《期末成绩通知单》，用(　　)命令最简便。
   A. 复制　　　　　　B. 信封　　　　　　C. 标签　　　　　　D. 邮件合并

2. 有一篇长文档共 5 人去输入，最后把它们放在一个文档中，正确的操作方法是(　　)。
   A. 邮件合并　　　　B. 合并文档　　　　C. 剪切　　　　　　D. 跨列居中

3. 下列关于 Word 2010 的描述中，说法正确的是(　　)。
   A. 邮件合并功能只能用于创建个性化窗体信函和地址标签
   B. 模板是指文档中的标题的分组列表，体现出不同标题之间的层次性

C. 目录可以列出文档中的关键词及关键短语，以及它们所在的页码
D. 自动生成图表目录的前提是在文档中插入题注

跟踪训练

一、选择题

1. 选择下面的（　　）可以打开 Word 2010。
   A. Microsoft Outlook　　　　　　B. Microsoft Word
   C. Microsoft PowerPoint　　　　　D. Microsoft FrontPage

2. 不属于 Word 软件功能的是（　　）。
   A. 表格制作　　B. 图形处理　　C. 网络通信　　D. 文档处理

3. 在 Word 主窗口的右上角可以同时显示的按钮是（　　）。
   A. 还原、最大化和关闭　　　　　B. 还原和最大化
   C. 最小化、还原和关闭　　　　　D. 最小化、还原和最大化

4. 一般情况下，在设置对话框之后，需单击（　　）按钮，所做的设置才能生效。
   A. 保存　　B. 确定　　C. 帮助　　D. 取消

5. Word 文本文件的扩展名是（　　）。
   A. txt　　B. docx　　C. wps　　D. word

6. Word 具有的功能是（　　）。
   A. 表格处理　　B. 绘制图形　　C. 自动更正　　D. 以上三项都是

7. Word 2010 的"文件"选项卡下的"最近所用文件"选项所对应的文件是（　　）。
   A. 当前被操作的文件　　　　　　B. 当前已经打开的 Word 文件
   C. 最近被操作过的 Word 文件　　D. 扩展名是 .docx 的所有文件

8. 下面关于 Word 标题栏的叙述中，错误的是（　　）。
   A. 双击标题栏，可最大化或还原 Word 窗口
   B. 拖曳标题栏，可将最大化窗口拖到新位置
   C. 拖曳标题栏，可将非最大化窗口拖到新的位置
   D. 最大化窗口与还原窗口不能同时在标题栏上

9. 将表格中一个单元格拆分为多个单元格后，原单元格中的内容将（　　）。
   A. 只保留在拆分后的第一个单元格中
   B. 平均分配在拆分后的各个单元格中
   C. 复制到拆分后的各个单元格中
   D. 丢失

10. 选择图片是通过（　　）进行的。
    A. 双击　　B. 单击　　C. 三击　　D. Ctrl+S 组合键

11. 在 Word 2010 中，以下关于艺术字的说法正确的是（　　）。
    A. 在编辑区右击后选择"艺术字"可以完成艺术字的插入
    B. 插入文本区中的艺术字不可以再更改文字的内容
    C. 艺术字可以像图片一样设置与文字的环绕
    D. 在"艺术字"对话框中设置的线条颜色是指艺术字四周的矩形框颜色

12. 在Word 2010中，页码不可以插在(　　)位置上。
A. 页面顶端(页眉)　　　　　　　　B. 页面底端(页脚)
C. 纵向中心　　　　　　　　　　　D. 横向右侧

13. 使用Ctrl+F组合键，可以实现(　　)功能。
A. 剪切　　　　B. 打印　　　　C. 替换　　　　D. 查找

14. 要将文档中的"COMPUTER"换成"计算机"，打开"查找和替换"对话框，在"查找内容"文本框中输入"COMPUTER"后，下一步操作是(　　)。
A. 单击"全部替换"　　　　　　　　B. 在"替换"文本框中输入"计算机"
C. 单击"替换"　　　　　　　　　　D. 单击"查找下一处"

15. 关于状态栏下列说法错误的是(　　)。
A. 单击Word 2010窗口状态栏的页面区域，会弹出"查找和替换"对话框，用于定位文档
B. 单击"字数"区域，会弹出"字数统计"对话框
C. 单击"中文(中国)"会弹出"语言"对话框
D. 单击状态栏左侧的视图按钮可以在各种视图之间进行转换

16. 关于Word的模板，下列叙述错误的是(　　)。
A. 用户可以创建自己所需要的模板文档
B. 模板是某种文档格式的样式
C. 模板是指一组已命名的字符和段落格式
D. 模板是Word的一项核心技术

17. 在Word 2010软件中，下列操作中能够切换"插入"和"改写"两种编辑状态的是(　　)。
A. 按Ctrl+I组合键
B. 用鼠标单击状态栏中的"插入"或"改写"
C. 按Shift+I组合键
D. 用鼠标单击状态栏中的"修订"

18. 在Word软件中，下列操作中不能建立一个新的文档的是(　　)。
A. 在Word 2010窗口的"文件"选项卡下，选择"新建"命令
B. 按Ctrl+N组合键
C. 单击快速访问工具栏中的"新建"按钮
D. 在Word 2010窗口的"文件"选项卡下选择"打开"命令

19. 在Word 2010中，要打开已有文档，在快速访问工具栏中应单击的按钮是(　　)。
A. 打开　　　　B. 保存　　　　C. 新建　　　　D. 打印

20. 在Word 2010中，用智能ABC输入法编辑Word 2010文档时，如果需要进行中英文切换，可使用的键是(　　)。
A. Shift +空格　　B. Ctrl +Alt　　C. Ctrl+.　　D. Ctrl +空格

21. 在Word 2010中若要删除已选中的部分文本，可用(　　)。
A. Delete键　　B. 空格键　　C. Backspace键　　D. 以上都对

22. 在Word 2010文档中，按下Delete键，可删除(　　)。
A. 插入点前面的一个字符　　　　　B. 插入点前面所有的字符
C. 插入点后面的一个字符　　　　　D. 插入点后面所有的字符

23. 在Word 2010中编辑文档时,发现有多处同样的错字,一次性更正最好的方法是( )。
   A. 使用"查找"功能　　　　　　　　B. 使用"自动更正"功能
   C. 使用"撤销"按钮　　　　　　　　D. 使用"格式刷"功能

24. 在Word 2010中,想要更改选定文字的字体,不能通过下面( )操作实现。
   A. "页面布局"选项卡"主题"组"字体"命令
   B. "开始"选项卡"字体"组字体下拉菜单
   C. "开始"选项卡"字体"命令
   D. 选中目标文本右键菜单"字体"选项"字体"对话框

25. 在Word 2010中,下面的设置不能通过"字体"对话框实现的是( )。
   A. 将选定文字设为"金色",文字加粗并添加下划线
   B. 将选定文字设为下标
   C. 使选定的文字居中对齐
   D. 缩小选定文字的间距并使其位置降低

26. 在Word 2010中,要对文本的行间距进行设置,应进行的操作步骤是( )。
   A. "开始"选项卡"字体"对话框设置
   B. "开始"选项卡启动"样式"对话框设置
   C. "开始"选项卡"段落"对话框设置
   D. "页面布局"选项卡"页面设置"对话框设置

27. 在Word 2010中绘制一个文本框,应使用的选项卡是( )。
   A. 插入　　　　B. 表格　　　　C. 编辑　　　　D. 工具

28. 在Word的编辑状态,选择四号字后,按新设置的字号显示的文字是( )。
   A. 插入点所在段落中的文字　　　　B. 文档中被选择的文字
   C. 插入点所在行中的文字　　　　　D. 文档的全部文字

29. 在Word的编辑状态,使用"字体"组中的"字体"下拉按钮可以设定文字的大小,下列4个字号中字符最大的是( )。
   A. 三号　　　　B. 小三　　　　C. 四号　　　　D. 小四

30. 在Word的编辑状态,要想为当前文档中的文字设定字符提升效果,首先应当打开( )。
   A. "字体"对话框　　　　　　　　　B. "段落"对话框
   C. "分栏"对话框　　　　　　　　　D. "样式"对话框

31. "目录"按钮在"( )"选项卡下。
   A. 开始　　　　B. 插入　　　　C. 页面布局　　　　D. 引用

32. 在Word 2010中下列叙述正确的是( )。
   A. 在Word排版中不允许西文在单词中间换行
   B. 在Word中不能对段落进行孤行控制
   C. Word默认的段落对齐方式是两端对齐
   D. 段落的特殊格式不包括"首行缩进"

33. 将插入点移至段落中,按Ctrl +T组合键,其作用是( )。
   A. 左缩进　　　　B. 右缩进　　　　C. 悬挂缩进　　　　D. 首行缩进

34. 在 Word 2010 中，下列关于"样式"说法正确的是(　　)。
A. 样式是指一组没有命名的字符格式和段落格式
B. 样式分为内置样式和自定义样式
C. 内置样式可以被删除和修改
D. 样式在"视图"选项卡中
35. 在 Word 2010 中，(　　)选项卡的命令可改变文档的字体大小。
A. 文件　　　　B. 开始　　　　C. 绘图　　　　D. 数据库
36. 在 Word 2010 中，文档的视图模式会影响字符在屏幕上的显示方式，保证字符格式的显示与打印完全相同的视图为(　　)。
A. 大纲视图　　B. 草稿　　　　C. 页面视图　　D. 全屏显示
37. 在 Word 2010 中，每个段落(　　)。
A. 以句号结束　　　　　　　　　B. 由 Word 自动设定结束
C. 以空格结束　　　　　　　　　D. 以用户按 Enter 键结束
38. 在 Word 2010 中，使用标尺可以直接设置缩进，标尺的顶部倒三角形标记代表(　　)。
A. 左端缩进　　B. 右端缩进　　C. 首行缩进　　D. 悬挂缩进
39. 在 Word 中(　　)用于控制文档在屏幕上的显示大小。
A. 全屏显示　　B. 显示比例　　C. 缩放比例　　D. 页面显示
40. 在 Word 中，如果选择了"标尺"选项，文档窗口只显示出水平标尺，则当前的视图方式(　　)。
A. 一定是草稿视图方式　　　　　B. 为草稿视图方式或 Web 视图方式
C. 一定是页面视图方式　　　　　D. 一定是大纲视图方式
41. 在打印预览中显示的文档外观与(　　)外观完全相同。
A. 普通视图显示　B. 页面视图显示　C. 实际打印输出　D. 大纲视图显示
42. 若要设置打印输出时的纸型，应从(　　)选项卡调用"页面设置"命令。
A. 视图　　　　B. 格式　　　　C. 编辑　　　　D. 页面布局
43. 在 Word 2010 的编辑状态下，所见即所得的视图方式是(　　)。
A. 草稿视图方式　　　　　　　　B. 大纲视图方式
C. 页面视图方式　　　　　　　　D. 阅读版式视图方式
44. 当前活动窗口是文档 D1.docx 下的窗口，单击该窗口的"最小化"按钮后(　　)。
A. 不显示 D1.docx 文档的内容，但 D1.docx 文档未关闭
B. 该窗口和 D1.docx 文档都被关闭
C. D1.docx 文档未关闭，且继续显示其内容
D. 关闭了 D1.docx 文档但该窗口并未关闭
45. Word 2010 中，各级标题层次分明的是(　　)。
A. 草稿视图　　　　　　　　　　B. Web 版式视图
C. 页面视图　　　　　　　　　　D. 大纲视图

二、填空题
1. 根据文本框中的排列方向，可将文本分为_____文本框和_____文本框两种。
2. 样式是存储在 Word 中的_____，Word 2010 中的样式分为_____和_____。
3. 注释由两部分组成：_____和_____。注释一般分为脚注和尾注，一般情况下脚注出现在_____，尾注出现在_____。

4. 在 Word 2010 的"页面设置"中，默认的纸张大小规格是_____。

5. 如果只想对某一部分内容进行行宽调整，应先_____该部分内容，再调整_____标尺上的图标。

6. 要打开最近使用过的文档，可在_____菜单底部单击文档名。默认所列出的文档名的个数是_____个，可以通过执行_____菜单中的"选项"命令，在弹出的对话框中选择"高级"选项卡来设置。

7. Word 中文版是运行在_____上的文字处理软件。

8. Word 是功能强大的_____软件。

9. 在 Word 中多个文档可同时打开，只有_____文档可以编辑。

10. 在 Word 中对文本进行删除、修改等操作时，必须先_____文本才可以编辑。

三、判断题

1. 在 Word 中，Enter 键是段落的标志，每按一次 Enter 键，Word 就认为建立一个段落，包括一个空行。   （   ）

2. 在 Word 文档中输入文字时，每输入一行文字都要按一次 Enter 键，不管该文字是否结束。
                                                                        （   ）

3. 在 Word 中，剪切和复制都能将选择的内容送到剪贴板，所以它们的功能完全相同。
                                                                        （   ）

4. 页眉和页脚在任何视图模式下均可显示。   （   ）

5. 如果要使文档编排的页码从"2"开始，只需在"起始页码"右侧的文本框输入"2"即可。
                                                                        （   ）

6. 套用样式可以提高排版效率。   （   ）

7. 页边距是页面四周的空白区域，也就是正文与页边界的距离。   （   ）

8. Word 只用于文本处理，在文本中无法插入图形或表格。   （   ）

9. 用 Word 进行文字编辑有多种方法，其中包括使用剪贴板。   （   ）

10. Word 的视图工具栏总是出现在文档编辑区的左下角，不能任意移动它的位置。（   ）

四、简答题

1. 试比较分散对齐和两端对齐的区别。

2. 如何设置打印文档中不连续的两页？如何只打印第 3 页中的一幅图形？

3. 在打印窗口中，根据要求作答。

(1) 单击"_____"下拉按钮，选中"调整"选项将完整打印第 1 份后再打印后续几份；选中"取消排序"选项则完成第一页打印后再打印后续页码。

(2) 要打印文档中的第 5 页至第 15 页，以及第 20 页：在"页数"文本框里输入"_____"。

(3) 只打印一篇长文档的偶数页：单击"_____"下拉按钮，在下拉列表框中选择"_____"。

(4) 每版要打印 2 页：单击"每版打印 1 页"下拉按钮，在下拉列表框中选择"_____"。

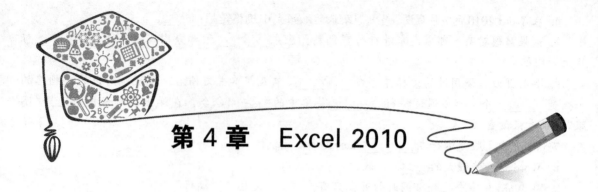

第 4 章 Excel 2010

学习目标

1. 掌握 Excel 软件的基本操作。
2. 根据实际需求，使用电子表格软件进行数据处理。
3. 掌握工作簿和工作表的基本操作。
4. 掌握数据输入、排序、筛选、查找和分类汇总。
5. 掌握图表操作。
6. 掌握常用函数及公式。
7. 掌握多表操作。
8. 掌握数据透视表。
9. 掌握页面设置和打印。
10. 掌握 Excel 软件的综合应用。

知识梳理

第 1 节 Excel 入门

一、Excel 基本知识

Excel 2010 是 Office 2010 中的电子表格处理软件，具有制作表格、处理数据、分析数据、创建表格等功能。创建工作簿：单击"开始"→"所有程序"→"Microsoft Office"→"Microsoft Office Excel 2010"，系统会自动创建名称为"工作簿 1"的工作簿。

1. 选择单元格的操作方法

①单击被选定的单元格，选择一个单元格。

②单击单元格左边的行号，选择一行。

③单击单元格上边的列标，选择一列。

④单击单元格然后按住鼠标左键拖曳到合适范围，选择连续区域。

2. 输入数据

①在编辑栏或单元格中输入文本后，按 Enter 键可以将输入的内容确认，同时当前选择的单元格将变成输入内容单元格下面的一个单元格。

②可以设置按 Enter 键后选择的移动方向：打开"文件"选项卡，选择"选项"命令，打开"选项"对话框，单击"高级"选项卡，在这里有一个"按 Enter 键后移动"复选框，可以从下面的下拉列表框中选择移动的方向是上、下、左或右。

（1）同一单元格中输入多行文本

方法 1：单击"开始"→"设置单元格格式"→"对齐"→"自动换行"。

方法 2：按 Alt+Enter 组合键。

（2）多个单元格中输入同样的内容

操作：选定这些单元格，再在最后的单元格中输入数据，并按 Ctrl+Enter 组合键。

（3）再次输入同列中已输入的数据

操作：输入汉字的头一个字，直接按 Enter 键即可。

（4）填充柄的使用

操作：拖动某个单元格的填充柄，用鼠标拖动进行填充时可以向下进行填充，也可以向上、向左、向右进行填充，只要在填充时分别向上、左、右拖动鼠标就可以了。

（5）规律数据的自动填充

操作：

①有规律的数据只要拖动填充柄往不同的方向拖动即可。

②利用"序列"生成器来填充规律数据，如 1、2、3 等。

操作：先选定单元格中输入序列的初值，然后执行"编辑"→"填充"→"序列"命令。

3. 工作簿的操作方法

（1）工作簿的建立

①打开建立位置，右击空白区域，选择"新建"→"Microsoft Excel 工作表"。

②启动 Excel 2010，系统将自动建立一个文件名为"工作簿1"的工作簿。

③启动 Excel 2010，执行"文件"→"新建"命令，在弹出的"新建"对话框中选择类型以建立新工作簿。

（2）工作簿的打开

①在"我的电脑"或"资源管理器"的状态下找到目标工作簿，双击文件图标即可打开该工作簿。

②启动 Excel 2010，执行"文件"→"打开"命令，在弹出的"打开"对话框中选择路径和文件，单击"打开"按钮即可。

③启动 Excel 2010，单击"文件"菜单的文件列表，也可打开工作簿。该文件列表的文件有无和数量多少可在"选项"对话框的"高级"选项卡中设置，默认为 25 个，最多为 50 个。

（3）工作簿的保存

①第一次保存。单击"保存"按钮，在弹出的"另存为"对话框中设置保存路径和文件名称及文件类型，再单击"保存"按钮即可。

②追加保存。由于工作簿已经保存过，其已有保存路径和文件名称，只需单击"保存"按钮即可按原来的路径和文件名称来保存当前文件内容。

③另存为。选择"另存为"命令，在弹出的"另存为"对话框中设置新的保存路径和文件名称

及文件类型，再单击"保存"按钮即可。原文件的内容和位置保持不变。

④保存工作簿。单击快速访问工具栏上的"保存"按钮，或者执行"文件"→"保存"命令，或者使用 Ctrl+S 组合键。

同步训练

选择题

1. 一个单元格内文字实现换行的组合键为(　　)。
   A. Alt+Shift　　　B. Alt+Enter　　　C. Ctrl+B　　　D. Ctrl+Enter
2. 多个单元格中输入同样的内容，要采用的组合键是(　　)。
   A. Ctrl+Enter　　　B. Alt+Shift　　　C. Alt+Enter　　　D. Ctrl+B
3. 在 A1 单元格中输入"大一"，在 A2 单元格中输入"大二"，选定 A1 和 A2 单元格后向下拖动填充柄至 A4 单元格，则(　　)。
   A. 在 A3 和 A4 单元格都显示"大三"
   B. 在 A3 单元格显示"大三"，在 A4 单元格显示"大四"
   C. 在 A3 单元格显示"大一"，在 A4 单元格显示"大二"
   D. 在 A3 和 A4 单元格没有内容显示
4. 在 Excel 2010 中，单元格 B2 的内容为"星期一"，用鼠标拖动填充柄到单元格 B6，则单元格 B4 的内容为(　　)。
   A. 星期一　　　B. 星期三　　　C. 星期五　　　D. 星期二
5. 新建的 Excel 工作簿窗口默认包含(　　)个工作表。
   A. 3　　　B. 1　　　C. 4　　　D. 5

二、窗口的操作

1. 新建窗口

一个工作簿一般只有一个窗口，如果为了方便查看工作簿的内容，可为工作簿创建多个窗口。执行"视图"→"窗口"→"新建窗口"命令可创建多个窗口。

2. 窗口的重排

当打开多个工作簿或只打开一个工作簿，建立多个窗口时，单击"视图"→"窗口"菜单的"全部重排"命令，在弹出的对话框中选择窗口排列方式：平铺、水平并排、垂直并排、层叠 4 种方式。

3. 窗口的隐藏

确定目标窗口，单击"视图"→"窗口"菜单的"隐藏"命令，可隐藏指定窗口。取消隐藏操作也通过"窗口"菜单进行。

4. 窗口的冻结

①冻结行：选定某行，单击"视图"选项卡中的"冻结窗格"按钮，则往后翻动时，选定行上方的行会在屏幕上不动。

②冻结列：选定某列，单击"视图"选项卡中的"冻结窗格"按钮，则向右翻动时，选定列左边的列会在屏幕上不动。

③冻结某个区域：选定待冻结区域的右下角单元格，单击"视图"选项卡"窗口"组中的"冻结窗格"按钮。

5. 窗口的拆分

将窗口拆分为几个部分，拆分类型有以下 3 种。

①上下分割窗口：选定某行，单击"视图"选项卡中的"窗口"组命令"拆分"命令，即可上下拆分窗口；也可使用鼠标拖放行拆分框按钮。

②左右分割窗口：选定某列，单击"视图"选项卡中的"窗口"组命令"拆分"命令，即可左右拆分窗口；也可使用鼠标拖放列拆分框按钮。

③上下左右均分割窗口：选定非首行首列单元格，单击"视图"选项卡中的"窗口"组命令"拆分"命令，即可上下左右均拆分窗口；也可使用鼠标拖放列拆分框按钮，再拖放行拆分框按钮。

6. 取消分割

①把分割线拖回到最右边即取消。

②单击"窗口"选项卡→"撤销拆分窗口"。

同步训练

选择题

1. 在 Excel 2010 中，下列不是窗口的排列方式的是(　　)。
   A. 重排　　　　　B. 水平并排　　　C. 垂直并排　　　D. 层叠

2. 下列不是窗口的冻结项目的是(　　)。
   A. 冻结行　　　　B. 冻结行与列　　C. 冻结列　　　　D. 冻结某个区域

3. 关于 Excel 2010 中工作表窗口"拆分"功能的说法，错误的是(　　)。
   A. 可以用于同时查看分隔较远的工作表部分
   B. 窗格拆分的位置与拆分前活动单元格的位置有关
   C. 拆分好的窗格不能调整
   D. 可以通过滚动条浏览窗格中的数据

4. 将窗口拆分为几个部分，下列不是窗口的分割方式的是(　　)。
   A. 混合窗口　　　　　　　　　　　B. 左右分割窗口
   C. 上下左右均分割窗口　　　　　　D. 上下分割窗口

5. 在 Excel 2010 中，当输入一个很大的数字时单元格却显示"＃＃＃"，这表明(　　)。
   A. 数字大　　　　B. 数字小　　　　C. 列宽窄了　　　D. 列宽宽了

第 2 节　电子表格基本操作

一、单元格的基本操作

1. 单元格区域的选定

①如果要选择一些连续的单元格，在要选择区域的开始的单元格按下左键，拖动鼠标到最终的单元格就可以了。

②如果要选定不连续的多个单元格，按住 Ctrl 键，一一单击要选择的单元格就可以了。同样的方法可以选择连续的多行、多列，不连续的多行、多列，甚至行、列、单元格混合选择等。

2. 复制、剪切、粘贴、删除

（1）复制

将选定的内容作为一个副本存放到剪贴板中，选定的内容在原处不变，常见的操作有：单击，按 Ctrl+C 组合键；右键快捷菜单中的"复制"命令；"开始"选项卡"复制"按钮。

（2）剪切

将选定的内容作为一个副本存放到剪贴板中，选定的内容即被删除，常见的操作有：单击，按 Ctrl+X 组合键；右键快捷菜单中的"剪切"命令。

（3）粘贴

将存放到剪贴板中的内容复制到当前光标处，常见的操作有：单击，按 Ctrl+V 组合键；右键快捷菜单中的"粘贴"命令。

（4）删除

常见的操作有：键盘命令 Del、Backspace、空格键；选项卡命令"开始"→"编辑"→"清除"，右键快捷菜单中的"清除内容"命令。

3. 撤销与恢复

如果对上次的操作情况不满意，可以单击自定义快速访问工具栏上的"撤销"按钮，把操作撤销，如果不想撤销了，还可以立刻恢复：单击自定义快速访问工具栏上的"恢复"按钮。

4. 插入和删除单元格

（1）插入

右键单击一个单元格，从打开的快捷菜单中选择"插入"命令，打开"插入"对话框，选择"活动单元格下移"，单击"确定"按钮，就可以在当前位置插入一个单元格，而原来的数据都向下移动了一行。

（2）删除

选中单元格，右键快捷菜单中选择"删除"命令；会弹出"删除"对话框，选择"下方单元格上移"，单击"确定"按钮，单元格删除，下面的记录上移。

5. 清除内容

有时不是将整列、整行删除，而是清除内容，保留整张表的框架及相互逻辑关系，其操作过程为：选定待清除的单元格，然后右击，执行快捷菜单中的"清除内容"命令。

6. 合并单元格

首先选中待合并的单元格，然后单击"开始"选项卡"对齐方式"组中的"合并后居中"按钮；或者单击"合并后居中"按钮；或者右键快捷菜单中执行"设置单元格格式"→"合并单元格"命令。

7. 调整行高、列宽

①拖动操作：调整单元格的宽度，可以使表格看起来更紧凑一些。拖动两个单元格列标中间的竖线可以改变单元格的大小，当鼠标指针变成双向箭头的形状时，直接双击这个竖线，Excel 会自动根据单元格的内容给这一列设置适当的宽度。同理，行高也一样。

②右击单元格，选择快捷菜单中的行高。

③行的高度设置：打开"开始"选项卡，在"单元格"组中单击"格式"下拉按钮，从打开的下拉列表中选择"行高"，可以打开"行高"对话框，设置好行高，单击"确定"按钮；或者选择"开始"选项卡"单元格"组"格式"下拉列表中的"自动调整行高"命令，其效果和双击行标间的横线相同。

④列宽的设置：打开"开始"选项卡，单击"单元格"组"格式"下拉按钮，从打开的下拉列表

中选择"列宽",打开"列宽"对话框,在这里输入列宽的数值,单击"确定"按钮;或者选择"格式"下拉列表中的"自动调整列宽"命令,其效果同双击列标中间的竖线效果是相同的。

8. 行、列的隐藏或取消

隐藏操作:执行"开始"选项卡"单元格"组"格式"→"隐藏"命令。

取消隐藏操作:执行"开始"选项卡"单元格"组"格式"→"取消隐藏"命令(注:取消隐藏必须选定多行或多列)。

同步训练

选择题

1. 在 Excel 2010 中,要删除指定列,可以( )。
   A. 单击列标,单击"视图"选项卡中的"隐藏"按钮
   B. 单击列标,单击"开始"选项卡中的"删除"按钮
   C. 单击列标,右击并在弹出的菜单中选择"剪切"选项
   D. 单击列标,选择"开始"选项卡中的"清除"命令

2. 工作表 Sheet1 中第 6 行被隐藏,想要让其重新显示,正确的操作是( )。
   A. 按住 Shift 键,分别单击第 5、7 行,右击,在弹出的菜单中选择"取消隐藏"选项
   B. 选中第 5 行并右击,在弹出的菜单中选择"取消隐藏"选项
   C. 选中第 7 行并右击,在弹出的菜单中选择"取消隐藏"选项
   D. 按住 Alt 键,分别单击第 5、7 行并右击,在弹出的菜单中选择"取消隐藏"选项

3. 在 Excel 2010 中,列宽的设置,在( )选项卡中。
   A. 文件   B. 视图   C. 格式   D. 开始

4. 在 Excel 2010 的工作表中最小操作单元是( )。
   A. 一个单元格   B. 一行   C. 一列   D. 一张表

5. 在 Excel 2010 工作表中,以下能够选中连续的多行单元格的操作是( )。
   A. 用鼠标拖动单元格的列号   B. 用鼠标拖动单元格的行号
   C. 用鼠标拖动单元格的外框   D. 用鼠标拖动单元格的填充柄

二、编辑和管理工作表

1. 复制工作表

单击"Sheet1"工作表标签,按住 Ctrl 键,按住鼠标左键将工作表拖动到指定位置,松开鼠标左键完成复制;不按 Ctrl 键的操作结果是移动工作表。

2. 复制工作表到新工作簿

①右击需要复制的工作表标签。
②在弹出的快捷菜单中选择"复制"命令。
③选择"新工作簿"。
④选择"建立副本"。
⑤单击"确定"按钮(若"建立副本"复选框未被选中,则原工作表将被移动到"新工作簿"文件中而不在原工作簿中保留)。

同步训练

选择题

1. 在 Excel 2010 中，存储二维数据的表格被称为(　　)。
   A. 工作簿　　　B. 文件夹　　　C. 工作表　　　D. 图表

2. Excel 2010 中单击工作表切换区右侧的"插入工作表"按钮，则(　　)。
   A. 在所有工作表前插入一张新工作表
   B. 在所有工作表后插入一张新工作表
   C. 在当前工作表前插入一张新工作表
   D. 在当前工作表后插入一张新工作表

3. Excel 2010 的工作表被删除后，下列说法正确的是(　　)。
   A. 数据被删除，可以用"撤销"操作来恢复数据
   B. 数据被删除，而且不可以用"撤销"操作来恢复数据
   C. 数据进入了回收站，可以去回收站中将数据恢复
   D. 数据还保存在内存里，只不过是不再显示

4. 在 Excel 2010 中使用"开始"选项卡中的"插入"→"插入工作表"命令，插入的空白工作表位于(　　)。
   A. 所有工作表的前面　　　　　　B. 当前工作表的前面
   C. 所有工作表的后面　　　　　　D. 当前工作表的后面

5. 在 Excel 2010 中，每张工作表是一个(　　)。
   A. 一维表　　　B. 二维表　　　C. 三维表　　　D. 树表

第3节　格式化电子表格

一、格式化数据

1. 设置数据对齐方式
①右击数据所在的单元格。
②在弹出的快捷菜单中选择"设置单元格格式"命令。
③选择"对齐"选项卡。
④设置数据跨列居中，需要选中"合并单元格"。
⑤单击"确定"按钮。

2. 设置字符格式
①选定要格式化的全部单元格或单个单元格中指定的文本。
②在"开始"选项卡中单击所需的格式按钮。
③加粗，单击"加粗"按钮；倾斜，单击"倾斜"按钮。
④带下划线，单击"下划线"按钮。

3. 更改文本颜色
①选定要格式化的整个单元格或单个单元格中的文本。

②要应用最近所选的颜色，可单击"开始"选项卡"字体"组中的"字体颜色"按钮。要应用其他颜色，请单击"字体颜色"按钮旁的下拉按钮，然后单击调色板上的某种颜色。

4. 设置数字格式

①右击单元格，选择"设置单元格格式"命令，弹出"设置单元格格式"对话框。
②单击"数字"选项卡。
③选择对应格式。
④单击"确定"按钮。

5. 格式刷

"格式刷"能够复制一个"样本"格式，将其应用到另一个位置，双击"格式刷"按钮可将相同的格式应用到多个位置。

"格式刷"操作步骤如下。
①选择"样本"格式的文本。
②单击或双击"格式刷"按钮。
③在目标文字上拖动"格式刷"。

6. 对单元格应用边框

（1）添加边框

单击"开始"选项卡"字体"组中的"边框"按钮。

（2）其他边框设置

要应用其他边框样式，单击"开始"选项卡中的"单元格"命令的"格式"下的"设置单元格格式"，选择"边框"选项卡，然后单击所需的线型样式，再单击指示边框位置的按钮。

（3）边框和旋转文本

如果要对包含旋转文本的单元格应用边框，使用"边框"选项卡中的"外边框"按钮 和"内部"按钮。边框应用于单元格的边界，并与文本旋转同样的角度。

7. 用纯色设置单元格背景色

①选择要设置背景色的单元格。
②要应用最近选定的颜色，单击"开始"选项卡中的"字体"组"填充颜色"按钮。要应用其他颜色，单击"填充颜色"按钮旁的下拉按钮，然后单击模板上的一种颜色。

8. 用图案设置单元格背景色

①选择要设置背景色的单元格。
②单击"开始"选项卡中的"单元格"命令，然后单击"格式"下的"设置单元格格式"中的"填充"下的图案样式。
③要设置图案的背景色，则选择"单元格底纹颜色"中的某一颜色。
④单击"图案"框旁的箭头，单击图案样式框旁的箭头，然后单击所需的图案样式。

9. 边框、背景图案、阴影的删除

（1）删除边框

①选择要删除边框的单元格。
②单击"开始"选项卡中"边框"按钮旁的下拉按钮，然后单击选项卡中的"边框线"按钮。

（2）删除工作表的背景图案
①单击要删除背景图案的工作表标签。
②选择"页面布局"选项卡中的"页面设置"组，然后单击"删除背景"。
（3）删除阴影
①选择要删除阴影的单元格。
②单击"开始"选项卡"填充颜色"按钮旁的下拉按钮，然后单击"无填充颜色"。

同步训练

选择题

1. 在 Excel 中，以下能够改变单元格格式的操作有(　　)。
A. 执行"编辑"选项卡中的"单元格"命令
B. 执行"插入"选项卡中的"单元格"命令
C. 按鼠标右键选择快捷菜单中的"设置单元格格式"选项
D. 单击"开始"选项卡中的"格式刷"按钮

2. 下列关于 Excel 2010 的说法中，不正确的是(　　)。
A. Excel 2010 可以隐藏工作表
B. Excel 2010 可通过"开始"选项卡中的合并单元格按钮
C. Excel 2010 工作表的边框线通过"边框和底纹"对话框设置
D. Excel 2010 中可以按 Backspace 键删除单元格的内容

3. 在(　　)选项卡中可设置单元格的边框线。
A. 引用　　　　B. 页面布局　　　　C. 视图　　　　D. 开始

4. 下列关于 Excel 2010 中，添加边框、颜色操作的叙述，有错误的一项是(　　)。
A. 选择"开始"选项卡下的单元格选项字体组中进入
B. 边框填充色的默认设置为红色
C. 可以在"线条样式"对话框中选择所需边框线条
D. 单击单元格中的边框标签

5. 在 Excel 2010 工作表中，若要设置单元格的数据格式，正确的操作是(　　)。
A. 选择单元格，单击"开始"选项卡"格式"命令"设置单元格格式"选项
B. 选择单元格，单击"开始"选项卡"数字"组对话框启动器按钮
C. 选择单元格，单击"开始"选项卡"单元格样式"命令
D. 选择单元格并右击，在弹出的菜单中选择"设置单元格格式"选项

二、格式化工作表及条件格式

1. 设置工作表标签颜色
①右击工作表标签。
②选择"工作表标签颜色"命令。
③选择颜色。

2. 套用表格样式
①单击"开始"选项卡中的"样式"下拉按钮，选择"套用表格样式"选项。
②选择表格样式。

③输入套用表格样式的单元格或区域(绝对路径)。
④单击"确定"按钮。

3. 设置条件格式
①选择要设置条件格式的单元格区域。
②单击"开始"选项卡"样式"组中的"样式"下拉按钮,选择"条件格式"→"突出显示单元格规则"→"介于"命令。
③设置条件值。
④设置格式。

说明:
①"添加"可用于增加条件。
②"介于"是指比较运算符,还有小于、大于、等于、不等于等。
③确定好比较符、比较值后,须单击"格式"对字符格式进行设置。

同步训练

选择题

1. 在 Excel 2010 中,要以红色斜体显示成绩单低于 60 分的成绩,则需使用(   )。
   A. 数据透视表　　　B. 筛选　　　　　C. 分类汇总　　　　D. 条件格式
2. 在 Excel 2010 中,若显示数据库中符合条件的记录,可以使用(   )。
   A. 数据透视表　　　B. 自动筛选　　　C. 排序　　　　　　D. 条件格式
3. 在 Excel 2010 中,不符合条件格式的规则是(   )。
   A. 选取单元格内容规则
   B. 突出显示单元格规则
   C. 数据条规则
   D. 图标集规则
4. 套用表格样式在"(   )"选项卡中。
   A. 数据　　　　　　B. 开始　　　　　C. 视图　　　　　　D. 页面布局

第4节　计算数据

一、数据计算

1. 计算数据
Excel 提供了对数据的统计、计算和管理功能。在 Excel 中进行数据计算有两种方式:一种是使用自定义公式,另一种是使用函数。

2. 在单元格中输入公式计算
①在单元格中输入计算公式,公式以"="开头。
②按 Enter 键显示计算结果。
③拖曳填充柄向下复制公式,相应单元格中出现计算结果。

3. 创建公式

单击要输入公式的单元格[公式是指单元格内的一系列数值、单元格引用、名称、函数和运算符的集合，可共同产生新的值。公式总是以等号(＝)开始的]。单击"编辑公式"按钮"＝"或"粘贴函数"按钮，Microsoft Excel 将插入一个等号，然后输入公式内容，按 Enter 键。

4. 运算符号：公式中的运算符

运算符对公式中的元素进行特定类型的运算。Microsoft Excel 包含 4 种类型的运算符：算术运算符、比较运算符、文本运算符和引用运算符。

（1）算术运算符

要完成基本的数学运算，如加法、减法和乘法、连接数字和产生数字结果等，可使用以下算术运算符。

算术运算符	含义	示例
＋（加号）	加	3＋3
－（减号/负号）	减	3－1
＊（星号）	乘	3＊3
／（斜杠）	除	3/3
％（百分号）	百分比	20％
^（脱字符）	乘方	3^2（与 3＊3 相同）

（2）比较运算符

可以使用下列操作符比较两个值。当用操作符比较两个值时，结果是一个逻辑值，不是 TRUE 就是 FALSE。

比较运算符	含义	示例
＝（等号）	等于	A1＝B1
＞（大于号）	大于	A1＞B1
＜（小于号）	小于	A1＜B1
＞＝（大于等于号）	大于等于	A1＞＝B1
＜＝（小于等于号）	小于等于	A1＜＝B1
＜＞	不等于	A1＜＞B1

（3）文本连接符

使用(&)加入或连接一个或更多字符串以产生一大片文本。

& 连接符：将两个文本值连接或串起来产生一个连续的文本值 "North" & "wind" 产生 "Northwind"。

（4）引用操作符

引用以下运算符可以将单元格区域合并计算。

：区域运算符，对两个引用之间，包括两个引用在内的所有单元格进行引用 B5：B15。

，（逗号）联合操作符，将多个引用合并为一个引用 SUM(B5：B15，D5：D15)。

引用分为相对引用、绝对引用和混合引用。

5. 公式中的运算次序

如果公式中同时用到了多个运算符，Microsoft Excel 将按以下的顺序进行运算。如果公式中包含了相同优先级的运算符，Excel 将从左到右进行计算。如果要修改计算的顺序，就把公式需要首先计算的部分括在圆括号内。

( )，:：(冒号)（空格），(逗号)，负号(如 –1)，引用运算符，%(百分比) ^(乘幂)，＊和／(乘和除)＋和–(加和减)，（连接两串文本)) = < > <= >= <>(比较运算符)。

同步训练

选择题

1. Excel 2010 主界面中编辑栏上的 f_x 按钮用来向单元格插入(   )。
   A. 文字　　　　　B. 数字　　　　　C. 公式　　　　　D. 函数
2. 在单元格中输入公式后，需要按(   )键进行确认。
   A. Enter　　　　　B. Tab　　　　　C. 单击鼠标　　　　　D. Ctrl
3. 在进行除法计算时，若数据除以 0，则会出现(   )提示。
   A. #DIV/0! 错误　　　　　　　　　B. #REF! 错误
   C. #####错误　　　　　　　　　　D. #NUM! 错误
4. A1 单元格内的数据为 10，A2 单元格内的数据为 11，同时选中 A1、A2 单元格，使用填充柄填充 A3 至 A10 单元格，则 A10 单元格内的数据为(   )。
   A. 10　　　　　B. 11　　　　　C. 18　　　　　D. 19
5. Excel 2010 中可以直接导入的外部数据不包括(   )。
   A. Access 数据　　　B. 网站数据　　　C. 文本数据　　　D. Word 数据

二、函数应用实例

1. 函数的定义与格式

函数是一些预定义的公式，它们使用一些称为参数的特定数值按特定的顺序或结构进行计算。例如，SUM 函数对单元格或单元格区域进行加法运算，PMT 函数在给定的利率、贷款期限和本金数额基础上计算偿还额。函数是指 Excel 已经定义好的公式，由一个或多个执行运算的数据进行指定计算并且返回计算值。函数以公式的形式出现，则需在函数名称前面输入等号(＝)。

格式：函数名(参数)

说明：

①函数名：指待求的预定义的函数名称。

②参数：参数也可以是常量、公式或其他函数。

③结构：函数的结构以函数名称开始，后面是左圆括号、以逗号分隔的参数和右圆括号。

④数组：用于建立可产生多个结果或可对存放在行和列中的一组参数进行运算的单个公式。在 Microsoft Excel 有两类数组：区域数组和常量数组。区域数组是一个矩形的单元格区域，该区域中的单元格共用一个公式；常量数组将一组给定的常量用作某个公式中的参数。

⑤常量：直接输入到单元格或公式中的数字或文本值，或由名称所代表的数字或文本值。

⑥公式选项板：帮助创建或编辑公式的工具，还可提供有关函数及其参数的信息。单击编辑栏中的"编辑公式"按钮，或是单击"常用"工具栏中的"粘贴函数"按钮之后，就会在编辑栏下面出现公式选项板。

⑦输入包含函数的公式。

单击需要输入公式的单元格，如果公式以函数的形式出现，在编辑栏中单击"编辑公式"按钮"＝"。

2. 数值计算

其操作步骤如下。

①将光标定位在需要计算结果的位置。

②选择函数类型和函数名，单击"确定"按钮，选定计算区域，然后单击"确定"按钮。

3. 使用函数操作步骤

①选择单元格。

②单击"公式"选项卡"函数库"组中的"插入函数"按钮。

③在"插入函数"对话框中输入函数名。

④单击"转到"按钮。

⑤单击"确定"按钮。

⑥在"函数参数"对话框中输入计算函数。

⑦单击"确定"按钮后单元格显示计算结果。

4. 常用函数

（1）SUM( )

功能：返回某一单元格区域中所有数字之和。

语法：SUM(number1，number2，…)

number1，number2，…为 1~30 个需要求和的参数。

直接输入到参数表中的数字、逻辑值及数字的文本表达式将被计算。

（2）AVERAGE( )

功能：返回参数平均值(算术平均)。

语法：AVERAGE(number1，number2，…)

number1，number2，…为要计算平均值的 1~30 个参数。

（3）MAX( )

功能：返回数据集中的最大数值。

语法：MAX(number1，number2，…)

number1，number2，…为需要找出最大数值的 1~30 个数值，可以将参数指定为数字、空白单元格、逻辑值或数字的文本表达式。

（4）MIN( )

返回给定参数表中的最小值。

语法：MIN(number1，number2，…)

单元格列表为需要计算其中满足条件的单元格数目的单元格区域。特征值为确定哪些单元格将被计算在内的条件，其形式可以为数字、表达式或文本。

（5）SUMIF( )

根据指定条件对若干单元格求和。

语法：SUMIF(条件范围，条件，求和范围)

条件范围为用于条件判断的单元格区域。

条件为确定哪些单元格将被相加求和的条件，其形式可以为数字、表达式或文本。

（6）IF( )

执行真假值判断，根据逻辑测试的真假返回不同的结果。

语法：IF(逻辑表达式，值一，值二)

逻辑表达式表示计算结果为 TRUE 或 FALSE 的任意值或表达式。

若逻辑表达式为 TRUE，则返回值一的值，若逻辑表达式为 FALSE，则返回值二的值。

函数 IF 可以嵌套 7 层。

（7）ROUND( )

返回某个数字按指定位数舍入后的数字。

语法：ROUND(数字，保留位数)

数字为需要进行舍入的数字。

保留位数为要保留的位数，按此位数进行舍入。

（8）INT(n)

返回不大于 n 的最大的整数值。如 INT(34.56)，返回值为 34。

如 INT(-34.56)，返回值为-35。

（9）COUNT( )

功能：返回参数的个数。利用函数 COUNT 可以计算数组或单元格区域中数字项的个数。

语法：COUNT(value1，value2，…)

value1，value2，…是包含或引用各种类型数据的参数(1~30 个)，但只有数字类型的数据才被计数。

函数 COUNT 在计数时，将把数字、空值、逻辑值、日期或以文字代表的数计算进去。

（10）COUNTIF( )

功能：计算给定区域内满足特定条件的单元格的数目。

语法：COUNTIF(range，criteria)

range 为需要计算其中满足条件的单元格数目的单元格区域。

criteria 为确定哪些单元格将被计算在内的条件，其形式可以为数字、表达式或文本。

（11）SUMIF( )

功能：根据指定条件对若干单元格求和。

语法：SUMIF(range，criteria，sum_range)

range 为用于条件判断的单元格区域。

criteria 为确定哪些单元格将被相加求和的条件，其形式可以为数字、表达式或文本。

sum_range 为需要求和的实际单元格。只有当 range 中的相应单元格满足条件时，才对 sum_range 中的单元格求和。若省略 sum_range，则直接对 range 中的单元格求和。

（12）IF( )

功能：执行真假值判断，根据逻辑测试的真假值返回不同的结果。

语法：IF(logical_test，value_if_true，value_if_false)

logical_test 表示计算结果为 TRUE 或 FALSE 的任意值或表达式。例如，A10 = 100 就是一个逻辑表达式，如果单元格 A10 中的值等于 100，表达式为 TRUE，否则为 FALSE。

5. 几个常用的字符串函数

（1）LEFT( )

功能：LEFT 基于所指定的字符数返回文本串中的第一个或前几个字符。LEFTB 基于所指定的字节数返回文本串中的第一个或前几个字符。此函数用于双字节字符。

语法：LEFT(text，num_chars)

LEFT(text，num_bytes)

text 是包含要提取字符的文本串。

num_chars 指定要由 LEFT 所提取的字符数。num_chars 必须大于或等于 0。

num_bytes 为按字节指定要由 LEFT 所提取的字符数。

示例：

LEFT("Sale Price", 4) 等于 "Sale"

（2）RIGHT( )

RIGHT 根据所指定的字符数返回文本串中最后一个或多个字符。

（3）MID( )

MID 返回文本串中从指定位置开始的特定数目的字符，该数目由用户指定。

（4）字符串长度测试函数 LEN( )

LEN 返回文本串中的字符数。

语法：LEN(text)

text 是要查找其长度的文本。空格将作为字符进行计数。

（5）日历、时间函数

NOW( )：返回当前日期和时间所对应的系列数。

TODAY( )：返回当前日期的系列数。

YEAR( )：返回某日期的年份。返回值为 1900~9999 之间的整数。

MONTH( )：返回以系列数表示的日期中的月份。月份是介于 1（一月）和 12（十二月）之间的整数。

DAY( )：返回以系列数表示的某日期的天数，用整数 1~31 表示。

WEEKDAY( )：返回某日期为星期几。在默认情况下，其值为 1（星期天）~7（星期六）之间的整数。

HOUR( )：返回时间值的小时数。

TIME( )：返回某一特定时间的小数值，函数 TIME 返回的小数值为从 0~0.99999999 之间的数值。

DATE( )：返回代表特定日期的系列数。

6. 关于错误信息

在单元格输入或编辑公式后，有时会出现如"####!"或"#VALUE!"的错误信息。错误值一般以"#"符号开头，出现错误值有以下几种原因，见表 4-1。

表 4-1　错误值及错误值出现的原因

错误值	错误值出现的原因	举例
#DIV/0!	被除数为 0	例如：=3/0
#N/A	引用了无法识别的数值	例如：HLOOKUP 函数的第一个参数对应的单元格为空
#NAME?	不能识别的名称	例如：=sun(a1:a4)
#NULL!	交集为空	例如：=sum(a1:a3 b1:b3)
#NUM!	数据类型不正确	例如：=sqrt(-4)
#REF!	引用无效单元格	例如：引用的单元格被删除
#VALUE!	不正确的参数或运算符	例如：=1+"a"
####!	宽度不够，加宽即可	

下面简要说明各错误信息可能产生的原因。

(1)####！

若单元格中出现"####！"的错误信息，可能的原因是：单元格中计算的结果太长，该单元格宽度小，可以通过调整单元格的宽度来消除该错误。

(2)#DIV/0！

若单元格中出现"#DIV/0！"错误信息，可能的原因是：该单元格的公式中出现被零除的问题，即输入的公式中包含"0"除数，也可能在公式中的除数引用了零值单元格或空白单元格(空白单元格的值将解释为零值)。

(3)#N/A

在函数或公式中没有可用数值时，会产生这种错误信息。

(4)#NAME？

在公式中使用了Excel所不能识别的文本时将产生错误信息"#NAME？"。其可能的原因可以从以下几方面检查。

①使用了不存在的名称，应检查使用的名称是否存在。
②公式中的名称或函数名拼写错误，修改拼写错误即可。
③公式中区域引用不正确，如某单元格中有公式"=SUM(GZG3)"。
④在公式中输入文本时没有使用双引号。

(5)#NUM！

在公式或函数中某个数值有问题时产生的错误信息。

(6)#NULL！

在单元格中出现此错误信息的原因可能是试图为两个并不相交的区域指定交叉点。例如，使用了不正确的区域运算符或不正确的单元格引用等。

(7)#REF！

单元格中出现这样的错误信息是该单元格引用无效的结果。设单元格A9中有效数据值为"5"，单元格A10中有公式"=A9+1"，单元格显示结果为6。若删除单元格A9，则单元格A10中的公式"=A9+1"对单元格A9的引用无效，就会出现该错误信息。

(8)#VALUE！

当公式中使用不正确的参数时，将产生该错误信息。这时应确认公式或函数所需的参数类型是否正确，公式引用的单元格信息中是否包含有效的数值。如果需要数字或逻辑值时却输入了文本，就会出现这样的错误信息。

同步训练

选择题

1. 在Excel 2010中，如果要修改计算的顺序，需要把公式首先计算的部分放在(　　)。
   A. 圆括号内　　　　B. 双引号内　　　　C. 单引号内　　　　D. 中括号内

2. 在Excel 2010复制公式到其他位置时，若公式中的单元格地址为相对引用，则公式中的(　　)。
   A. 单元格地址随新位置有规律变化　　　　B. 单元格地址不随新位置而变化
   C. 单元格范围不随新位置而变化　　　　　D. 单元格范围随新位置无规律变化

3. Excel 2010D1 单元格中有公式=A1+$C1，将 D1 单元格中的公式复制到 E4 单元格中，E4 单元格中的公式为（　　）。

A. =A4+$C4　　　B. =B4+$D4　　　C. =B4+$C4　　　D. =A4+C4

4. 在 Excel 2010 单元格中输入公式"=Excel+2010"，按 Enter 键，单元格中显示（　　）。

A. #NAME?　　　B. #VALUE?　　　C. #NULL　　　D. #REF

5. 在 Excel 2010 中，假定 B2 单元格的内容为数值 30，则公式=IF(B2>20,"好",IF(B2>10,"中","差"))的值为（　　）。

A. 好　　　B. 良　　　C. 中　　　D. 差

第 5 节　处理数据

一、数据排序

Excel 的排序是指数据行依照某种属性的递增或递减规律重新排列，该属性称为关键字，递增或递减规律称为升序或降序。

1. 利用"排序"命令对数据排序

①选择单元格。
②单击"数据"选项卡中的"排序"按钮。
③在"排序"对话框中选择主要关键字。
④单击排序"选项"确定排序"方向"和"方法"。
⑤确定排序次序为"降序"。
⑥单击"确定"按钮。

2. 多关键字复杂排序

①单击"排序"按钮，在"排序"对话框中选择主要关键字。
②单击"添加条件"按钮。
③选择次要关键字。
④选择次序为"降序"。
⑤单击"确定"按钮。

3. 自定义序列排序

自定义序列排序是根据用户的一些特殊要求而进行的特殊排序。

Excel 排序功能不允许选择分散的单元格区域进行排序。在"排序依据"下拉列表框中不仅可以按数值排序，还可以按文本值进行排序。

文本类数据：ASCII 码字符按 ASCII 码值排序；汉字字符按汉字机内码值排序，常用汉字按汉语拼音排序。

数值类数据：按数字大小排序。

日期类数据：按日期先后排序。

（1）单关键字排序

将活动单元格定位于关键字字段所在列数据区域的任一单元格，单击"数据"选项卡"排序和筛选"组中的"升序"或"降序"按钮即可。

（2）多关键字排序

将活动单元格定位于数据区域的任一单元格，单击"数据"选项卡"排序和筛选"组中的"排序"按钮。在弹出的"排序"对话框中设置主、次要关键字，设置排序的方式有升序或降序等，单击"确定"按钮即可。

（3）首行是否参与排序

在"排序"对话框中选择"有标题行"表示首行不参与排序，选择"无标题行"表示首行参与排序。

①排序方向。默认为"按列排序"。可单击"排序"对话框中的"选项"按钮，在弹出的"排序选项"对话框中设置"按行排序"设置为按行排序后，每列为一条记录。

②排序方法。默认为"字母排序"。可单击"排序"对话框中的"选项"按钮，在弹出的"排序选项"对话框中设置"笔画排序"，这一设置主要针对汉字。

同步训练

选择题

1. 在 Excel 2010 中，对数据表进行排序时，在"排序"对话框中能够指定的排序关键字个数限制为（　　）。
   A. 1个　　　　　　B. 2个　　　　　　C. 3个　　　　　　D. 任意

2. 符合 Excel 2010 自定义排序依据的是（　　）。
   A. 单元格图标　　　B. 单元格颜色　　　C. 数值　　　　　　D. 单元格地址

3. 在 Excel 2010 中，"排序和筛选"属于（　　）选项卡。
   A. 数据　　　　　　B. 开始　　　　　　C. 审阅　　　　　　D. 插入

4. 在对 Excel 2010 电子表格中的数据进行排序时，单击"数据"→"排序"按钮打开"排序"对话框后，应首先考虑选择的关键字是（　　）。
   A. 次要关键字　　　B. 第三关键字　　　C. 任意一个关键字　D. 主要关键字

5. 对 Excel 2010 排序选项叙述错误的是（　　）。
   A. 可按列排序　　　　　　　　　　　　B. 可按行排序
   C. 最少可设置 64 个排序条件　　　　　D. 可按笔画数排序

二、数据筛选

Excel 中的筛选是指让某些符合条件的数据记录显示出来，而暂时隐藏不符合条件的数据记录。Excel 筛选分为自动筛选和高级筛选。

（1）自动筛选

①单击"数据"选项卡"排序和筛选"组中的"筛选"按钮，标题栏中显示"筛选器"。

②单击筛选器，查看记录。

③在筛选器下拉列表中选择参数。

④单击"确定"按钮。

（2）高级筛选

Excel 高级筛选不仅可以为涉及 3 个或 3 个以上条件，或需要设置条件时的数据进行筛选，还可以对含有特定字符的记录进行筛选，并且一次完成。

(3)筛选含有特定字符的数据

①先在数据区域外的单元格中输入被筛选的字段名称,在其下方的单元格中输入筛选的条件,再单击"排序和筛选"组中的"高级"按钮。

②设定"高级筛选"对话框。

③单击"确定"按钮。

④筛选特定数据的结果。

同步训练

选择题

1. 在 Excel 2010 中,利用筛选功能查找指定内容,完成操作后工作表内(　　)包含指定内容的数据行。

A. 部分隐藏　　　B. 全部隐藏　　　C. 只显示　　　D. 部分显示

2. 在 Excel 2010 中,关于"筛选"正确的叙述是(　　)。

A. 自动筛选和高级筛选都可以将结果筛选至另外的区域。

B. 不同字段之间进行"或"运算的条件是必须使用高级筛选。

C. 自动筛选的条件只能是一个,高级筛选的条件可以是多个。

D. 自动筛选的条件可以是多个,高级筛选条件只能是一个。

3. 在 Excel 2010 的自动筛选中,每个列标题(又称属性名或字段名)上的下拉按钮都对应一个(　　)。

A. 下拉菜单　　　B. 对话框　　　C. 窗口　　　D. 工具栏

4. 在 Excel 2010 的高级筛选中,条件区域中写在同一行的条件是(　　)。

A. 或关系　　　B. 与关系　　　C. 非关系　　　D. 异或关系

三、分类汇总

分类汇总是指先根据关键字进行分类(排序),再根据主关键字(只能根据一个关键字进行汇总)汇总。

分类汇总的操作过程如下。

①先选定汇总项,对数据清单进行排序(数据清单是包含相关数据的一系列工作表数据行)。在要分类汇总的数据清单中单击任一单元格。

②在"数据"选项卡的"分级显示"组中单击"分类汇总"按钮。在"分类字段"下拉列表框中选择需要分类汇总的数据列。选定的数据列应与步骤①中进行排序的列相同。

③在"汇总方式"下拉列表框中选择所需的用于计算分类汇总的方式,如"求和""平均值""最大值""最小值""乘积"。

嵌套(多级)分类汇总:嵌套(多级)分类汇总先对已经建立了分类汇总的工作表某项指标汇总,再按另一个字段对汇总后的数据进一步细化,即汇总操作。嵌套分类汇总中每级使用的关键字不相同。

多级分类汇总工作表的左上方可以看到"分级显示"按钮,其中第一级按钮代表总的汇总结果范围,其他各级依次代表后面操作的详细的汇总记录项。

同步训练

选择题

1. 在 Excel 工作表数据进行分类汇总时,汇总方式不可以是(   )。
   A. 求和   B. 平均值   C. 最大值   D. 科学计数
2. 在 Excel 2010 中,进行分类汇总前,首先必须对工作表中的分类字段进行(   )。
   A. 自动筛选   B. 高级筛选   C. 排序   D. 查找
3. 在 Excel 2010 中,下面关于分类汇总的叙述错误的是(   )。
   A. 分类汇总前必须按关键字段排序数据。
   B. 汇总方式只能是求和。
   C. 分类汇总的关键字段只能是一个字段。
   D. 分类汇总可以被删除,但删除汇总后排序操作不能撤销。

第 6 节　制作数据表格

一、创建数据图表

数据以图表形式显示,将会使数据直观和生动,利于理解,更具有可读性。用图表表示数据还能帮助分析数据,为决策提供准确的信息。在 Excel 中,制作图表包括 3 个方面的内容:创建数据图表,编辑图表,设置图表对象的格式。

1. 创建图表的步骤

①选择要制作图表的数据。
②单击"插入"选项卡"图表"组中的"条形图"按钮。
③选择"簇状水平圆柱图"。

2. 更改图表的布局或样式

创建图表后,Excel 显示"图表工具"选项卡,其中包括设计、布局和格式 3 个选项卡。用户可以快速为图表应用 Excel 提供的预定的布局、样式,还可以根据需要自定义布局的样式,改变图表中的文本和数字格式,更改图表中各个元素的布局和样式。

3. 图表工具各选项卡及对应功能

①设计:对图表的数据源、图表布局、图表样式及图表位置进行修改。
②布局:对图表各类标签、坐标轴、网格线、绘图区进行修改;还可以根据图表添加趋势线、误差线等对图表进行分析。
③格式:对图表形状样式、艺术字样式、排列及大小等进行设置。

4. 格式化图表操作步骤

①在"图表工具-设计"选项卡中选择"布局 3"。
②删除系统默认数字,在文本框中填写项目名称。
③单击"布局"选项卡中"背景"组中的按钮。
④在弹出的"设置背景墙格式"对话框中,单击"填充"→"图片或纹理填充"→"纹理"→"水滴"填充图表背景。

⑤填写"图表标题",对文本进行填充背景或格式化。

5. 常见的图表

常见的图表有 XY(散点)图、面积图、圆环图、雷达图、曲面图、气泡图、圆锥图、柱形图和棱形图。

同步训练

选择题

1. 下列不属于 Excel 2010 图表类型的是(　　)。
   A. 饼图　　　　　B. 折线图　　　　　C. 雷达图　　　　　D. 树形图
2. 在 Excel 2010 中,若要体现各项数据相对于总质量的比例关系,最合适的图表类型为(　　)。
   A. 条形图　　　　B. 柱形图　　　　　C. 面积图　　　　　D. 饼图
3. Excel 2010 的图表必须包含(　　)。
   A. 标题　　　　　B. 图例　　　　　　C. 坐标轴　　　　　D. 数据系列
4. 在 Excel 2010 中,图表的(　　)会随着工作表中数据的改变而发生相应的变化。
   A. 图例　　　　　B. 系列数据的值　　C. 图表类型　　　　D. 图表位置
5. 在 Excel 2010 中,所包含的图表类型共有(　　)。
   A. 10 种　　　　　B. 11 种　　　　　　C. 20 种　　　　　　D. 30 种

二、数据透视表与数据透视图

数据透视表是一种快速汇总大量数据的交互方式,使用数据透视表可以深入分析数据,并且可以以多种方式查寻数据、汇总数据、动态查看数据,对最有用和重要的数据子集进行筛选、排序、分组和有条件地设置格式,突出重要数据信息,提供带有批注的联机报表。

1. 创建数据透视表操作步骤

①单击"插入"选项卡"表格"组中的"数据透视表"按钮。
②选择要分析的数据表区域。
③选择"新工作表"放置数据透视表。
④单击"确定"按钮。
⑤选中需要分析字段的复选框。
⑥按分析要求拖曳字段到不同的框内。
⑦选择对应字段。
⑧单击"确定"按钮。
⑨选择其中数据分析。
⑩单击"确定"按钮。

2. 创建数据透视表时字段的表示方法

①单击"插入"选项卡"表格"组中的"表格"按钮。
②输入创建数据透视表的数据来源。
③选择创建数据透视表的区域,以及放置数据透视表的位置。
④添加到报表的字段用列号表示。

3. 编辑数据透视表

系统生成数据透视表后,用户可以通过设置数据透视表的布局、样式、选项等标签美化编辑创建的透视表。

(1) 重组数据透视表

数据透视表是显示数据信息的视图,创建数据透视表后不能直接修改透视表所显示的数据项,但表中的字段可以在字段栏或区域栏互换。

(2) 添加或删除字段

用户可以根据需要随时在透视表中添加或删除字段。若添加字段,则在右侧区域节中选中要添加字段的复选框;若删除字段,则撤销复选框的选择,或者用鼠标选择该字段,并将其拖到字段节或区域节外。

(3) 美化数据透视表

美化数据透视表可以通过布局、样式、选项、格式等工具完成,为前面生成的数据透视表应用"数据透视表工具-设计"→"数据透视表设计样式"→"数据透视表样式深色"样式。

4. 数据透视表的应用

创建数据透视表,要求数据源必须是比较规则的数据。创建的数据透视表左边为数据透视表的报表生成区域,它会随着选择的字段不同而自动更新;右侧为数据透视表字段列表。

5. 切片器筛选数据

Excel 切片器可以快速实现数据筛选,用户可在切片器的数据上查询当前数据状态。

① 单击"数据表透视工具-选项"选项卡"排序和筛选"组中的"插入切片器"按钮。

② 选中筛选项复选框。

③ 单击"确定"按钮(按 Delete 键即可删除"切片器")。

6. 改变数据透视表汇总方式

透视表默认汇总方式是"求和"。改变汇总方式的步骤如下。

① 单击改变汇总项的下拉按钮,选择"值字段设置",或者右击,在弹出的快捷菜单中选择"值字段设置"。

② 改变汇总方式。

③ 单击"确定"按钮。

7. 插入计算字段

数据透视表中不能插入行或列,也不能插入公式计算已经汇总或筛选的数值。当数据透视表不易操作数据源时,用户可以使用"计算字段"创建新的"列"字段,弥补数据透视表的不足。

插入计算字段的操作步骤如下。

① 单击"数据透视表工具-选项"→"域,项目和集"→"计算字段"命令。

② 输入插入字段名称。

③ 输入用于计算的字段及计算公式。

④ 单击"确定"按钮。

⑤ 插入字段,并生成计算结果。

8. 创建数据透视图

① 单击"数据透视表工具-选项"→"数据透视图"按钮。

② 选择"折线图"。

③ 选择"带数据标记的折线图"。

④ 单击"确定"按钮。

9. 导入外部数据

Excel 允许将文本、Access 等文件中的数据导入，以实现与外部数据共享，提高办公数据的使用效率。

同步训练

选择题

1. 下列选项中不可以作为 Excel 2010 数据透视表的数据源的有（　　）。
   A. Excel 2010 的数据清单或数据库
   B. 外部数据
   C. 多重合并计算数据区域
   D. 文本文件

2. 在"（　　）"选项卡下可以找到"数据透视表"命令。
   A. 插入　　　　　B. 加载项　　　　C. 设计　　　　D. 视图

3. 下列叙述正确的是（　　）。
   A. 数据透视表可以转换为数据透视图，但是不能删除
   B. 修改数据透视表的源数据后，按 Enter 键即可刷新数据透视表
   C. 修改数据透视表的源数据后，还需要在"数据透视表工具–选项"选项卡下的"数据"组中单击"刷新"按钮才能刷新数据透视表
   D. 可以移动数据透视表，但是不可以删除它

三、网上发布与超级链接

1. 网上发布

在 Excel 2010 中，可以选择把工作簿保存为 Web 页，甚至把工作簿或所选工作簿发布到 Web 服务器，这样其他人也可以使用该工作簿。

把工作簿或所选工作簿保存为 Web 页的方法为：选择"文件"选项卡的"另存为 Web 页"命令，打开"另存为"对话框，选择保存的位置，指定保存的文件名，单击"保存"按钮就可以将工作簿保存成 Web 页了。

2. 超级链接

在 Excel 中，可以使用超级链接连接其他的文件或 Web 地址，也可以粘贴一个电子邮件地址，在用鼠标单击这个地址时自动启动相应的电子邮件程序，发送电子邮件等。

①选中要插入超级链接的单元格。

②打开"插入"选项卡，单击"链接"组中的"超链接"按钮，打开"插入超级链接"对话框，单击左边链接到的列表，在列表中显示出了最近浏览过的页面。

③单击"确定"按钮将这个超级链接设置好；然后将鼠标指针移动到单元格上，当鼠标指针变成手的形状时，单击，系统就会自动启动浏览器对输入的页面进行浏览了。

3. 在网页上插入邮件地址

选择单元格并右击，从弹出的菜单中选择"超级链接"命令，打开"插入超级链接"对话框，单击左边"链接到"列表中的"电子邮件地址"按钮，然后在"电子邮件地址"输入框中输入要插入的电子邮件地址，单击"确定"按钮，就将电子邮件地址链接到了单元格中；单击单元格，就会启动默认的电子邮件程序给刚才插入的电子邮件地址发送信件了。

同步训练

1. 在 Excel 2010 中，插入超级链接在"（　　）"选项卡中。
   A. 插入　　　　B. 开始　　　　C. 视图　　　　D. 页面布局
2. 在 Excel 2010 中，可把工作簿另存为 Web 页，在"（　　）"选项卡中操作。
   A. 文件　　　　B. 开始　　　　C. 数据　　　　D. 页面布局

第 7 节　打印工作表

对于需要打印输出的工作表，首先需要在"页面布局"选项卡中确定"纸张方向"和"纸张大小"，然后进行页面设置。

①页面设置完成即可单击"打印"按钮执行打印。

②在"页面设置"对话框中的"工作表"选项卡下选中"行号列标"复选框是为了在每一页打印出行号列标以标识被打印的文件，行号和列标用于定位工作表中信息的位置。若需要重复打印列标志，则需要在"左端标题列"文本框中输入行标志所在列的列标（$A：$A）；若需要重复打印行标签，则需要在"顶端标题行"文本框中输入列标志所在行的行号（$1：$1）。

1. 页面设置

单击"页面布局"选项卡"页面设置"组中的对话框启动器按钮，可以打开"页面设置"对话框。

在"页面"选项卡中可设置打印页的方向（纵向和横向）、页面缩放比例、纸张类型。

在"页边距"选项卡中可设置上下左右 4 个边距，"页边距"是页眉和页脚距页边的距离，页面内容在页面中的居中对齐方式（水平居中和垂直居中）。

在"页眉/页脚"选项卡中可设置页眉页脚的内容。

在"工作表"选项卡中可设置打印区域，多页时在每页都打印某行或某列的内容，打印的顺序（先行后列或先列后行）、网格线、行号列标、批注是否打印，是否单色打印，若设置按草稿打印，则将不会打印网格线和工作簿中的图形。

2. 打印预览

一般在打印工作表之前都会先预览一下，这样可以防止打印出来的工作表不符合要求。

3. 设置打印区域

选择要打印的部分，打开"文件"选项卡中的打印，在"打印"页面选择"设置"命令，设置好打印区域，在打印时就只能打印这些刚选择的单元格，可以看到打印出来的只有刚才设置好的打印区域。

4. 设置打印标题

打开"页面设置"对话框，选择"工作表"选项卡，单击"顶端标题行"中的拾取按钮，从工作表中选择要作为工作表的区域，单击输入框中的按钮，回到"页面设置"对话框，单击"确定"按钮。

同步训练

选择题

1. 在 Excel 2010 的页面设置中，不能设置(　　)。
   A. 纸张大小　　　　B. 每页数字　　　　C. 页边距　　　　D. 页眉/页脚

2. 在 Excel 中有一个数据非常多的成绩表，从第二页到最后均不能看到每页最上面的行表头，解决的方法是(　　)。
   A. 设置打印区域　　　　　　　　B. 设置打印标题行
   C. 设置打印标题列　　　　　　　D. 无法实现

3. 给工作表设置背景，可以通过下列(　　)选项卡完成。
   A. 开始　　　　　B. 视图　　　　　C. 页面布局　　　　D. 插入

4. 关于 Excel 2010 的页眉页脚，说法不正确的是(　　)。
   A. 可以设置首页不同的页眉页脚　　　B. 可以设置奇偶页不同的页眉页脚
   C. 不能随文档一起缩放　　　　　　　D. 可以与页边距对齐

5. 在 Excel 2010 中，页眉页脚功能所在选项卡是(　　)。
   A. 开始　　　　　B. 插入　　　　　C. 文件　　　　　D. 数据

6. 如果要打印行号和列标，应该通过"页面设置"对话框中的"(　　)"选项卡进行设置。
   A. 页面　　　　　B. 工作表　　　　C. 页眉/页脚　　　D. 正常边距

7. 安装打印机后，需要测试打印机的连接是否有误，最直接的方式是(　　)。
   A. 打印文档　　　B. 选定区域打印　　C. 打印测试页　　D. 查看打印属性

8. 在 Excel 2010 中，有关设置打印区域的方法不正确的是(　　)。
   A. 先选定一个区域，然后通过"页面布局"→"页面设置"→"打印区域"，再选择"设置打印区域"
   B. 在"页面设置"对话框中选择"工作表"选项卡，在其中的打印区域中输入或选择打印区域，确定即可
   C. 利用编辑栏设置打印区域
   D. 在"分页预览视图"下设置打印区域

9. 打印 Excel 表格时，用户如果要打印连续页码，可用英文半角连接符列出所打印的页码，不连续的页码可以使用(　　)。
   A. 英文半角逗号　　　　　　　　B. 英文半角分号
   C. 中文半角逗号　　　　　　　　D. 英文半角连接符

10. 打印的页面设置中可以设置打印质量，其级别可分为高、中、低和草稿纸 4 种级别，其默认的级别是(　　)。
    A. 高　　　　　B. 中　　　　　C. 低　　　　　D. 草稿

一、选择题

1. 保存一个新工作簿的常规操作是(　　)。
   A. 单击"文件"选项卡中的"保存"，在"另存为"对话框的"文件名"栏中输入新名称，最后单击"确定"按钮

B. 单击"文件"选项卡中的"保存"，在"另存为"对话框的"文件名"栏中输入新工作簿名，在"保存位置"栏选择适当的磁盘和目录名，在"保存类型"栏选择"Microsoft Excel 工作簿"，最后单击"确定"按钮

C. 单击"文件"选项卡中的"保存"，输入新名称及选择适当的磁盘驱动器，最后单击"确定"按钮

D. 单击"文件"选项卡中的"保存"，在"另存为"对话框的"文件名"栏中输入新名称及选择适当的磁盘驱动器、目录及文件类型，最后单击"取消"按钮

2. 若当前工作簿窗口中的编辑栏显示"65"，名称框显示"D6"，表示(　　)。
A. 当前单元格在第 6 行第 4 列，其内容是 65
B. 当前单元格在第 6 行第 5 列，其内容是 D6
C. 当前单元格在第 4 行第 6 列，其内容是 65
D. 当前单元格在第 5 行第 6 列，其内容是 D6

3. 在单元格中输入公式时，输入的第一个符号是(　　)。
A. √　　　　B. =　　　　C. #　　　　D. +

4. 在 Excel 中取整函数是(　　)。
A. ROUND　　B. INT　　C. LEFT　　D. IF

5. 撤销的快捷键是(　　)。
A. Ctrl+Y　　B. Ctrl+S　　C. Ctrl+Z　　D. Ctrl+N

6. Excel 2010 的每个工作表中，最小操作单元是(　　)。
A. 单元格　　B. 一行　　C. 一列　　D. 一张表

7. 在具有常规格式的单元格中输入数值后，其显示方式是(　　)。
A. 左对齐　　B. 右对齐　　C. 居中　　D. 随机

8. Excel 2010 所属的套装软件是(　　)。
A. Adobe 2010　　B. Windows 7　　C. Office 2010　　D. Word 2010

9. 在 Excel 2010 工作表的单元格中输入"345 "，则显示的值为(　　)。
A. -345　　B. 345　　C. "345"　　D. 345

10. 在 Excel 中，可使用(　　)功能来校验用户输入数据的有效性。
A. 数据筛选　　B. 单元格保护　　C. 有效数据　　D. 条件格式

11. Excel 主要应用在(　　)。
A. 美术、装潢、图片制作等各个方面
B. 工业设计、机械制作、建筑工程
C. 统计分析、财务管理分析、股票分析和经济、行政管理等
D. 多媒体制作

12. Excel 图表是(　　)。
A. 工作表数据的图表表示　　　　B. 图片
C. 可以用画图工具进行编辑　　　D. 根据工作表数据用画图工具绘制的

13. Excel 2010 中为用户提供了一些处理语言的功能。例如，可以将简体中文转换为繁体中文，其操作过程是选择要转换的单元格区域，选择(　　)选项卡，再执行简体中文和繁体中文的转换操作。
A. 开始　　B. 审阅　　C. 数据　　D. 视图

14. 输入换行的快捷键是（　　）。
A. Alt+Tab　　　B. Alt+Enter　　　C. Ctrl+Enter　　　D. Enter

15. 在"Excel 选项"对话框中，通过（　　）选项可以把"记录单"命令添加到快速访问工具栏中。
A. 常用　　　B. 常规　　　C. 高级
D. 在自定义功能区中设置"快速访问工具栏"命令

16. 在确认公式后，使用下述（　　）方法可以重新编辑公式。
A. 鼠标双击法　　　B. 利用编辑栏　　　C. 按 F2 功能键　　　D. ABC

17. 在下列引用中，引用方式的结果不随单元格位置的改变而改变的是（　　）。
A. 相对引用　　　B. 绝对引用　　　C. 链接引用　　　D. 混合引用

18. 在 Excel 2010 中，若要选择一个工作表的所有单元格，应单击（　　）。
A. 表标签
B. 左下角单元格
C. 列标行与行号列相交的单元格
D. 右上角单元格

19. 在 Excel 2010 中，单元格名称的表示方法是（　　）。
A. 行号在前列标在后
B. 列标在前行号在后
C. 只包含列标
D. 只包含行号

20. 在 Excel 2010 的电子工作表中建立的数据表，通常把每一行称为一个（　　）。
A. 记录　　　B. 二维表　　　C. 属性　　　D. 关键字

21. 若在 Excel 2010 的一个工作表的 D3 和 E3 单元格中分别输入了八月和九月，则选择并向后拖曳填充柄经过 F3 和 G3 单元格后松开，F3 和 G3 单元格中显示的内容分别为（　　）。
A. 十月、十月　　　B. 十月、十一月
C. 八月、九月　　　D. 九月、九月

22. 在 Excel 2010 中，若需要选择多个不连续的单元格区域，除选择第一个区域之外，以后选择每一个区域都需要同时按住（　　）。
A. Ctrl 键　　　B. Shift 键　　　C. Alt 键　　　D. Esc 键

23. 当按下 Enter 键结束对一个单元格的数据输入，下一个活动单元格在原活动单元格的（　　）。
A. 上面　　　B. 下面　　　C. 左面　　　D. 右面

24. 在 Excel 2010 中，单元格 D5 的绝对地址表示为（　　）。
A. D5　　　B. D$5　　　C. $D5　　　D. D5

25. 在 Excel 2010 中，假设一个单元格的地址为 D25，则该单元格的地址称为（　　）。
A. 绝对地址　　　B. 相对地址　　　C. 混合地址　　　D. 三维地址

26. 不可以取消单元格数据格式效果的操作是（　　）。
A. 选择"开始"选项卡，再单击"对齐方式"选项组右下角的按钮
B. 选择"开始"选项卡，再单击"单元格"选项组的"格式"按钮
C. 选中单元格并右击，出现的快捷菜单中选择"设置单元格格式"命令
D. 选择"开始"选项卡，再单击"剪贴板"选项组右下角的按钮

27. 将单元格中的小数（如 0.66），转换为 66% 的形式后（　　）。
A. 单元格中显示 0.66，编辑栏中显示 66%
B. 单元格和编辑栏中都显示 66%
C. 单元格中显示 66%，编辑栏中显示 0.66

D. 不能转换

28. 可以删除已设置单元格格式的操作是（　　）。
A. 按 Delete 键
B. 选中单元格并右击，在快捷菜单中选择"清除内容"命令
C. 选中单元格并右击，在快捷菜单中选择"设置单元格格式"命令
D. 选择"开始"选项卡，再选择单元格选项组，单击"删除"选项，选择"删除单元格"

29. 在 Excel 2010 中，选中单元格后按 Delete 键，则删除的是（　　）。
A. 单元格的内容和格式　　　　　B. 单元格内容
C. 单元格所在的列　　　　　　　D. 单元格所在的行

30. 在 Excel 2010 中，不能设置行高或列宽的操作是（　　）。
A. 选择相应的行或列并右击，在快捷菜单中选择"行高或列宽"命令
B. 选择单元格右击
C. 选择"开始"选项卡，在"单元格"选项组中单击"格式"按钮
D. 使用鼠标操作

31. 在 Excel 2010 中，假定 B2 单元格的内容为 2017-6-8，则函数"=month(B2)"的值为（　　）。
A. 2017　　　　B. 6　　　　C. 8　　　　D. #NULL!

32. 在 Excel 中，若把 F2 单元格中的公式"=sum(B2：E2)"复制并粘贴到 G3 单元格中，则 G3 单元格中的公式为（　　）。
A. =sum($B2:$E2)　　　　　　B. =sum(B2：E2)
C. sum(B3：E3)　　　　　D. sum(B$3:E$3)

33. 若 A1 单元格包含 TRUE，A2 单元格包含 2，则在 A3 单元格输入公式"=sum(A1，A2，3)"，则结果是（　　）。
A. 6　　　　B. 5　　　　C. FALSE　　　　D. TEUE

34. 在 Excel 2010 工作表中，设 A2 单元格已命名为长沙，将 B2 单元格的公式"=长沙*B1"复制到 C2 单元格时，则 C2 单元格中的公式为（　　）。
A. =B2*C1　　B. =A2*C1　　C. =#REF*F1　　D. =长沙*C1

35. 在公式中使用 Excel 所不能识别的文本时，单元格将显示错误值，该值以（　　）开头
A. %　　　　B. @　　　　C. ¥　　　　D. #

36. 输入文字时，Excel 的默认形式是数字（　　）。
A. 在单元格中任何位置　　　　B. 在单元格中左对齐
C. 在单元格中右对齐　　　　　D. 在单元格中间

37. 在工作表中，当选定的若干行要删除时，可通过（　　）选项卡操作。
A. 视图　　　　B. 数据　　　　C. 页面布局　　　　D. 开始

38. 在 Excel 中，当"排序"对话框中的"当前数据清单"框中选择"有标题行"选项按钮时，该标题行（　　）。
A. 将参加排序　　B. 将不参加排序　　C. 位置变动　　D. 位置总在最后一行

39. 在 Excel 中，在单元格中输入公式不能使用（　　）符号。
A. 空格　　　　B. &　　　　C. =　　　　D. %

40. 在 Excel 中，不是 Excel 正确公式形式的是（　　）。
A. ="a"@"b"　　　　　　　　B. ="a"&"b"

C. =1>2　　　　　　　　　　　D. =1>3

41. Excel 2010 工作簿文件的默认扩展名为(　　)。
A. docx　　　B. xlsx　　　C. pptx　　　D. jpeg

42. 用来给电子工作表中的行号进行编号的是(　　)。
A. 数字　　　　　　　　　　　B. 字母
C. 数字与字母混合　　　　　　D. 字母或数字

43. 在 Excel 2010 中，输入数字作为文本使用时，需要输入的先导字符是(　　)。
A. 逗号　　　B. 分号　　　C. 单引号　　　D. 双引号

44. 电子工作表中每个单元格的默认格式为(　　)。
A. 数字　　　B. 文本　　　C. 日期　　　D. 常规

45. 若一个单元格的地址为 D25，则此地址的类型是(　　)。
A. 相对地址　　B. 绝对地址　　C. 混合地址　　D. 三维地址

二、填空题

1. AVERAGE(15, 20, 35) 的值是＿＿＿＿；COUNT(1, 3, 5, 7) 的值是＿＿＿＿。

2. MAX(16, 12, 56) 的值是＿＿＿＿；MIN(50, 20, 100) 的值是＿＿＿＿。

3. 在 Excel 2010 中，向单元格输入以下值：A1=1，B1=2，C1=3，D1=4；A2=0，B2=1，C2=4，D2=2；A3=1，B3=3，C3=5，D3=7；向 D4 单元格内输入公式=SUM(B1:B3, C1:D3)，则 D4 单元格显示的值为＿＿＿＿。

4. 单击＿＿＿＿可以选中第五行的所有单元格。

5. 在 Excel 2010 中，使用地址 D1 引用工作表第 D 列(即第 3 列)第 1 行的单元格，这称为对单元格的＿＿＿＿地址引用。

6. 在 Excel 2010 中，若要表示"数据表 1"上的 B2 到 G8 的整个单元格区域，应书写为＿＿＿＿。

7. 第二行第三列单元格的地址是＿＿＿＿，单元格区域 B3:B5 表示＿＿＿＿的所有单元格。

8. 在输入"数字字符串"时，先输入＿＿＿＿，选中"数字以文本形式存储"复选框。

9. 选择单元格区域，输入一个数字，按＿＿＿＿键，可以快速输入相同的数据。

10. 选择要冻结单元格的右下角的单元格，单击＿＿＿＿选项卡中的"窗口"组中的"＿＿＿＿"按钮，即可冻结所选单元格向上的单元格。

三、判断题

1. 若没有设置数字格式，则数据以通用格式存储，数值以最大精确度显示。　　(　　)

2. 自动筛选的前 10 个功能要求一定筛选前 10 个。　　(　　)

3. 汉字的排序是按照其汉语拼音中第 1 个字母的升序或降序来排列的。　　(　　)

4. 选择单元格后输入新内容，则原内容将被覆盖。　　(　　)

5. 若要对单元格的内容进行编辑，可以单击要编辑的单元格，该单元格的内容将显示在编辑栏中，用鼠标单击编辑栏，即可在编辑栏中编辑该单元格中的内容。　　(　　)

6. 可以在活动单元格和编辑栏的编辑框中输入或编辑数据。　　(　　)

7. 活动单元格中显示的内容与编辑栏显示的内容相同。　　(　　)

8. 在 Excel 中排序时，无论递增还是递减排序，空白单元格总是排在最后。　　(　　)

9. 单元格区域 B2:C5 包含 8 个单元格。　　(　　)

10. 利用 Tab 键能结束单元格数据的输入。　　(　　)

四、简答题

1. 删除单元格和清除单元格有何区别?

2. 单元格批注有什么作用?怎样设置平时在工作表中只显示批注符?

3. 如何插入超级链接?

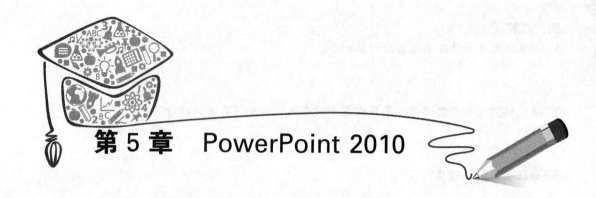

第 5 章　PowerPoint 2010

学习目标

1. 掌握 Office 2010(PowerPoint 2010)软件的基本操作。
2. 根据实际需求，使用演示文稿软件制作演示文稿。
3. 掌握 PowerPoint 2010 幻灯片制作的基本操作。
4. 掌握 PowerPoint 2010 文字编排的基本操作。
5. 掌握 PowerPoint 2010 图片、图表、音频和视频插入的基本操作。
6. 掌握 PowerPoint 2010 超链接应用的基本操作。
7. 掌握 PowerPoint 2010 模板设计制作的基本操作。
8. 掌握 PowerPoint 2010 母版设置的基本操作。
9. 掌握 PowerPoint 2010 动画设置的基本操作。
10. 掌握 PowerPoint 2010 幻灯片放映效果设置的基本操作。
11. 掌握 PowerPoint 2010 页面设置和打印的基本操作。
12. 掌握 PowerPoint 2010 软件的综合应用。

知识梳理

第 1 节　PowerPoint 入门

一、PowerPoint 基本操作

1. 认识 PowerPoint 界面的对象

启动 PowerPoint 后，进入窗口界面，可以看到其中的"标题栏""功能区"等对象与 Word 非常相似，"幻灯片/大纲浏览窗格""视图切换按钮""备注窗格"等则是 PowerPoint 特有的对象。

单击"幻灯片放映"选项卡中的"从头开始"按钮，即可从头放映制作好的演示文稿；或者在状态栏中单击"幻灯片放映"，即可从当前幻灯片开始放映演示文稿。

2. 选定幻灯片

在普通视图大纲窗格的"幻灯片"选项卡中，或在"幻灯片浏览"视图的主窗口中，单击演示文稿中某一幻灯片，使该幻灯片带边框呈高亮显示，则表示选定了该张幻灯片，该张幻灯片称为当前幻灯片。若选定一张幻灯片后，按住 Shift 键不放，再单击以该张幻灯片作为第一张的幻灯片区域的最后一张幻灯片，则可选定连续的多张幻灯片；若选定一张幻灯片后，按住 Ctrl 键不放，再单击所需的幻灯片，则可选定不连续的多张幻灯片。

3. 插入幻灯片

①单击"开始"→"新建幻灯片"按钮，可在当前幻灯片后插入新幻灯片。

②右击当前幻灯片，从弹出的快捷菜单中选择"新建幻灯片"选项，可在当前幻灯片后插入新幻灯片。

③按 Ctrl+M 组合键，可直接在当前幻灯片后插入新幻灯片。

4. 文字编辑

①输入文字：单击"插入"选项卡"文本"组中的"文本框"下拉按钮，选择"横排文本框"或"垂直文本框"命令，然后在幻灯片中拖曳，以确定其位置和宽度，然后就可以在文本框中输入文字。

②文字格式设置：选定文本框内所有的文字进行设置。选定文本框的部分文字，则对所选文字进行设置。首先选定，然后单击"开始"选项卡"字体"组右下角的对话框启动器按钮，在弹出的"字体"对话框中可设置字体、字形、字号、字体颜色和效果（下划线、阴影、浮凸、上标和下标）。

5. 打开演示文稿

①执行"文件"选项卡→"打开"命令，弹出"打开"对话框，从"打开"对话框中选择要打开的演示文稿。

②按 Ctrl+O 组合键。

6. 复制幻灯片

①在"幻灯片浏览"视图或"普通视图"下，选择要复制的幻灯片，单击"开始"选项卡"剪贴板"组中的"复制"按钮，或者在右键快捷菜单中选择"复制"选项。

②将光标定位在要复制到的位置。

③选择右键快捷菜单中的"粘贴"命令或单击"剪贴板"组中的"粘贴"按钮。

7. 移动幻灯片

①在"幻灯片浏览"视图或"普通视图"下，选择要移动的幻灯片。

②按住鼠标左键不放，拖动所选择的幻灯片到合适的位置，松开鼠标左键即可；也可以选择要移动的幻灯片后，选择"剪切"和"粘贴"命令来实现幻灯片的移动。

8. 删除幻灯片

在"幻灯片浏览"视图或"普通视图"下，选定要删除的幻灯片并右击，在弹出的快捷菜单中选择"删除幻灯片"选项或直接按 Delete 键。

9. 保存演示文稿

①执行"文件"选项卡→"保存"命令。

②直接按 Ctrl+S 组合键。

③单击快速访问工具栏中的"保存"按钮。

10. PowerPoint 2010 的退出

退出 PowerPoint 2010 有下面 4 种常用方法。

①执行"文件"选项卡→"退出"命令。
②单击 PowerPoint 2010 工作窗口标题栏最右侧的"关闭"按钮。
③双击 PowerPoint 2010 工作窗口标题栏最左侧的控制菜单图标或右击标题栏,在弹出的快捷菜单中选择关闭。
④直接按 Alt+F4 组合键。

同步训练

选择题

1. PowerPoint 2010 演示文稿文件的扩展名是( )。
   A. .ppsx　　　　　B. .pptx　　　　　C. .ppt　　　　　D. .pps
2. PowerPoint 2010 文件的默认模板扩展名是( )。
   A. .pptx　　　　　B. .ppsx　　　　　C. .potx　　　　　D. .ppax
3. 下面关于 PowerPoint 2010 操作界面中的"幻灯片/大纲"窗格的表述,错误的是( )。
   A. 切换到"大纲"窗格时,可以在大纲窗格中删除幻灯片中的图片
   B. 切换到"幻灯片"窗格时,可以在幻灯片窗格中查看幻灯片的缩略图
   C. 切换到"大纲"窗格时,可以在大纲窗格中直接编辑幻灯片中的文本
   D. 切换到"幻灯片"窗格时,可以通过拖动缩略图的方式来改变幻灯片的位置
4. 在 PowerPoint 2010 中占位符可容纳的内容不包括( )。
   A. 文本和表格　　　B. 程序　　　　　C. 图片和图形　　　D. 音频和视频
5. PowerPoint 2010 幻灯片中文本占位符里的文字被删除后( )。
   A. 占位符也同时被删除
   B. 占位符被移至幻灯片顶部,并可再次输入新内容
   C. 占位符被移至幻灯片底部,并可再次输入新内容
   D. 占位符仍保留在原来位置,并可再次输入新内容

二、PowerPoint 2010 的视图

(1)普通视图
将普通视图、幻灯片视图、大纲视图组合到一个窗口,为当前幻灯片和演示文稿提供全面的显示。

(2)幻灯片浏览视图
演示文稿中所有的幻灯片以缩略图的形式按顺序显示出来,以便一目了然地看到多张幻灯片的效果,且可以在幻灯片和幻灯片之间进行移动、复制、删除等编辑。该视图下无法编辑幻灯片中的各种对象。

(3)备注页视图
单击"视图"选项卡"演示文稿视图"组中的"备注页"按钮,进入幻灯片备注视图,可以在备注栏中添加备注信息(备注是演示者对幻灯片的注释或说明),备注信息只在备注视图中显示出来,在演示文稿放映时不会出现。

(4)幻灯片阅读视图

使幻灯片占据整个计算机屏幕,可以看到图形、图像、影片、动画及切换效果。

同步训练

选择题

1. PowerPoint 2010 中主要的编辑视图是(　　)。
   A. 幻灯片浏览视图　　　　　　　B. 普通视图
   C. 幻灯片阅读视图　　　　　　　D. 备注页视图
2. 在使用 PowerPoint 2010 编辑演示文稿的过程中,最常用的视图是(　　)。
   A. 普通视图　　　　　　　　　　B. 幻灯片浏览视图
   C. 备注页视图　　　　　　　　　D. 阅读视图
3. (　　)视图可以对幻灯片进行添加、复制、移动和删除等操作,但不能编辑幻灯片中的内容。
   A. 普通　　　　B. 备注页　　　　C. 幻灯片浏览　　　　D. 阅读
4. 在 PowerPoint 2010 的"幻灯片"窗格中选定某张幻灯片,执行"新建幻灯片"操作,则(　　)。
   A. 在所有幻灯片之前新建一张新幻灯片
   B. 在所有幻灯片之前新建一张新幻灯片
   C. 在选定幻灯片之前新建一张新幻灯片
   D. 在选定幻灯片之后新建一张新幻灯片
5. 演示文稿的基本组成单元是(　　)。
   A. 图形　　　　B. 幻灯片　　　　C. 超链接　　　　D. 文本

第 2 节　修饰演示文稿

一、使用幻灯片版式和母版

1. 使用幻灯片版式

在 PowerPoint 演示文稿制作过程中,可以利用幻灯片"版式"修饰演示文稿,新建演示文稿,将其中的幻灯片版式由默认的"标题幻灯片"更改为"标题和内容"版式,并输入相应内容;新建幻灯片时,系统会提示选择幻灯片的版式,建立之后仍然可改变幻灯片的版式。选择幻灯片时,单击"开始"选项卡"幻灯片"组中的"版式"按钮,选择一种版式。

2. 设置幻灯片母版

幻灯片母版用于设置幻灯片的样式,包括已设定格式的占位符,修改母版的内容之后,可以将更改过的样式应用在所有幻灯片上。在 PowerPoint 中有 3 种母版:幻灯片母版、讲义母版、备注母版。

同步训练

选择题

1. 幻灯片母版设置可以起到的作用是（　　）。
   A. 设置幻灯片的放映方式
   B. 定义幻灯片的打印页面设置
   C. 设置幻灯片的片间切换
   D. 统一设置整套幻灯片的标志图片或多媒体元素

2. 下面关于 PowerPoint 2010 幻灯片母版的使用，不正确的说法是（　　）。
   A. 通过母版可以批量修改幻灯片的外观
   B. 通过对母版的设置，可以预定义幻灯片的文字格式
   C. 修改母版不会对演示文稿中任何一张幻灯片带来影响
   D. 通过母版可以自定义幻灯片的版式

3. 下面关于 PowerPoint 2010 中幻灯片版式的叙述，正确的是（　　）。
   A. 一个演示文稿只能使用一种版式
   B. 一张幻灯片只能使用一种版式
   C. 幻灯片的版式设置完成后不能进行修改
   D. 版式中占位符的位置不能进行修改

4. 在 PowerPoint 中将某张幻灯片版式更改为"垂直排列标题与文本"，应选择的选项卡是（　　）。
   A. 文件　　　　B. 动画　　　　C. 插入　　　　D. 开始

5. PowerPoint 2010 的模板是另存为 .potx 文件的一张幻灯片或一组幻灯片的图案或蓝图，它可以包含版式、主题颜色、主题字体、主题效果以及（　　）。
   A. 声音效果和动画
   B. 声音效果和内容
   C. 背景样式和动画
   D. 背景样式和内容

二、设置幻灯片主题和背景

1. 设置幻灯片主题

单击"设计"选项卡"主题"组"沉稳"主题图标，设置完成后，所有幻灯片都被设计为统一的"沉稳"主题风格。

2. 设置幻灯片背景

选定要设置背景的一张或多张幻灯片，执行"设计"选项卡"背景"组→"背景样式"命令，或者右击所选定的幻灯片，从弹出的快捷菜单中选择"设置背景格式"选项，弹出"设置背景格式"对话框，在该对话框中完成背景的设计。

3. 更换设计模板

操作方法为：选择当前演示文稿中需要更换设计模板的一张或多张幻灯片，执行"设计"选项卡→"主题"命令，出现"主题"任务窗格，将鼠标指针移到"主题"任务窗格，完成设计模板的选定或者更换。

同步训练

选择题

1. 更改当前幻灯片设计模板的方法是（　　）。
   A. 选择"设计"选项卡中的各种"主题"选项
   B. 选择"视图"选项卡中的"幻灯片版式"命令
   C. 选择"审阅"选项卡中的"幻灯片设计"命令
   D. 选择"切换"选项卡中的"幻灯片版式"命令

2. PowerPoint 2010 的"主题颜色"是指演示文稿中使用的颜色的集合，下列关于它的说法不正确的是（　　）。
   A. 一个演示文稿可以使用多套主题颜色
   B. 主题颜色只能应用不能编辑
   C. 主题颜色对幻灯片中文本的字体颜色做出了设定
   D. 通过设置主题颜色可以设定幻灯片中超链接的颜色

3. 在 PowerPoint 2010 中，（　　）一定不会随着幻灯片主题的更换而改变。
   A. 幻灯片文本的格式　　　　B. 幻灯片的色彩搭配
   C. 幻灯片的内容　　　　　　D. 幻灯片的版式

4. 在 PowerPoint 2010 中，设置背景时，若使所选择的背景仅适用于当前所选的幻灯片，应该按（　　）。
   A. "全部应用"按钮　　　　　B. "关闭"按钮
   C. "取消"按钮　　　　　　　D. "重置背景"按钮

5. 在 PowerPoint 2010 中，下列有关幻灯片背景设置的说法，正确的是（　　）。
   A. 不可以为幻灯片设置不同的颜色、图案或者纹理的背景
   B. 不可以使用图片作为幻灯片背景
   C. 不可以为单张幻灯片进行背景设置
   D. 可以同时对当前演示文稿中的所有幻灯片设置背景

第 3 节　编辑演示文稿对象

一、插入对象

1. 插入艺术字

在一张幻灯片中插入艺术字，操作步骤如下。
①选择要插入艺术字的幻灯片。
②单击"插入"选项卡"文本"组中的"艺术字"按钮。
③选择一个样式。
④在编辑框中输入文字，并拖至恰当的地方。

2. 插入形状

"插入"选项卡"插图"组的"形状"下拉列表中有线条、矩形、基本形状、箭头总汇、公式形

状、流程图、星与旗帜、标注、动作按钮等形状。

3. 插入 SmartArt 图形

插入 SmartArt 图形是 PowerPoint 自 2007 版起新增的功能。SmartArt 图形是信息和观点的视觉表示形式,可以通过从多种不同布局中进行选择来创建 SmartArt 图形,从而快速、轻松、有效地传达信息。

4. 插入声音

(1) 为演示文稿设置背景音乐

①选择第一页幻灯片。

②单击"插入"选项卡"媒体"组中的"音频"按钮。

③选择文件中的音频或剪贴画音频。

④在弹出的对话框中选择插入的音频。

⑤单击"插入"按钮。

⑥在"音频工具-播放"选项卡设置播放规则。

⑦选中"循环播放,直到停止"复选框。

(2) 在"开始"下拉列表中选择"跨幻灯片播放"选项

①仅需要某一页幻灯片播放设置的音频,可以在"开始"下拉列表中选择"自动"或"单击时"选项。

②在"动画"选项卡"高级动画"组中单击"动画窗格"按钮,可以设置"播放音频"的效果、计时等参数。

③若选中"放映时隐藏"复选框,则播放演示文稿时将不会出现喇叭图标。

④插入视频文件的操作与插入音频文件的步骤类似。

⑤要确保演示文稿的计算机支持插入的音频和视频格式。要选择 Windows Media Player 支持的音频、视频格式(如 WMA \ WMV)。

5. 插入视频

单击"插入"选项卡"媒体"组中的"视频"按钮。

视频和音频的插入可选择在放映时自动播放或点击播放。

6. 添加 Flash 动画

①单击"插入"选项卡"文本"组中的"对象"。

②单击工具栏上的"其他控件"按钮,在弹出的下拉列表中选择"Shockwave Flash Object"选项,这时鼠标指针变成了细十字线状,按住左键在工作区中拖出一个矩形框(此框即为 Flash 的播放窗口)。

③将鼠标指针移至上述矩形框的边角呈双向箭头时,按住左键拖动,将矩形框调整至合适大小。

④右击上述矩形框,在弹出的快捷菜单中选择"属性"选项,打开"属性"对话框,在"Movie"选项后面的方框中输入需要插入的 Flash 动画文件名及完整路径,然后关闭"属性"窗口。

同步训练

选择题

1. 在 PowerPoint 幻灯片中,直接插入 *.swf 格式 Flash 动画文件的方法是(   )。

A. "插入"选项卡中的"对象"命令

B. 设置按钮的动作
C. 设置文字的超链接
D. "插入"选项卡中的"视频"命令，选择"文件中的视频"

2. 在 PowerPoint 2010 幻灯片中，不可以插入（　　）文件。
   A. AVI　　　　　　B. WAV　　　　　　C. BMP　　　　　　D. EXE

3. 演示文稿中，在"插入"选项卡的（　　）组中可插入 Flash 软件中的 fla 格式的文件。
   A. 动画　　　　　　B. 对象　　　　　　C. 媒体　　　　　　D. 文本

4. 对于 PowerPoint 2010 而言，演示文稿、幻灯片、对象之间的关系是（　　）。
   A. 演示文稿就是幻灯片包含对象
   B. 三者描述的是同一内容
   C. 演示文稿由幻灯片构成，幻灯片中包含对象
   D. 演示文稿由对象构成，对象包含幻灯片

5. 下面关于在 PowerPoint 2010 中插入音频或视频的说法，不正确的是（　　）。
   A. 可以通过"插入"选项卡"媒体"组中的命令插入音频或视频
   B. 插入的音频或视频来源只能是来自 PowerPoint 2010 内置音频或视频文件
   C. 在 PowerPoint 2010 中可以对插入的音频或视频进行简单剪辑处理
   D. 在 PowerPoint 2010 中可以对插入的音频或视频的播放进行控制

二、建立表格、图片和图表

1. 插入表格

执行"插入"→"表格"命令，弹出"插入表格"窗口，在窗口中输入表格的行数和列数，单击"确定"。插入表格后还可以通过双击已经插入的表格弹出"设置表格格式"窗口对表格进行进一步设置。

2. 插入图片

①插入剪贴库中的剪贴画、图片：首先选定幻灯片，单击"插入"选项卡"图像"组中的"剪贴画"按钮，弹出"剪贴画"的导航窗格，双击所需图片即可。

②插入图片文件：首先选定幻灯片，单击"插入"选项卡"图像"组中的"图片"按钮，弹出"插入图片"对话框，从中依次选择路径和文件，单击"插入"按钮即可。

③以对象的方式插入图片：首先选定幻灯片，单击"插入"选项卡"文本"组中的"对象"按钮，弹出"插入对象"对话框，选择"由文件创建"选项卡，从中输入路径和文件名称（或单击"浏览"按钮打开"浏览"对话框去选择文件），单击"确定"按钮即可。若以新文件去创建再插入则选择"新建"选项卡并选择对象类型，将打开所选对象对应程序创建对象再插入到指定位置。

④使用剪贴板工具的粘贴法将图片移动或复制到文档的指定位置。

对图片的格式设置可使用"图片工具"选项卡中的有关命令进行设置，也可以在"设置图片格式"对话框中设置。

3. 插入图表

选定幻灯片，单击"插入"选项卡"插图"组中的"图表"按钮，弹出图表及系统提供的原始表，然后对表格的内容进行修改，就可以建立相应图表。图表建立后，选择图表，可使用"图表工具"选项卡的有关命令对图表进行设置，如背景墙、数据轴、分类轴、图表区域、数据表、图例等对象的字体、填充对象的字体、填充色等格式进行设置。

①在演示文稿中找到准备插入图表的幻灯片，这张幻灯片版式最好是占位符中有插入图表功能。

②双击幻灯片上的"插入图表"图标，或者单击"插入"选项卡中的"图表"按钮。

③用自己的数据更改表格中的数据。

④用 Excel 中的表格工具对数据表进行设置

⑤单击幻灯片工作区中数据表外的任何位置，数据表消失，屏幕恢复为正常的工作界面，一幅图表把数据形象地表示出来。

同步训练

选择题

1. 在 PowerPoint 2010 中插入图表是用于(　　)。
   A. 演示和比较数据　　　　　　B. 可视化地显示文本
   C. 可以说明一个进程　　　　　D. 可以显示一个组织结构图

2. 在 PowerPoint 2010 中编辑某张幻灯片，插入图像的方法是(　　)。
   A. "插入"→"图像"组中的"图片或剪贴画"
   B. "插入"→"文本框"按钮
   C. "插入"→"表格"按钮
   D. "插入"→"图表"按钮

3. 在 PowerPoint 2010 中，插入层次结构图的方法是(　　)。
   A. 插入自选图形
   B. 插入来自文件的图形
   C. 在"插入"选项卡中的 SmartArt 图形选项中选择"层次结构"图形
   D. 以上说法都不对

4. 在 PowerPoint 中要同时选定多个图形，可以先按住(　　)键，再用鼠标单击要选择的图形对象。
   A. Shift　　　B. Tab　　　C. Alt　　　D. Ctrl

5. 在(　　)视图下能显示幻灯片中插入的图片对象。
   A. 幻灯片浏览　　B. 幻灯片放映　　C. 幻灯片　　D. 以上都可以

三、设置动画效果及超链接

1. 动画设置

① 在"动画"选项卡中选择"动画"组中的命令。

② 选中需要设置动画的对象，在"高级动画"组中单击"添加动画"按钮。

③ 选择好动画效果后，"计时"组中的开始、持续时间、延迟处于可设置状态。"开始"下拉列表用于设置动画开始的条件，是单击鼠标播放还是幻灯片放映即开始播放等；"方向"和"速度"下拉列表用于设置动画的来去方向和动画的快慢。根据所选择的动画效果不同，"方向"下拉列表中的内容会随之变化。

④ 重复②、③两步即可设置多个对象的动画效果。当对一张幻灯片里的多个对象设置动画后，可在动画窗格中调整各个对象的动画播放顺序。

2. 动作设置

选择对象，单击"插入"选项卡"链接"组中的"动作"按钮，在弹出的"动作设置"对话框中可设置当用鼠标指向或单击该对象时将运行何种操作，包括运行程序、链接到幻灯片、对象的播放及声音的播放等。

选择幻灯片，在"切换"选项卡"切换到此幻灯片"组中选择一种幻灯片切换效果，可在"计时"组中设置幻灯片的声音、持续时间、换片方式，如单击"全部应用"按钮则将设置应用于当前演示文稿的所有幻灯片。

为了使演示文稿更加生动，可以在幻灯片中给各个对象设置动画效果。使用动作按钮和超链接，可以实现幻灯片之间、幻灯片与其他文件之间的灵活跳转，实现幻灯片的交互功能。

3. 设置幻灯片的超链接

创建超链接也可以右击选中的对象，在弹出的快捷菜单中选择"超链接"命令，操作方式与Word、Excel 中相同。

链接应用程序的方法如下。

① 选择要链接到应用程序的对象。

② 单击"插入"选项卡"链接"组中的"动作"按钮，在弹出的"动作设置"对话框中选择"运行程序"，激活其下的文本框和"浏览"按钮。

③ 直接在文本框中输入应用程序的路径和文件名，或者单击"浏览"按钮选择应用程序，单击"确定"按钮。

同步训练

选择题

1. 在 PowerPoint 2010 中，超链接除了可以指向幻灯片的其他页面，还可以指向(　　)。
   A. 其他 Office 文档　B. 应用程序　　　C. 网页　　　　　D. 以上全部

2. 在 PowerPoint 2010 中设置幻灯片对象的动画效果时，可以设置(　　)。
   A. 对象的进入、退出效果　　　　　B. 动画播放的触发条件
   C. 动画播放的时间和顺序　　　　　D. 以上全部

3. 在 PowerPoint 2010 中，以下说法中正确的是(　　)。
   A. 可以在演示文稿中选定的信息链接到其他演示文稿幻灯片中的任何对象
   B. 可以对幻灯片中的对象设置播放动画的时间顺序
   C. PowerPoint 演示文稿的默认扩展名为 .potx
   D. 在一个演示文稿中能同时使用不同的设计模板(或主题)

4. 设置动画效果可以在(　　)选项卡的"动画"命令中执行。
   A. 格式　　　　　B. 动画　　　　　C. 视图　　　　　D. 工具

第4节 播放演示文稿

一、设置演示文稿放映方式及幻灯片切换方式

1. 幻灯片的放映效果设置

幻灯片的放映效果设置包括设置放映方式、动作、预设动画、自定义动画、幻灯片切换及排练计时。

2. 设置放映方式

单击"幻灯片放映"选项卡"设置"组中的"设置幻灯片放映"按钮,在弹出的"设置放映方式"对话框中可设置以下内容。

①演讲者放映(全屏幕):常规全屏幻灯片放映方式,可以人工控制幻灯片和动画,或者使用排练计时设置时间。

②观众自行浏览(窗口):在标准窗口中观看放映方式、动作设置、预设动画、自定义动画、幻灯片切换及排练计时。

③在展台浏览(全屏幕):自动全屏放映,如5分钟没有指令则重新开始。

3. 设置单张幻灯片切换效果

设置幻灯片切换效果时,用户可以为演示文稿中的每一张幻灯片设置不同的切换效果或为所有的幻灯片设置同样的切换效果。为演示文稿中的第一张幻灯片设置"擦除"的切换效果,具体步骤如下。

①选中第一张幻灯片。

②在"切换"选项卡的"切换到此幻灯片"组中单击"切换效果"下拉按钮,在下拉列表中选择合适的切换效果,这里选择"细微型"区域的"擦除"。

③在"切换"选项卡的"计时"组中"声音"下拉列表中选择"风声"选项。

④在"切换"选项卡的"计时"组中"持续时间"文本框中选择"0.50"。

4. 隐藏部分幻灯片

①打开演示文稿,切换到"幻灯片浏览"视图。

②右击需要隐藏的幻灯片,在弹出的快捷菜单中选择"隐藏幻灯片"选项,此时该张幻灯片序号上出现一个斜杠,在播放时,该张幻灯片便不会播放。

5. 设定幻灯片放映时间

如果用户希望能自动完成演示文稿的放映过程,而无须人工操作,就要设定幻灯片的放映时间,即幻灯片的切换时间间隔。设定幻灯片的放映时间有两种方式:手工设置幻灯片的切换时间间隔和自动记录幻灯片的切换时间间隔。

(1)手工设置幻灯片的切换时间间隔

手工设置幻灯片切换时间间隔的操作步骤如下。

①在普通视图或幻灯片浏览视图中选择要设置切换时间间隔的幻灯片,选择"切换"选项卡。

②在"计时"组的"换片方式"选项区域中,选中"设置自动换片时间"复选框,并在对应文本框中输入或利用微调按钮微调到所需的时间值,此时间值为所选定的幻灯片的切换时间间隔。

若同时选中"单击鼠标时"复选框，则可在幻灯片切换时间间隔内任何时刻单击鼠标换片。

③如果要把设置的时间间隔应用于演示文稿中的所有幻灯片，只需设置好某一时间间隔后，单击"应用于所有幻灯片"按钮即可。

(2) 自动记录幻灯片的切换时间间隔

这种方法又称为"排练计时"。所谓"排练"，就是实际运行演示文稿。"计时"就是让 PowerPoint 2010 自动记录排练实际花费的时间。

"排练计时"的操作步骤如下。

①打开需要排练计时的演示文稿。

②单击"幻灯片放映"选项卡"设置"组中的"排练计时"按钮，启动演示文稿的放映，并出现"预演"窗口，同时开始计时。"录制"窗口中有两个时间记录，左边的是每张幻灯片排练时间，右边的是整个演示文稿的排练时间，用户认为某张幻灯片在放映中的显示时间达到要求时，可单击切换到下一张幻灯片，如此重复，直到最后一张幻灯片排练结束，这时会弹出"幻灯片放映共需时间××。是否保留新的幻灯片排练时间?"的提示框，单击"是"按钮，会把该排练时间作为自动放映整个演示文稿的时间，单击"否"按钮，仍然使用原先设置的时间。

同步训练

选择题

1. 放映当前幻灯片的快捷键是(   )。
A. F6   B. Shift + F6   C. F5   D. Shift + F5
2. 在 PowerPoint 浏览视图下，按住 Ctrl 键并拖动某幻灯片，完成的操作是(   )。
A. 移动幻灯片   B. 删除幻灯片   C. 复制幻灯片   D. 隐藏幻灯片
3. 在 PowerPoint 中，停止幻灯片播放的快捷键是(   )。
A. Enter   B. Shift   C. Esc   D. Ctrl
4. 在 PowerPoint 2010 中，对幻灯片的重新排序、添加和删除等操作，以及审视整体构思都特别有用的视图是(   )。
A. 幻灯片视图   B. 幻灯片浏览视图
C. 大纲视图   D. 备注页视图
5. 在 PPT 放映过程中，启动屏幕画笔的快捷键是(   )。
A. Shift   B. Esc   C. Alt+E   D. Ctrl+P

二、打包和打印演示文稿

1. 演示文稿的打包

一个演示文稿制作完成后，为了使演示文稿在脱离 PowerPoint 2010 环境时也能够运行，即能够在没有安装 PowerPoint 2010 的计算机上播放，就必须将演示文稿本身及所要应用的外部文件集合为一个整体，并同时生成一个可执行文件，这个过程称为演示文稿的打包。打包工具可以将演示文稿、其中所链接的文件、嵌入的字体及 PowerPoint 播放器打包一起刻录存入光盘，打包后演示文稿可以在没有安装 PowerPoint 的计算机上演示。

使用向导打包演示文稿的操作方法如下。

打开要打包的演示文稿，执行选项卡"文件"→保存并发送→"将演示文稿打包成 CD"命令，弹出"打包成 CD"对话框，根据向导一步一步完成演示文稿的打包操作。

2. 打包后的演示文稿的放映

要放映打包后的演示文稿，可使用下面的操作方法。

在打包后的文件存放的文件夹中双击可执行文件"pptxview.exe"，弹出"PowerPoint 2010 播放器"对话框，在该对话框中找到打包后的文件存放的文件夹中的原演示文稿(.pptx)，单击该演示文稿后再单击"打开"按钮，或直接双击该演示文稿，即可放映打包后的演示文稿。

3. 打印演示文稿

制作好的演示文稿不仅可以放映观看，还可以打印出来。根据打印的不同内容，打印可分为打印幻灯片、讲义、备注页和大纲视图 4 种类型。

页面设置的操作方法为：打开要进行页面设置的演示文稿，执行"文件"→"打印"→"设置"命令，弹出"设置"对话框，从中可完成页面设置。

打印预览的操作方法为：执行"文件"→"打印预览"命令，弹出"打印预览"窗口，在该窗口中可预览将要打印的演示文稿，不满意可重新编辑或重新进行页面设置。

同步训练

选择题

1. PowerPoint 2010 系统的可执行文件为(   )。
   A. PowerPoint   B. Power.exe
   C. Power.exe   D. PowerPoint.exe

2. 打印演示文稿时，如果在"打印内容"栏中选择了"讲义"，则每页打印纸上最多能输出(   )张幻灯片。
   A. 2   B. 8   C. 6   D. 9

3. 演示文稿打包文件不能进行(   )。
   A. 复制   B. 剪切   C. 修改   D. 移动

4. 对于演示文稿中不准备放映的幻灯片可以用(   )选项卡中的"隐藏幻灯片"命令来隐藏。
   A. 工具   B. 幻灯片放映   C. 视图   D. 编辑

5. 演示文稿打包后，在目标盘片上产生一个名为(   )的解包可执行文件。
   A. setup.Exe   B. Pngsetup.exe
   C. Install.exe   D. Pres0.ppz

跟踪训练

一、选择题

1. 在 PowerPoint 2010 的幻灯片放映过程中，要回到上一张幻灯片，不可以的操作是(   )。
   A. 按 P 键   B. 按 Pgup 键   C. 按 Backspace 键   D. 按 Space 键

2. 在 PowerPoint 2010 中，通过"背景"对话框可对演示文稿进行背景和颜色的设置，打开"背景"对话框的正确方法是(   )。
   A. 选中"审阅"功能区中的"背景样式"命令
   B. 选中"视图"功能区中的"背景样式"命令

C. 选中"插入"功能区中的"背景样式"命令
D. 选中"设计"功能区中的"背景样式"命令

3. 在 PowerPoint 2010 中打印文件，以下不是必要条件的是（　　）。
A. 连接打印机　　　　　　　　　B. 对被打印文件进行打印前的幻灯片放映
C. 安装打印驱动程序　　　　　　D. 设置打印机

4. 启动 PowerPoint 2010 的正确操作方法是（　　）。
A. 在"开始"功能区中单击"文档"，在弹出的子功能区中单击"Microsoft PowerPoint"
B. 在"开始"功能区中单击"查找"，在弹出的子功能区中单击"Microsoft PowerPoint"
C. 在"开始"功能区中单击"程序"，在弹出的子功能区中单击"Microsoft PowerPoint"
D. 在"开始"功能区中单击"设置"，在弹出的子功能区中单击"Microsoft PowerPoint"

5. 双击扩展名为（　　）的演示文稿文件会直接进入放映模式。
A. .pptx　　　　B. .potx　　　　C. .ppax　　　　D. .ppsx

6. （　　）不是 PowerPoint 的主要功能。
A. 设计制作电子演示文稿　　　　B. 以幻灯片的形式演示文稿内容
C. 在因特网上发布电子演示文稿　D. 编辑图片和声音

7. PowerPoint 2010 是（　　）。
A. 数据库管理　　　　　　　　　B. 文字处理软件
C. 电子表格软件　　　　　　　　D. 幻灯片制作软件

8. 若用键盘按键来关闭 PowerPoint 窗口，可以按（　　）键。
A. Alt+F4　　　B. Ctrl+X　　　C. Esc　　　D. Shift+F4

9. 幻灯片中占位符的作用是（　　）。
A. 表示文本长度　　　　　　　　B. 限制插入对象的数量
C. 表示图形大小　　　　　　　　D. 为文本图形预留位置

10. 在 PowerPoint 中，幻灯片通过大纲形式创建和组织（　　）
A. 标题和正文　　　　　　　　　B. 标题和图形
C. 正文和图片　　　　　　　　　D. 标题、正文和多媒体信息

11. 幻灯片可以插入（　　）多媒体信息。
A. 声音和图片　　　　　　　　　B. 标题和图形
C. 声音和动画　　　　　　　　　D. 剪贴画、图片、音乐和影片

12. 想在一个屏幕上同时显示两个演示文稿并进行编辑，如何实现（　　）。
A. 无法实现
B. 演示文稿的移动和拆分
C. 打开两个演示文稿，单击"视图"选项卡中的"全部重排"按钮
D. 打开两个演示文稿，单击"视图"选项卡中的"缩至一页"按钮

13. 在 PowerPoint 中，在幻灯片（　　）中，可以定位到某特定的幻灯片。
A. 备注页视图　　B. 浏览视图　　C. 放映视图　　D. 黑白视图

14. 在 PowerPoint 2010 中，下列（　　）是 PowerPoint 2010 所没有的。
A. 联机版式视图　B. 备注页视图　C. 幻灯片浏览视图　D. 普通视图

15. 在大纲视图中，只是显示文稿的（　　）内容。
A. 备注幻灯片　　B. 图片　　　　C. 幻灯片　　　D. 文本

16. 进入各种幻灯片视图的最快捷方法是(　　)。
   A. 选择"编辑"选项卡　　　　　　　B. 选择"格式"选项卡
   C. 选择"视图"选项卡　　　　　　　D. 单击屏幕左下方的"视图控制"按钮
17. 在 PowerPoint 编辑状态下,在(　　)视图中可以对幻灯片进行移动、复制、排序等操作。
   A. 幻灯片　　　B. 幻灯片浏览　　　C. 幻灯片放映　　　D. 备注页
18. PowerPoint"视图"这个名词表示(　　)。
   A. 一种图形主义　　　　　　　　　B. 显示幻灯片的方式
   C. 编辑演示文稿的方式　　　　　　D. 一张正在修改的幻灯片
19. PowerPoint 选项卡栏中,提供显示和隐藏工具命令的选项卡是(　　)。
   A. 格式　　　　B. 工具　　　　　　C. 文件　　　　　　D. 编辑
20. 在(　　)模式下能实现用一个屏显示多张幻灯片。
   A. 幻灯片视图　　　　　　　　　　B. 大纲视图
   C. 幻灯片浏览视图　　　　　　　　D. 备注页视图
21. PowerPoint 主要用于制作包含文本、图表、图形、剪贴画、影片、声音以及其他多媒体信息的(　　)。
   A. 备注幻灯片　B. 电子幻灯片　　　C. 幻灯片　　　　　D. 普通幻灯片
22. 在 PowerPoint 中,若想设置幻灯片中对象的动画效果,应选择(　　)。
   A. 幻灯片视图　　　　　　　　　　B. 幻灯片浏览视图
   C. 幻灯片放映视图　　　　　　　　D. 以上均可
23. 当幻灯片插入了声音后,幻灯片中将出现(　　)。
   A. 喇叭标记　　B. 链接按钮　　　　C. 文字说明　　　　D. 链接说明
24. 在空白幻灯片中不可以直接插入(　　)对象。
   A. 文本框　　　B. 图片　　　　　　C. 文本　　　　　　D. 艺术字
25. 在选择了某种版式的新建空白幻灯片上,可以看到一些带有提示信息的虚线框,这是为标题、文本、图表、剪贴画等内容预留的位置,称为(　　)。
   A. 版式　　　　B. 模板　　　　　　C. 方案　　　　　　D. 占位符
26. 在 PowerPoint 的(　　)下,可用鼠标拖动的方法改变幻灯片的顺序。
   A. 备注页视图　　　　　　　　　　B. 幻灯片视图
   C. 幻灯片放映视图　　　　　　　　D. 幻灯片浏览视图
27. 要改变幻灯片的顺序,可以切换到"幻灯片浏览"视图,单击选定的(　　)将其拖动到新的位置即可。
   A. 文件　　　　B. 幻灯片　　　　　C. 图片　　　　　　D. 模板
28. 在 PowerPoint 2010 中,要设置幻灯片循环放映,应使用(　　),然后单击"设置幻灯片放映"按钮。
   A. "开始"选项卡　　　　　　　　　B. "视图"选项卡
   C. "幻灯片放映"选项卡　　　　　　D. "审阅"选项卡
29. 对于演示文稿中不准备放映的幻灯片可用(　　)选项卡中的"隐藏幻灯片"命令隐藏。
   A. "工具"　　　B. "编辑"　　　　　C. "幻灯片放映"　　D. "视图"
30. 如果要从一张幻灯片切换到下一张幻灯片,应使用"切换"选项卡中的(　　)。
   A. 动作设置　　B. 自定义动画　　　C. 切换到此幻灯片　D. 预设动画

31. 要为幻灯片添加解说词，应该选择"幻灯片放映"选项卡中的（　　）命令。
   A. 录制幻灯片演示　　　　　　　B. 排练计时
   C. 自定义放映　　　　　　　　　D. 联机广播
32. 在"切换到此幻灯片"对话框中，可以设置的选项是（　　）。
   A. 效果　　　B. 声音　　　C. 换页速度　　　D. 以上均可
33. 隐藏背景颜色是在（　　）选项卡中完成。
   A. 设计/主题　　　　　　　　　B. 设计/背景样式
   C. 插入/图片　　　　　　　　　D. 审阅
34. 在 PowerPoint 中，如果放映演示文稿时无人看守，放映的类型最好选择（　　）。
   A. 演讲者放映　　B. 在展台浏览　　C. 观众自行浏览　　D. 排练计时
35. 在"切换"选项卡中可以设置的选项是（　　）。
   A. 效果　　　B. 声音　　　C. 换页时间　　　D. 以上均可
36. 设置 PowerPoint 对象的超级链接功能是指把对象链接到其他（　　）上。
   A. 图片　　　　　　　　　　　　B. 幻灯片、文件或程序
   C. 文字　　　　　　　　　　　　D. 以上均可
37. 在演示文稿中，超链接中所链接的目标可以是（　　）。
   A. 计算机硬盘中的可执行文件
   B. 其他幻灯片文件
   C. 同一演示文稿的某一张幻灯片
   D. 以上都可以
38. 在 PowerPoint 2010 中，要打开"新建主题颜色"对话框，应选择（　　）选项卡中操作。
   A. 工具　　　B. 视图　　　C. 设计　　　D. 格式
39. 要使幻灯片中的标题、文字、图片等按用户的要求顺序出现，应进行的设置是（　　）。
   A. 设置放映方式　　　　　　　　B. 幻灯片切换
   C. 幻灯片链接　　　　　　　　　D. 动画
40. 下列关于幻灯片动画效果的说法不正确的是（　　）。
   A. 如果要对幻灯片中的对象进行详细的动画效果设置，就应该使用自定义的动画
   B. 对幻灯片中的对象可以设置打字机效果
   C. 幻灯片文本不能设置动画效果
   D. 动画顺序决定了对象在幻灯片中出场的先后次序

二、填空题

1. 幻灯片播放时换片方式有_____和_____。
2. 动画中启动动画事件有_____和_____。
3. 用 PowerPoint 应用程序所创建的用于演示的文件称为_____，其扩展名为_____。
4. 对幻灯片设置背景时，若将新的设置应用于当前幻灯片时，应单击_____按钮。
5. 在 PowerPoint 中更改页眉页脚的位置和外观是通过修改_____来完成的。
6. 单击"_____"选项卡中的"幻灯片母版"，打开"幻灯片母版视图"。
7. 在页眉和页脚对话框中的幻灯片选项卡中包含"日期和时间""页脚"和_____三项内容。
8. 不能够显示幻灯片中图形对象的视图是_____。

9. 将当前演示文稿进行打包操作的主要目的是_____。

10. 如果希望在放映幻灯片时,在某张幻灯片中做一些勾画,可以_____。

三、判断题

1. 在幻灯片上如果需要一个按钮,当放映幻灯片时单击此按钮即可跳转到另外一张幻灯片,则须为此按钮设置动作。   (   )
2. 演示文稿的扩展名为 .dbf。   (   )
3. 使用"设计"选项卡中的"背景样式"可以改变幻灯片的背景。   (   )
4. 在幻灯片中出现的虚线框称为占位符。   (   )
5. PowerPoint 的主要功能是图片处理。   (   )
6. 若要将 PowerPoint 演示文稿用 IE 浏览器打开,则文件的保存类型应为"网页"。 (   )
7. 创建新演示文稿最为快捷的方式是使用演示文稿模板。   (   )
8. 在 PowerPoint 中,可使用"插入"选项卡中的"插入表格"命令制作表格。   (   )
9. 要删除多张不连续的幻灯片,可以在按住 Ctrl 键的同时单击要删除的幻灯片。   (   )

四、简答题

1. 如何在 PowerPoint 2010 演示文稿中设置放映的动画效果?

2. 简述 6 种视图模式的外观和主要功能的区别。

3. 设置放映方式中通常有哪 3 种放映方式?

第 6 章　计算机组装与维修

学习目标

1. 了解计算机的基本工作原理。
2. 掌握计算机硬件与软件系统的组成，以及主要硬/软件在系统中的作用。
3. 掌握常用计算机设备(存储设备、输入/输出设备)的作用和使用方法。
4. 掌握操作系统的基本功能和作用，了解常用操作系统的类型。
5. 熟练掌握计算机系统的主要技术指标及其对计算机系统性能的影响。
6. 熟练掌握主板、芯片组、CPU、内存、外存及常用的输入输出设备的功能。
7. 熟练掌握微型计算机使用的注意事项及保养的一般方法。
8. 掌握 Windows 的基本操作和设置的方法。
9. 掌握硬件安装后的检测方法。
10. 掌握 BIOS 设置、硬盘分区、格式化的方法。
11. 掌握操作系统常见故障的诊断及排除的方法。
12. 掌握系统备份与恢复的方法。
13. 掌握微型计算机的配置方案的方法。
14. 掌握主机部件的组装；基本外设的安装方法。
15. 掌握微型计算机维修的基本思路、规则和常用方法。
16. 掌握常用外设(打印机、扫描仪、摄像头、移动存储设备)的使用方法。
17. 熟练掌握微型计算机的配置与安装。

知识梳理

第 1 节　微型机算机的基本知识

1. 微型计算机的基本概念

微型计算机，又称个人计算机(Personal Computer, PC)。从外观看，微型计算机由主机、显示器、键盘和鼠标组成，主机的机箱可以分为立式机箱和卧式机箱两种，外部设备有显示器、键盘、鼠标、音箱、打印机、扫描仪和刻录机等。在主机的正面，可以看到 CD-ROM 驱动器、电源开关、复位开关、电源指示灯、硬盘指示灯等。

2. 计算机系统的硬件组成

一台微型计算机主要由 5 个基本部分构成：运算器、控制器、存储器、输入设备和输出设备。

(1) 运算器

运算器负责数据的算术运算和逻辑运算，同时具备存数、取数、移位、比较等功能，由电子电路构成，是对数据进行加工处理的部件。

(2) 控制器

控制器负责统一指挥计算机各部分协调工作，它能根据事先安排好的指令发出各种控制信号来控制计算机各个部件的工作。

(3) 存储器

存储器是计算机的记忆部件，负责存储程序和数据，并根据命令提供存储的程序和数据。存储器通常可分为内存储器和外存储器两部分。

①内存储器(内存)：可以与 CPU、输入设备和输出设备直接交换或传递信息。根据工作方式的不同，内存可分为只读存储器和随机存储器两部分。通常把向内存储器存入数据的过程称为写入，把从存储器读取数据的过程称为读出。

②外存储器(外存)：存放用户所需的大量信息。容量大，存放速度慢。常用的外存有硬盘、光盘和优盘等。

(4) 输入设备

输入设备是计算机从外部获得信息的设备，如键盘和鼠标。

(5) 输出设备

输出设备是将计算机内的信息打印或显示出来的设备，如显示器和打印机。外存储器、输入设备和输出设备等组成了计算机的外部设备，简称外设。

3. 一个完整的计算机系统由硬件系统和软件系统两大部分组成

(1) 计算机的硬件系统

硬件系统包括主机、输入设备、输出设备等。

(2) 计算机的软件系统

软件系统所使用的各种程序及其文档的集合，包括系统软件(如 Windows、UNIX 等)和应用软件(如 Office、AutoCAD 等)两大类。

4. 微型计算机系统的结构

微型计算机的基本部件一般包括主板及其附件(内存)、显卡、光盘驱动器(光驱)、硬盘、显示器、键盘和机箱等。其中，机箱内安装主板、显卡、硬盘和光驱，再连接键盘和显示器等，构成一台微型计算机。微型计算机的主机主要由电源、主板、内存条、微型处理器(CPU)、显卡、声卡、硬盘、光驱等组成。

(1) 主板

主板又称为系统板，是安装在机箱内的一块多层印制电路板，是计算机的核心部件，主板的性能和类型决定了计算机的性能和类型。主板上装有 CPU、内存插槽、扩展插槽(Slot)、各种辅助电路等主要部件。

(2) 磁盘驱动器

①硬盘驱动器(HDD，硬盘)：全密封结构，一般不可更换盘片。具有容量大、存取速度快等优点，是微型计算机的基本配置之一。

②硬盘驱动器接口：微型计算机通过 IDE 接口将磁盘驱动器连接到主板上，目前还有 SATA 接口。

（3）显示器与显卡

显示器：将计算机内部的数据转换为各种直观的图形、图像和字符。

显卡：将显示器与系统主板连接，一般插在主板扩展槽上（或集成在主板），控制显示器显示各种字符和图形。

（4）机箱和电源

机箱是微型计算机的外壳，用于安装计算机系统的所有配件，通常有卧式和立式两种类型。机箱内有安装和固定软、硬盘驱动器的支架和一些紧固件。机箱内的电源安装在用金属屏蔽的方形盒内，盒内装有通风用的电风扇。电源用于负责向计算机各部件提供直流电源。

（5）键盘和鼠标

用户通过键盘输入各种操作命令、程序或数据。鼠标是一种输入设备，通常有机械式和光电式两种类型，通过接口与计算机连接。

（6）声卡

声卡的主要作用是采集和播放声音，一般安装在主板扩展槽（PCI 声卡）或集成在主板上。声卡有麦克风插口、立体声输入输出端口、音量控制钮、游戏杆和 MIDI（Musical Instrument Digital Interface，电子乐器数字化接口）等。

（7）打印机

打印机作为个人计算机的主要输出设备之一，可以把主机输出的程序、数据、图形和表格按照不同格式打印在纸上。

（8）扫描仪

扫描仪是很多个人计算机必备的外设之一，广泛用于各类图形处理、出版印刷、广告制作、办公自动化、多媒体等领域。

（9）音箱

音箱是多媒体计算机不可缺少的重要输出设备，通常与声卡连接，输出声音。

同步训练

选择题

1. 一个完整的计算机系统应包括（　　）。
   A. 运算器、控制器和存储器　　　　B. 主机和外围设备
   C. 主机和应用程序　　　　　　　　D. 主机和实用程序
2. 微型计算机的核心部件是（　　），它由（　　）组成。
   A. 中央处理器，运算器和控制器　　B. 中央处理器，存储器和运算器
   C. 主机，控制器和微处理器　　　　D. 硬盘，硬盘控制器和盘片
3. 计算机的软件系统分为（　　）。
   A. 用户软件和应用软件　　　　　　B. 系统软件和应用软件
   C. 系统软件和用户软件　　　　　　D. 操作系统和应用系统
4. 以下属于操作系统软件的是（　　）。
   A. AutoCAD　　　B. Office　　　C. Windows 7　　　D. 金山词霸 2003

5. 从计算机硬件系统来看，不管计算机配置了多少外围设备，都可归为五大基本部分，分别是（　　）。
   A. 处理器、控制器、外存储器、输入设备和输出设备
   B. 运算器、控制器、存储器、输入设备和输出设备
   C. 运算器、控制器、外存储器、输入设备和输出设备
   D. 处理器、控制器、存储器、输入设备和输出设备

第2节　CPU

1. CPU 概述

CPU（Central Processing Unit，中央处理器）由运算器和控制器组成，CPU 的内部结构可以分为控制单元、逻辑单元和存储单元 3 个部分，这 3 个部分之间相互协调，负责分析、判断、运算并控制计算机各部分协调工作。

2. CPU 封装技术和接口

①CPU 封装技术：封装技术是一种将集成电路用绝缘的塑料或陶瓷材料打包的技术。
②CPU 的接口：接口方式有引脚式、卡式、触电式、针脚式等。

3. CPU 的性能指标

（1）CPU 频率

分为主频、倍频和外频。三者的关系：主频=外频×倍频。

①主频。主频是 CPU 内核工作的时钟频率（CPU Clock Speed），它表示 CPU 内数字脉冲信号振荡的速度，与 CPU 实际的运算能力没有直接的关系。
②外频。外频是 CPU 乃至整个计算机系统的基准频率。
③倍频。CPU 的核心工作频率与外频之间的比值即倍频系数，简称倍频。

（2）缓存

缓存（Cache）大小是 CPU 的重要指标之一，处理器缓存通常是指二级高速缓存或外部高速缓存。高速缓冲存储器是位于 CPU 和主存储器 DRAM（Dynamic RAM）之间的规模较小但速度很高的存储器，通常由 SRAM（静态随机存储器）组成，用来存放那些被 CPU 频繁使用的数据，与动态存储器 DRAM 比较，存取速度快，但体积较大，价格很高。

（3）字长

字长一般指参加一次定点运算的操作系统的位数，如 8 位、16 位、32 位或 64 位。字长影响计算精度、硬件成本，甚至指令系统的功能。

（4）制造工艺

CPU 的制作是指在生产 CPU 的过程中，加工制造各种电路和电子元件及导线连接各个元器件。

（5）扩展指令集

为了提高计算机在多媒体、3D 图形方面的应用能力，许多处理器指令集应运而生，如 Intel 的 MMX（Multi Media Extended）和 AMD 的 3DNow! 等。

4. CPU 常见故障、保养和维护

（1）主要故障

散热引起的故障，CPU 本身质量问题。

（2）CPU 的日常维护

①解决散热问题，不要超频或超频太高。

②应正确设置 BIOS 的参数，注意不要同时运行太多的应用程序，以避免系统太过繁忙。

同步训练

选择题

1. 下列关于 CPU 的说法中，错误的是（　　）。
   A. 通常，CPU 的主频越高，CPU 处理数据的速度越快
   B. 通常，CPU 缓存的容量比内存容量更大
   C. 通常，CPU 主频和外频的关系是：主频=外频×倍频
   D. 通常，CPU 的外频和主板总线频率一致

2. 下列用于手工识别法识别真假 CPU 的是（　　）。
   A. 刮磨法　　　　B. 相面法　　　　C. 比价格　　　　D. 看封线

3. 在 PC 的核心部件中，人们通常以（　　）来判断计算机的档次。
   A. 主板　　　　B. CPU　　　　C. 内存　　　　D. 显示器

4. 描述计算机配置时所说的 Intel（R）Core（TM）i5-8250U CPU@1.60GHz 1.80GHz 中的 1.80 是指（　　）。
   A. 显示器的类型　　B. CPU 的主频　　C. 内存容量　　D. 磁盘空间

5. 微型计算机的主机由（　　）组成。
   A. 微处理器和内存储器　　　　　B. 微处理器和 CPU
   C. 微处理器和控制器　　　　　　D. 微处理器和运算器

第 3 节　主板

1. 主板概述

主板（Main Board）是整个计算机内部结构的基础，是机箱内最大的一块印制电路板，承担着系统设备的连接及数据的传输。主板上主要安装 BIOS 芯片、主板芯片组、键盘接口、面板控制开关接口、扩展插槽、指示灯插接件等。有的主板为抵御病毒，采用了"Dual BIOS"（双 BIOS）技术；有些为了超频，采用了"线性调频"技术；主板为 CPU、内存和各种功能提供接口，为各种外部设备和多媒体通信设备提供接口。

2. 主板的组成

主板由 CPU 插槽、内存插槽、扩展插槽（AGP 或 PCI-E）、南北桥芯片、电源接口、电源的供电模式、外部接口、IDE 接口和 SATA 接口、USB 接口、功能芯片（声卡、网卡、IEEE 1394 接口、硬件侦测、时钟发生器）等组成。

(1) CPU 插座

CPU 插座用于 AMD 处理器的 Socket A 等,用于 Intel 处理器的 Slot 1、Slot 2、Socket 775 等。

(2) 主板芯片组

芯片组(Chipset)是主板的灵魂和核心,决定了主板的性能和级别。

① 北桥芯片。北桥芯片(North Bridge)是主板芯片组中起主导作用的最重要的组成部分,又称为主桥(Host Bridge),芯片组的名称一般以北桥芯片的名称来命名,北桥芯片主要负责 CPU 与内存之间的数据交换和传输,因而决定了主板可以支持的 CPU 和内存。北桥芯片还承担着 AGP 总线或 PCI-E 的控制、管理和传输工作。整合型芯片组的北桥芯片还集成了显示核心。

② 南桥芯片。南桥芯片(South Bridge)是主板芯片组的重要组成部分,一般位于主板上离 CPU 插槽较远的地方,PCI 插槽的附近,主要是考虑到它所连接的 I/O 总线较多,离处理器远一点有利于布线。

(3) 主板的扩展槽

在扩展槽中可以插装各种标准的部件:显卡、声卡、电视卡、网卡、Modem 等,可以为主机增加视频、音频、电话、网络通信功能。扩展槽的种类包括 ISA 扩展槽、EISA 扩展槽及 PCI 扩展槽等。目前常见的扩展槽是 PCI 扩展槽、AGP 扩展槽以及最新流行的 PCI-E 插槽。

(4) 主板的外部接口

主流主板上通常有 PS/2 接口、串行接口、并行接口、RJ-45 网络接口、USB 2.0 接口、音频接口,高档的主板还有 IEEE 1394 接口和无线模块等。

① 串行接口。串行接口又称为通信接口,若微型计算机有两个串行接口,则分别标为 COM1 和 COM2。

② 并行接口。并行接口主要连接打印机,又称为打印接口。主板上的并行接口一般为 25 针的双排式插座,标注为 PRINTER、LPT 或 PRN。

③ PS/2 接口(键盘和鼠标接口)。PS/2 接口用来连接 PS/2 鼠标和 PS/2 键盘,绿色接口接入鼠标,紫色接口接入键盘。

④ USB 接口。USB(Universal Serial Bus,通用串行总线)采用特殊的 D 型 4 针插头插座,USB 接口的速率视标准而定,USB 1.0 的数据传输速率为 12Mbps,USB 2.0 的数据传输速率可达 480Mbps。USB 3.0 的数据传输速率可达 5Gb/s。

⑤ RJ-45 网络接口。RJ-45 接口用来接入局域网或连接 ADSL 等上网设备。

⑥ 其他设备。IEEE 1394 接口主要用来接入数码摄像机、外置刻录机等设备。

(5) 机箱前置面板接头

机箱面板上的电源开关、重启动(Reset)开关、电源指示灯、硬盘指示灯等都连接到主板上提供的一组插针接口。机箱面板指示灯及控制按钮插件说明如下表所示。

机箱面板指示灯及控制按钮插件说明

主板标注	用途	针数	插件顺序及机箱接线常用颜色
PWR SW	ATX 电源开关	2 针	1:黄(+);2:黑(-)
RESET SW	复位接头,硬件方式启动计算机	2 针	无方向性接头。1:红;2:黑
POWER LED	电源指示灯接头,电源指示为绿色,灯亮表示电源接通	2 针	1:绿(+);2:白(-)

续表

主板标注	用　途	针　数	插件顺序及机箱接线常用颜色
SPEAKER	喇叭接头，使计算机发声	4针	无方向性接头。1：红（+5V）；4：黑；2和3短接，将启动板上蜂鸣器，开路关闭板上蜂鸣器
HDD LED	硬盘读写指示灯接头，指示灯为红色，灯亮表示正在运行硬盘操作	2针	1：红（+）；2：白（-）

（6）BIOS 和 CMOS

BIOS（Basic Input/Output System，基本输入输出系统）是一种固化到一个 ROM 芯片中的程序，它存储了基本输入输出程序、系统设置信息、开机上电自检程序和系统启动自举程序。

CMOS 是计算机主板上的一块可读/写的存储芯片，它记录当前系统的硬件配置和用户对某些参数的设定。开机时可按特定键进入 CMOS 设置程序对系统进行设置，因而又称为 BIOS 设置。

（7）主板的其他部件

①IDE 接口：用来连接硬盘和光驱等设备。SATA 接口是目前硬盘采用的常用接口。

②主板电源插座：采用 20 口的 ATX 电源插座，有防插反设计。

③电池：充电式电池，在主板断电期间维持 CMOS 内容和系统时钟的运行。有常见电容电池、纽扣式电池等。

④主板上的跳线：主要用来设置 CPU 的类型、使用电压、总线速度和清除 CMOS 内容等。

同步训练

选择题

1. 如今硬件的发展非常迅速，主板更是层出不穷，（　　）是主板的新技术。
   A. PCI-E 规范　　　B. AGP 规范　　　C. 1394 接口　　　D. 集成声卡和显卡
2. 计算机术语中"南桥、北桥"是下列（　　）的组成部分。
   A. 显卡　　　B. 内存　　　C. 主板　　　D. 机箱
3. 下列关于台式机说法中，错误的是（　　）。
   A. 台式机没有安装光驱不能正常开机　　　B. 台式机没有安装主板不能正常开机
   C. 台式机没有安装内存不能正常开机　　　D. 台式机没有安装 CPU 不能正常开机
4. 以下各项设备中一般不会集成在微机主板上的是（　　）。
   A. 控制芯片组芯片　　　B. 系统三总线
   C. 扩展插槽　　　D. RAM
5. 主板上的 SATA 接口是连接（　　）的数据线接口。
   A. 硬盘　　　B. 软驱　　　C. 显卡　　　D. 声卡

第4节 存储设备

1. 内存储器

内存储器(简称内存)是 CPU 可直接进行访问的只读存储器(ROM)和随机存储器(RAM)。内存容量指主板上 RAM 的容量。

内存的分类如下。

(1)按工作原理划分

按工作原理,分为只读存储器(ROM)和随机存储器(RAM)。

①只读存储器(ROM):内容只能读取,不能修改或删除,掉电不会丢失。主要存放固定不变的、控制计算机的系统程序和参数表以及常驻内存的监控程序和部分引导程序。

②随机存储器(RAM):存储单元可以读出、写入或改写,掉电丢失数据。多数为 MOS 型半导体集成电路。根据制造原理,可分为静态随机存储器(SRAM)、动态随机存储器(DRAM)两种。

(2)按内存的访问方式划分

按内存的访问方式,DRAM 可划分为同步内存(与系统时钟同步)和异步内存(与系统时钟不同步)。

(3)按内存的用途划分

主存储器(主存):存放 CPU 当前正在使用或随时使用的程序或数据,又称为内存。

高速缓冲存储器(Cache):CPU 可直接访问,由 SRAM 组成。由于速度与 CPU 相同,CPU 能在零等待状态下迅速完成数据读写。

(4)按内存条引脚数划分

按内存条引脚数不同,可分为 30 线内存条、72 线内存条、168 线内存条、184 线内存条。

2. 内存的容量和性能指标

(1)内存的容量

内存容量用字节衡量,可以容纳的二进制信息量称为存储容量,一般以 GB 作为基本计量单位。

(2)内存的主要性能指标

①时钟频率。时钟频率代表内存能稳定运行的最大频率。

②存取时间。存取时间代表读取数据延迟的时间。

③CAS 的延迟时间(CL)。内存的 CAS 延迟时间是衡量内存速度的一个重要依据。一般情况下,CAS 延迟越小,整体的性能越高。

④SPD。主流内存基本具有 SPD(Serial Presence Detect,连续存在检测装置)芯片。

3. 外存储设备

存储设备即外存储设备,存放需要长期保存或暂时不用的各种程序和数据。外存储器中的数据必须先调入内存,然后才能被 CPU 使用。外存储器的容量远远大于内存储器的容量。

(1)硬盘的工作原理

写入数据时,通过磁头对硬盘盘片表面的可磁化单元进行磁化,将二进制的数字信号以环状同心圆轨迹的形式记录在涂有磁介质的高速旋转的盘面上。

(2)硬盘的结构

硬盘主要由盘片、磁头、盘片转轴及控制电机、磁头控制器、数据转换器、接口、缓存等部分组成。

常见硬盘一般为 3.5 英寸,在没有元件的一面贴有产品标签,硬盘的一端有电源插座,以及硬盘主、从状态设置跳线器和数据连接插座。

接口:包括电源插口和数据接口两部分,电源插口与主机电源相连,数据接口是硬盘数据和主板之间进行传输交换的纽带,可分为 IDE(PATA)接口、SATA 接口和 SCSI 接口等。

控制电路板:大多采用贴片式元件焊接,包括主轴调速电路、磁头驱动与定位电路、读/写电路、控制与接口电路等。

固定面板:硬盘的面板,标注产品的型号、产地、设置数据等,与底板结合成一个密封的整体。

4. 硬盘的主要参数和技术指标

(1)主要参数

主要参数包括磁头数、柱面、每磁道扇区数、交错因子和容量。

(2)硬盘的主要技术指标

硬盘的主要技术指标包括转速(单位:r/min)、平均访问时间(单位:ms)、数据传输速率(单位:Mbps)、数据缓存(单位:KB、MB)、硬盘的表面温度和平均无故障时间(MTBF)(单位:小时)。

5. 服务器硬盘驱动器

服务器上使用的硬盘一般是 SCSI 接口的硬盘,必须连接到 SCSI 适配器上才能使用。

6. 光盘驱动器(光驱)

光盘驱动器具有容量大、成本低、可靠性高和易于保存等优点。

CD-ROM:即只读光盘驱动器,简称为光驱,可读取多种格式的光盘。

接口类型有 IDE 接口和 SCSI 接口。

光驱的读取速度以 150KB/s 数据传输速率的单倍速为基准。

7. DVD 光盘

DVD 光盘,即数字多功能光盘,又称为数字视频光盘。

8. DVD 驱动器接口

主要有 IDE 接口、SCSI 接口和 USB 接口。

9. CD-R/CD-RW 刻录机

刻录 CD-R 盘片时,通过大功率激光照射 CD-R 盘片的染料层,在染料层上形成一个个平面(Land)和凹坑(Pit),光驱读取这些平面和凹坑时将其转换为"0"和"1"。这种变化是一次性的,因而 CD-R 盘片只能写入一次,不能重复写入。

CD-RW 的刻录原理与 CD-R 大致相同,盘片可以重复写入。

10. DVD 刻录机

DVD 刻录机支持 CD、DVD 读取,支持 CD-R/RW、DVD-R/RW。

11. USB 存储盘(闪存盘,U 盘)

USB 存储盘是一种移动存储产品,可用于存储任何格式的数据文件和在计算机之间方便地交换数据。闪存盘采用闪存存储介质和通用串行总线(USB)接口。

12. 移动硬盘

移动硬盘以硬盘为存储介质,是便携式存储产品。

移动硬盘的主要特点如下。

①容量大：目前的移动硬盘可以提供相当大的存储容量。

②使用方便：移动硬盘配备 USB 接口后，成为真正的"移动设备"。

③传输速率快：移动硬盘配备 USB 接口或 IEEE 1394 接口，具有较高的数据传输速率。

④可靠性高：移动硬盘与笔记本电脑硬盘的结构类似，具有大存储量和很高的可靠性。

同步训练

选择题

1. 以下关于内存的说法不正确的是（　　）。

A. 常见内存条有两种：单列直插内存条（SIMM）和双列直插内存条（DIMM）。SIMM 内存条分为 30 线、72 线两种。DIMM 内存条与 SIMM 内存条相比引脚增加到 168 线

B. RDRAM（Rambus DRAM）存储器是一种总线式静态随机存取存储器

C. 按内存的工作方式，内存又有 RDRAM 和 SDRAM（同步动态 RAM）等形式

D. 双通道内存技术是解决 CPU 总线带宽与内存带宽的矛盾的低价、高性能的方案

2. 下面内存速度最快的是（　　）。

A. 7.5ns　　　　　B. 4ns　　　　　C. 8ns　　　　　D. 6.0ns

3. 在下列设备中，可以格式化的设备是（　　）。

A. 压缩盘　　　　B. 内存　　　　C. 光盘　　　　D. 硬盘

4. 硬盘的转速是（　　）。

A. 硬盘在工作时寻找一系列数据所用的时间

B. 在单位时间内，系统从硬盘中读取数据或系统向硬盘中写入数据的多少

C. 硬盘每分钟的转数

D. 硬盘单位时间内的读取信息量

5. 目前硬盘的接口标准主要是（　　）3 种。

A. USB　　　　　B. SCSI　　　　C. SATA　　　　D. IDE

第 5 节　输入设备

1. 键盘的分类

按键盘按键的接触方式，有机械式（有触点）键盘、电容式（无触点）键盘。

按键盘按键的个数，有 93 键键盘、101 键键盘、102 键键盘和 104 键键盘等。

按键盘的接头：AT 接口（大口插头）键盘、PS/2 接口（小口插头）和 USB 接口键盘。通过转接头，可以实现接口转换。

按连接方式，有有线键盘和无线键盘。

按键盘外形，有标准键盘和人体工程学键盘。

2. 鼠标

在 Windows 环境下，多数操作可用鼠标完成。鼠标分两种类型：机械式和光电式。

鼠标上一般有两个或三个按键，不同的软件对鼠标按键的定义不同。

3. 扫描仪

扫描仪是图片输入的主要设备，能将图像或相片转换成图形存储在计算机内，可以进行编辑、修改、显示或打印出来。

扫描仪有台式扫描仪和手持式扫描仪。

①台式扫描仪。外形与复印机相像，需要输入的图片固定在一个玻璃窗中，扫描头在图片下移动，接收来自图片的反射光线，这些反射光线有一个镜面系统进行反射，通过透镜把光束聚焦在光电二极管上，从而把光线转变成电流，最后再转换成数字信息存储在计算机中。

②手持式扫描仪。依靠手来移动扫描仪，比较灵活，单张图片和整本书都可以扫描输入，但扫描头的最大宽度远远不如台式扫描仪。

同步训练

选择题

1. 鼠标按接口方式的不同分类，(　　)不属于该种分类。
   A. 串行鼠标　　　　B. PS/2 鼠标　　　　C. 光电鼠标　　　　D. USB 鼠标
2. 在 104 键键盘中，功能键区由(　　)组成。
   A. Esc 键以及 Pr SrxRq 键、Scroll Lock 键、Pause Break 键
   B. F1~F2 键以及 Pr SrxRq 键、Scroll Lock 键、Pause Break 键
   C. Esc 键、F1~F2 键以及 Pr SrxRq 键、Scroll Lock 键、Pause Break 键
   D. Esc 键、F1~F2 键
3. 以下关于鼠标的分类，正确的是(　　)。
   A. 按鼠标的工作原理，鼠标可分为机械式鼠标和光电式鼠标
   B. 按鼠标的工作原理，鼠标可分为接线鼠标和无线鼠标
   C. 按鼠标的按钮数目，鼠标可分为三个按钮的鼠标和两个按钮的鼠标
   D. A 和 C
4. 扫描仪的性能指标有(　　)。
   A. 感光器件　　　　B. 分辨率　　　　C. 色彩位数　　　　D. 扫描幅画
5. 下列对扫描仪的说法中错误的是(　　)。
   A. 光学分辨率是扫描部件所能达到的最大分辨率
   B. 扫描仪色彩位数能够反映出来的图像色彩逼真度、位数越高，扫描还原出来的色彩越好
   C. 目前市场上的扫描仪的扫描幅画一般只能达到 A4 大小
   D. 最早的扫描仪用的都是 SCSI 接口。现在的扫描仪主要用计算机的 USB 接口

第 6 节　输出设备

1. 绘图仪

绘图仪是一种输出图形的硬拷贝设备，是输出设备。

2. 显示器

显示器将电信号转换为可以直接看到的字符、图形和图像，与键盘一起构成人机对话的主

要工具。

3. 打印机

打印机可以将计算机运行信息、中间信息和运行结果等打印在纸上，以便于修改和保存。

（1）打印机的分类

①按计算机的工作方式分类：有击打式和非击打式两大类。击打式打印机又可分为点阵式打印机和字模式打印机。非击打式打印机又可分为激光打印机、喷墨打印机和热敏打印机等。

②按打印的颜色分类：有彩色打印机和单色打印机。

③按打印机的输出工作方式分类：有逐行打印机和逐字打印机。

④按打印的宽度分类：有宽行打印机(132 列)和窄行打印机(80 列)。

（2）打印机的工作原理和特点

①针式打印机(点阵式打印机)。由走纸装置、打印头和色带组成。其中打印头由若干根针组成。CPU 通过并行打印机接口发出信号时，打印头中一部分打印针敲击色带，色带接触打印纸着色；而另一部分打印针不动，从而打印出一个个的字符。

②喷墨打印机。利用特别技术的换能器将带电的墨水喷出喷嘴。喷出时，由聚焦系统将微粒聚成一条射线，由偏转系统控制微粒线在纸上扫描，绘出各种文字及图像。墨盒一般是可替换的。

喷墨打印机可分为连续式喷墨打印机和随机式喷墨打印机。

③激光打印机。根据主机送来的信息，用激光进行扫描，将输出的信息在磁鼓上形成静电潜像，并转换为磁信号，使碳粉吸附到纸上，经显影后输出。其特点：速度快，印字质量好，无噪声，价格偏高。

（3）主要技术指标

①打印速度：用 PPM 表示。每分钟打印的张数。

②打印质量：用分辨率表示，即点/英寸(dpi)。

③彩色打印能力：相对来说，针式打印机的彩色打印能力较低，彩色激光打印机的彩色打印能力较强，喷墨打印机可实现廉价的彩色打印。

④打印介质：打印介质类型和大小。

⑤打印耗材：纸张、针式打印机用的色带、喷墨打印机用的墨水、激光打印机用的硒鼓与碳粉等。

同步训练

选择题

1. 在显示器的缩写中，LCD 代表(　　)。
   A. 阴极射线管显示器　　　　　　B. 发光二极管显示器
   C. 液晶显示器　　　　　　　　　D. 等离子显示器

2. 微型计算机使用的打印机是直接连接在(　　)上的。
   A. 并行接口或 USB 接口　　　　　B. 串行接口或 USB 接口
   C. 并、串行接口或 USB 接口　　　D. 显示器接口

3. 液晶显示器在显示动态画面时有拖尾现象，这说明(　　)指标较低。
   A. 亮度　　　　B. 对比度　　　　C. 响应时间　　　　D. 刷新率

4. 人眼对于( )频率以上的刷新率基本不感到闪烁。
   A. 60Hz   B. 75Hz   C. 80Hz   D. 85Hz
5. 以下颜色的深度,可以显示的色彩最丰富的是( )。
   A. 16位   B. 24位   C. 32位   D. 64位

第7节　其他设备

机箱和电源分别是计算机的"外衣"和动力源泉,其质量直接决定着微型计算机是否能正常工作。

1. 机箱

(1)机箱的分类

从结构上分类,机箱有多种类型,主要有AT、ATX、Micro ATX 3种。

从样式上分类,机箱可分为卧式和立式两种。

(2)机箱的选购原则

结实耐用,不会变形;散热良好,可加额外的风扇;内部空间大,尺寸严格,公差小。

2. 电源

计算机必须有稳定的供电保证。

3. 调制解调器

通过调制解调器可以实现计算机之间的通信。调制解调器(Modem)由调制器和解调器两部分组成,调制器在发送端把计算机的数字信号(如文件等)调制成可在电话线上传输的模拟信号,解调器在接收端把模拟信号转换成计算机能接收的数字信号。

4. 音箱

音箱是多媒体配件中一个非常重要的成员。音箱的外形、质量往往对微型计算机的整体音频性能起着决定性的作用。

同步训练

选择题

1. 电源的选购主要注意( )因素。
   A. 功率   B. 噪声   C. 认证   D. 价格
2. 机箱的选购要考虑( )。
   A. 外形   B. 种类   C. 用料   D. 升级
3. 下列对音箱的选购中关于信噪比的说法中,正确的是( )。
   A. 信噪比指音箱回放的正常声音信号强度与噪声信号强度的比值
   B. 信噪比高时,信号输入时噪声严重,在整个音域的声音明显变得混淆不清
   C. 信噪比低于80dB的音箱、低于70dB的低音炮不购买
   D. 信噪比越低越好
4. 目前计算机的主板多使用( )类型的机箱。
   A. AT   B. PC   C. ATX   D. NLX

第8节　选配计算机整机

购买计算机时应注意以下问题。

①配置与用途相适应：明确使用对象及其应用上的要求，根据工作范围、处理信息量等因素确定配置。

②机型的先进性：了解国内、外的主流机型及其发展情况，选购兼容性好、较先进的主机和配件，确保硬件系统有较长的生命周期。

③兼容性：在外设、系统软件和应用软件上有良好的兼容性。

④总体配置的合理性：应使系统中各部分配件的性能协调一致，避免其中一些配件的性能过高或过低，保证系统整体功能的一致性。

⑤系统的可扩充性：要考虑硬件系统(特别是主板)的扩充性，以便今后的系统扩充。

⑥性能价格比：在保证高品质的前提下，对同样性能的计算机，价格越低越好。

⑦售后服务：选择那些有信誉的、有良好售后服务的经销商。

同步训练

判断题

1. 我国产销量最大的微机品牌是联想。　　　　　　　　　　　　　　　　　　（　　）
2. 采购配件时，一定要注意产品包装是否打开过以及配件与包装盒上的标志是否一致等。
　　　　　　　　　　　　　　　　　　　　　　　　　　　　　　　　　　　　（　　）
3. 买计算机时最贵的就是最合适的。　　　　　　　　　　　　　　　　　　　（　　）

第9节　组装计算机整机

1. 组装前的准备和注意事项

①准备一张较宽敞的工作台。

②检查市电电源是否有接大楼地线的三线插座。

③准备电源排型插座。

④准备一个小器皿。

⑤认真阅读各部件的使用说明书。

⑥准备操作系统的安装盘、板卡的驱动程序盘以及常见的工具软件。

⑦安装CPU和内存时，最好在主板的焊接面垫上一张抗静电的海绵。

2. 硬件的安装和测试

(1) 装机流程

装机的大致流程：准备工作→机箱的调整→安装CPU风扇→安装内存→主板跳线→安装主板→连接开关、指示灯、电源开关等连线→安装显卡→安装声卡→安装光驱→安装硬盘驱动器

→安装电源→连接各驱动器的电源线和数据线→连接显示器→连接键盘和鼠标→最后检查→开机测试。

实际组装中，应根据主板、机箱的不同结构和特点决定组装顺序，以安全和便于操作为原则。

(2) 调整机箱和安装电源

机箱的整个机架由金属板和固定架组成。

安装电源时，先将电源放进机箱的电源位，将电源上的螺栓固定孔与机箱上的螺栓固定孔对正。然后先拧一颗螺栓（固定住电源即可），再将另外三颗螺栓孔对正位置，拧上剩下的螺钉即可。

(3) CPU 及风扇的安装

AMD 的 Athlon64 系列 CPU：插座左下角有一个小三角标志。相应 CPU 的左下角也有一个小三角标志。

安装步骤为：稍向外/向上拉开 CPU 插座上的锁杆，使其与插座呈 90°，以便 CPU 能够插入处理器插座。将 CPU 上有小三角标志的部位对准插座左下角小三角标志。CPU 只能在方向正确时才能插入插座中，确定所有针脚全部嵌入插孔后，按下锁杆，将 CPU 固定在插槽中。在 CPU 的核心均匀涂上足够的散热膏（硅脂）。安装散热器，即 CPU 风扇的安装。

(4) 安装内存

安装步骤为先将内存插槽两端的白色卡子向两边扳动，将其打开，以便将内存插入。对好内存插槽的方向，内存的凹槽对准内存插槽上的凸点。

双手按住内存两端，均匀用力将内存推入插槽中，固定开关自动关闭，卡住内存。

(5) 主板的安装

①将机箱附带的固定主板用的螺栓和塑料钉旋入主板和机箱的对应位置。

②将机箱上 I/O 接口的密封片去除，外加插卡位置的挡板可根据需要决定，不要将所有的挡板都取下。

③将主板对准 I/O 接口放入机箱。

④将主板固定孔对准螺栓和塑料钉，用螺栓将主板固定好。

⑤ATX 电源接口为双排 2×10 线插孔座。为了防止插反，在 20 只插孔中有 10 只插孔做了特殊的设计，ATX 电源的 20 针输出插头也有相应设计，反向插不进去。

(6) 连接机箱接线

① SPEAKER：机箱喇叭的四芯插头，实际上只有 1、4 两根线，1 线通常为红色，接在主板 SPEAKER 插针上。

② RESET SW：复位键接线，接到主板上的 RESET 插针上，是两芯的插头。

③ POWER SW：电源开关接线，是两芯的插头。

④ HDD LED：硬盘指示灯接线，是两芯接头，1 线为红色。连接时需要查阅主板说明书。

(7) 安装显卡、声卡、网卡

①安装显卡。显卡一般为 AGP ×8 和 PCI-E ×16 两种接口，安装时只要插到相应的插槽即可。

②安装声卡、网卡、1394 卡、电视卡。声卡、网卡、1394 卡、电视卡一般采用 PCI 接口，安装方法大同小异。

(8) 安装外部存储设备

外部存储设备包含硬盘、光驱（CD-ROM、DVD-ROM、CD-RW）等。

安装光驱：

①将光驱装入机箱。

②确认光驱的前面板与机箱对齐平整，在光驱的每一侧用两个螺栓初步固定，先不要拧紧，对光驱位置进行细致的调整后，再把螺栓拧紧。

安装硬盘：

①单手捏住硬盘，将硬盘装进机箱的 3.5 英寸固定架。一般硬盘面板朝上，有电路板的面朝下。

②确认硬盘的螺栓孔与固定架上的螺栓位置对应，拧上螺栓。

（9）连接各驱动器的电源线和数据线

①连接 SATA 硬盘。

SATA 硬盘的数据线为一条 7pin 细线，电源线是一条 4pin 转 15pin 的扁平线。安装时，把数据线和电源线一端接到硬盘上，将数据线的另一端接到主板的 SATA 接口中。

②连接光驱。

光驱的连接基本与硬盘一样。将连接光驱和声卡的音频线一端插在声卡上，一端插在光驱的 Audio 输入端口上。

（10）连接显示器

显示器的背面有两根电缆线：一根是"信号电缆"，另一根是"电源电缆"。其中，"信号电缆"是 D 型的 15 针插头，用于和主机的显卡相连。

（11）连接键盘、鼠标

将插头对准缺口方向插入主板上的键盘、鼠标插座即可。

（12）检查与测试

①最后检查。接通电源前应进行最后一次检查。

②开机测试。先接通显示器的电源，再接通主机的电源。通电后，密切注意微型计算机是否有异常的现象发生。

如果一切正常，系统能正确地启动，在屏幕上显示计算机的配置信息，即进入 BIOS 设置窗口。按照系统参数对 BIOS 进行一些设置和优化，完成系统的初步调试。

同步训练

选择题

1. 在 CPU 的核心均匀涂上足够的硅脂的主要功能是(　　)。
   A. 散热　　　　　　B. 加速　　　　　C. 增加主频　　　　D. 减速

2. 下列说法不正确的是(　　)。
   A. SPEAKER：机箱喇叭的四芯插头　　　B. RESET SW：复位键接线
   C. POWER SW：电源开关接线　　　　　D. HDD LED：硬盘开关接线

3. 在计算机组装过程中，下列描述不正确的是(　　)。
   A. 严禁带电操作，安装前要释放人体静电
   B. 接口禁止用蛮力插拔
   C. 测试异常时要立即关掉电源
   D. 安装步骤是严格固定的，不得随意调整

4. 显示器的背面有两根电缆线：一根是"信号电缆"，另一根是"电源电缆"。其中，"信号电缆"是 D 型的(　　)针插头。
   A. 15　　　　　　B. 10　　　　　　C. 7　　　　　　D. 24
5. 在连接音频线时，一般三芯或是四芯的，其中接左右声道的是(　　)。
   A. 红线和黑线　　B. 白线和黑线　　C. 红线和白线　　D. 以上都不对

第 10 节　设置 CMOS 参数

1. BIOS 的设置程序

不同的主板，BIOS 的具体设置项目也不同，用户可以根据主板说明书进行操作。

BIOS 设置程序存储在 BIOS 芯片中，只有在开机时才可以进行设置。

BIOS 设置程序主要对基本输入输出系统进行管理和设置，使系统运行在最好状态下。BIOS 设置程序还可以排除系统故障或诊断系统问题。

开机时，首先执行一个称为 POST(开机自我测试)程序，检测所有硬件设备，并确认同步硬件参数。完成所有检测后，才将系统的控制权移交给操作系统(OS)。

2. CMOS 设置

(1)进入 CMOS 设置界面。

(2)启动计算机，机器首先进行内存自检，此时在屏幕上可以看到有一串不断滚动的数字，当屏幕上有一行英文提示"Press Del to Enter Setup"，立即在键盘上按下 Del 键就可以进入 CMOS 设置程序主菜单。

(3)设置程序主菜单窗口中除相应的菜单外，还包括菜单键的提示，并且当光标指针指向某个菜单项目时，窗口中会显示出该菜单项所包含的主要设置的内容。选择某个菜单项，按回车后将进入该菜单项的设置窗口。

(4)选择 Standard CMOS Features，进入 CMOS 标准设置窗口，进行日期和时间、硬盘类型、软驱类型、出错提示及状态设置等。

(5)把光标定位到各个项目进行设置，保存后系统重启，观察、检查系统发生的变化。

(6)选择菜单中的主菜单项"Advanced BIOS Features"，进入高级 BIOS 功能设置窗口。

①把 1st/2nd/3rd Boot Device(第一、二、三启动设备)设置为 USB-HDD、CD-ROM、HDD-0。保存后系统重启，系统将首先读 U 盘。

②把 Boot Up NumLock LED(启动时数字键盘锁)设置为 NO 或 OFF 状态，保存后系统重启，观察系统启动后键盘 NumLock 指示灯的状态。

③把 Security Option(保密功能)设置为 System，开机启动时要求用户输入密码。密码的具体设置在主菜单的"Set Supervisor PassWord"或"Set User PassWord"项中。保存后系统重启，将要求用户输入密码才能进入系统。

(7)选择主菜单中的菜单项"Advanced Chipset Features"，进入芯片组高级性能设置窗口。

(8)选择主菜单中的菜单项"Integrated Peripherals"，进入外部设备设置窗口。

(9)选择主菜单中的菜单项"Power Management Setup"，进入电源管理功能设置窗口。

(10)选择主菜单中的菜单项"PnP /PCI Configurations"，进入即插即用/PCI 接口配置窗口。

(11)选择主菜单中的菜单项"PC Health Status"，进入计算机健康状态设置窗口。

把 CPU 工作的临界温度设置为 80 ℃/176 ℉。

（12）在以上各项操作后，若系统不正常而又不知道如何恢复时，可选择主菜单中的菜单项"Load Fail-Safe Defaults"或"Load Optimized Defaults"，装载 CMOS 出厂时基本设置或默认优化设置值。

同步训练

选择题

1. 可以在 BIOS 中设置的有（　　）。
   A. 非标准 VGA 显卡的设置　　B. CPU 的缓存
   C. 系统盘启动的顺序　　D. 键盘热键的设置
   E. MODEM 参数的设置
2. 下列选项说法正确的是（　　）。
   A. 计算机中的时间格式：时/分/秒
   B. 在 BIOS 中，用户可以方便地对星期进行修改
   C. 用户可以在启动计算机时，按任意键进入 BIOS
   D. 以上说法都不正确
3. 下列说法错误的是（　　）。
   A. BIOS 主菜单中的 Advanced Chipset Features 选项是对计算机的芯片组进行设置
   B. BIOS 保存的是计算机最重要的基本输入/输出程序、系统信息的设置、开机上电自检程序和系统启动自举程序等
   C. 在 BIOS 中，不能进行启动顺序设置
   D. 设置 CMOS 管理员密码栏为 Set Supervisor Password
4. 保存改变后的 CMOS 设置值并退出的快捷键是（　　）。
   A. F　　B. F6　　C. F10　　D. F5
5. 一般情况下，若将硬盘参数的选项和访问模式设置为（　　），可实现系统对硬盘的自动检测。
   A. None　　B. Auto　　C. Manual　　D. Enable

第 11 节　硬盘分区及安装软件

一台微型计算机硬件组装完成后，安装操作系统需要经过硬盘分区→硬盘格式化→安装操作系统等步骤。

1. 硬盘的格式化和分区

硬盘分区是指在逻辑上把一块硬盘分成若干个区。新硬盘经分区及格式化后才能使用；有些操作系统（Linux、UNIX）要求划分几个分区。

（1）用 Fdisk 分区

硬盘分区按"主分区→扩展分区→逻辑驱动器"的次序进行。主分区以外的硬盘空间为扩展分区；逻辑驱动器是对扩展分区再划分而得到。

（2）用 DM（Disk Manager）分区

DM 功能众多，且分区的速度快，使用较普遍。将 DM 复制到启动盘，用启动盘启动微型计算机后，运行 DM，屏幕显示欢迎画面。按任意键后，屏幕显示选项及说明，根据需要选择。

（3）用 PM（Partition Magic）分区

分区魔术师 Partition Magic 既能随意调整分区，又不破坏硬盘数据。

2. Windows 7 的安装

设置 U 盘启动后直接通过安装 U 盘安装。

3. 驱动程序的安装

驱动程序安装是指对 BIOS 不能支持的各种硬件设备进行解释，使用计算机识别这些硬件设备，保证它们的正常运行，充分发挥硬件设备性能的特殊程序。简单地说，驱动程序是用来驱动硬件工作的特殊程序。如果没有驱动程序，计算机的硬件就无法工作。

4. 应用软件的安装

（1）安装办公软件 Office 2010

①运行 Office 2010 安装盘中的 setup.exe 程序，弹出"产品密钥"对话框。

②输入正确的注册码后，弹出"安装类型"对话框。

③如果已安装 Office 产品的低级版本，建议采用升级安装。安装操作按提示逐步进行即可。

（2）压缩工具 WinRAR

WinRAR 文件小、压缩/解压缩速度快，安装也非常简单。该程序本身是自解压文件。

（3）多媒体播放软件

音频文件类型有 MP3、WAV 等；视频文件类型有 AVI（这种类型的文件又分很多种格式）、MPEG、MPG、QUICKTIME、RM 等。目前还没有一种软件能播放所有格式的影音文件。

（4）杀毒软件

国产的杀毒软件有江民杀毒软件、瑞星杀毒软件、金山毒霸等，安装过程基本同上。

同步训练

选择题

1. 下列不是目前常用的硬盘分区格式的是（　　）。
   A. NTFS　　　　B. NTF64　　　　C. FAT32　　　　D. GPT

2. 格式化 C 盘并传送 DOS 系统引导文件的命令是（　　）。
   A. FORMAT C：\ S　　　　　　B. FORMAT C：/S
   C. FORMAT C：　　　　　　　D. FORMAT /SC

3. 关于硬盘分区的说法不正确的是（　　）。
   A. 只能有一个活动分区　　　　B. 可分多个逻辑盘
   C. 只有一个主分区　　　　　　D. 可多个扩展分区

4. 下列有关硬盘分区说法正确的是（　　）。
   A. 分区的软件有 DM、FDISK、FORMAT 等
   B. 只有新购买的硬盘才可以分区
   C. 为便于对硬盘空间的管理，需要对硬盘进行分区
   D. 分区格式有 FAT32、CDFS、NTFS、Linux 等

第 12 节　常用外围设备及安装

1. 基本外设

计算机的外部设备包括输入设备和输出设备，其中常见的基本外设包括打印机、刻录机、数码相机、摄像机、扫描仪等。

2. 打印机

打印机是计算机需要配备的基本输出设备，它的作用是将计算机的文本、图形等转印到普通纸、蜡纸、复写纸或投影胶片等介质上，以便使用和长期保存。按照转印原理的不同，常用打印机可分为针式打印机、激光打印机和喷墨打印机三类。

3. 光盘刻录机

光盘刻录机 CD-R/W，是指可读写的光盘和光盘驱动器。光盘刻录机和光盘有两种：一种称为 CD-R，它可以读取普通的 CD-ROM 盘，并可反复读出；另一种称为 CD-RW，光盘可以反复擦写和读出，使用 CD-RW 盘片。

4. 数码相机

数码相机也称为数字式照相机，它的最大优点在于数字化信号，便于处理、保存和传送。

5. 扫描仪

扫描仪可以把彩色印刷屏、照片和胶片等的图片输入计算机，保存文件，便于进行图像处理。还可以使用光学字符识别软件 OCR，将印刷屏中的中文字符从图像形式自动转换为文本中的汉字，便于编辑。

同步训练

选择题

1. PC 系统安装新硬件设备的即插即用技术是（　　）。
A. PNP　　　　　B. DDR　　　　　C. STR　　　　　D. ATX

2. 扫描仪可以把彩色印刷屏、照片和胶片等的图片输入计算机，保存文件，便于进行图像处理。还可以使用光学字符识别软件，其中光学字符识别软件的英文简写为（　　）。
A. AT　　　　　B. USB　　　　　C. OOC　　　　　D. OCR

第 13 节　测试和优化系统性能

1. 简单的测试方法

简单的测试方法是让微型计算机运行常用的软件，以检查微型计算机有无问题，简单判断微型计算机的性能是否满足要求。

测试方法可以分成几类：游戏测试、图片处理测试、复制文件测试、压缩测试。这些测试基本上包括了对微型计算机性能的整体测试。

(1) 游戏性能测试

游戏可以说是对微型计算机性能的综合测试，包含 CPU、内存、显卡、主板、显示器、光驱、键盘、鼠标、声卡、音箱等部件的测试。

(2) 测试计算机的图片处理能力

推荐采用常用图形处理软件来测试，例如，Photoshop、Fireworks、AutoCAD、3Ds Max 等。

(3) 复制文件测试

尽量选择大一些的文件复制，观察速度。压缩测试可以选择常用的 WinZIP 或 WinRAR 来压缩大一些的文件，观察速度。

2. 利用测试软件测试

①Super PI(CPU 性能和超频系统的稳定性测试软件)：该程序依据精确计算圆周率小数位的时间衡量 CPU 乃至整个系统的性能。该程序对系统稳定性的要求很高，在连续运算期间，CPU 和内存系统的占用率保持 100%。

②HWiNFO(计算机硬件检测软件)：除了可以显示处理器、主板及芯片组、PCMCIA 接口、BIOS 版本、内存等信息，还提供对处理器、内存、硬盘以及 CD-ROM 的性能测试功能。

③MeNTest(内存检测工具)：可以彻底地检测内存的稳定度，以便确实掌控目前所用计算机上正在使用的内存到底可不可信赖。

④CPUMark(CPU 子系统运行情况的测试标准程序)：CPUMark 99 可对 CPU 子系统的性能给出 CPUMark 32 标准的评估分数。

同步训练

选择题

1. 关于操作系统的优化，正确的是(　　)。
   A. 使用活动桌面　　　　　　　　B. 尽可能使用屏幕保护程序
   C. 设置硬盘的预读式优化为完全模式　D. 设置大倍数的虚拟存储器
2. 下列(　　)不是对操作系统的优化。
   A. 增加虚拟内存　　　　　　　　B. 删除不必要的自启动程序
   C. 使用朴素界面　　　　　　　　D. 对硬盘合理分区
3. 下列对整机性能进行测试的常用测试软件是(　　)。
   A. Windows 优化大师　　　　　　B. GHOST
   C. 3DMark 2001　　　　　　　　　D. 超级兔子

第 14 节　备份和还原系统

1. Windows 7 注册表的备份

可以用注册表编辑器(Regedit)对注册表进行备份，以后通过双击一个小图标即可建立另一个注册表备份而进行恢复。

2. 数据的恢复(还原)

(1) 在 Windows 7 下用备份文件还原

可在"开始"菜单中选择"所有程序→附件→系统工具→备份"选项，弹出"备份或还原"对话框，根据提示操作。

(2) 用 Windows 7 的"系统还原"功能还原

在"开始"菜单中选择"所有程序→附件→系统工具→系统还原"选项，弹出"系统还原"对话框；选择"恢复我的计算机到一个较早的时间"选项，单击"下一步"按钮；选择一个较早的还原点，单击"下一步"按钮。

3. 使用上次正常启动的注册表配置

当计算机通过内存、硬盘自检后，按 F8 键，进入启动菜单，选择"最后一次的正确配置"项，Windows 7 即可正常启动，同时将当前注册表恢复为上次的注册表。

4. 用安全模式恢复注册表

如果使用"最后一次的正确配置"项无效，可以在启动菜单中选择"安全模式"，这样 Windows 7 可自动修复注册表中的错误，从而使启动能够正常引导下去。

5. Norton Ghost 原理

Norton Ghost 可以进行硬盘备份和数据恢复，其功能强大、速度快、使用方便。

(1) Ghost 工作原理是将硬盘上的资料做转换处理(复制、备份、还原)，既可以在硬盘与硬盘之间复制，又可以在单个硬盘的不同分区(Partition)之间复制。

Norton Ghost 的主要功能和特点如下。

① 支持多种操作系统：DOS、Windows、UNIX、Linux 等。

② 支持多种分区格式：FAT16、FAT32、NTFS 等。

③ 支持网络复制，可以通过网络同时在多台计算机之间进行硬盘数据复制。由硬盘复制到硬盘，Norton Ghost 就能够将分区、格式化、数据复制一次完成，操作简单，十分方便。

(2) 可以创建 Image 映像文件。Norton Ghost 能够将硬盘数据制作成 Image 映像文件，保存到其他地方作为源盘的备份，以便日后使用。

① 制作硬盘数据映像文件(备份)：Local-Partition-To Image。Norton Ghost 可以将整个硬盘或者硬盘上某个分区的数据读取出来，并制作成 Image 映像文件，将文件保存，即可作为模板复制到新硬盘或者恢复源盘，以供使用。

② 将映像文件的数据恢复到硬盘(还原)：Local-Partition-From Image。当已备份 Image 映像文件的硬盘数据被破坏需要恢复，或新硬盘要复制模板时，制作好的 Image 映像文件可以恢复到硬盘分区中。

6. 检查复制完整性

Check 菜单中的命令可以检查复制的完整性，有两个选项：Disk 和 Image Files。通过 CRC 校验来检查文件或者复制盘的完整性。操作步骤分别如下。

① 选择"Local/Check/Image Files"(本地/校验/映像文件)，在弹出的界面中选中映像文件并且单击"Open"按钮，在单击"Yes"按钮后则对该文件进行校验。

② 选择"Local/Check/Disk"(本地/校验/磁盘)，在弹出的界面中选择校验的磁盘，在单击"Yes"按钮后则对该磁盘进行校验。

同步训练

选择题

1. Windows 7 系统还原的对象是( )。
A. 只能是系统盘
B. 可以是系统盘，也可以是其他逻辑盘
C. 只能是系统盘以外的磁盘
D. 以上说法均不正确

2. 使用 Norton Ghost 进行备份时，下列说法正确的是( )。
A. 不能对多个分区进行操作，只能对一个分区操作
B. 可以对多个分区进行操作，并且这些分区必须位于同一磁盘
C. 可以对多个分区进行操作，这些分区可以位于不同磁盘
D. 可以对软盘、光盘进行操作

第 15 节　诊断和排除系统故障

1. 计算机故障的检测规则

①先静后动：即遇到故障不要着急，先冷静下来思考故障出现的原因，再对症下药。
②先电源后负载。
③先外设再主机。
④先全局故障后局部故障。
⑤先主要后次要。

2. 计算机故障检测的常用方法

①直观检测法。
②清洁法。
③拔插法。
④替换法。
⑤软件诊断法。
⑥仪器检查。
⑦比较法。
⑧经验与仪器配合检查。

3. 常见故障现象分析

（1）启动故障

① 现象：主机不能加电（如电源风扇不转，或转一下即停等）。
分析：电源问题，如电压不足，接线松脱；开关问题，如开关不能复原、接触不良等。

② 现象：开机无显示，开机报警。
分析：显卡、内存接触不良或故障；主板或 CPU 故障；BIOS 设置问题。

③ 现象：自检报告出错或死机。
分析：BIOS 设置问题；BIOS 故障；设备连线不正确。

④ 现象：不能进入 BIOS、刷新 BIOS 后死机或报错；时钟不准。

分析：主板故障、BIOS 故障、刷新时用的文件不对、主板电池供电不足或故障。

⑤ 现象：启动过程中死机、黑屏、反复重启等。

分析：硬件驱动程序加载出错，特别是显卡驱动可能有问题；内存故障。

（2）关闭时故障

现象：关闭操作系统时死机或报错；不能自动关机。

分析：系统文件损坏或缺少、声音问题、网卡问题；操作系统问题。

（3）硬盘故障

① 现象：硬盘有异动声响，噪声较大。

分析：硬盘有物理故障，若还能使用，应及时备份数据。

② 现象：BIOS 中不能正确地识别硬盘、硬盘指示灯常亮或不亮等。

分析：硬盘接口与硬盘间的电缆线未连接好；硬盘电缆线接头处接触不良或者出现断裂；硬盘未接上或者电源转接头未插牢。如果检测时硬盘灯亮了几下，但 BIOS 仍然报告没有发现硬盘，可能是硬盘电路板短路或板上某个部件损坏；主板硬盘接口及硬盘控制器出现故障。

③ 现象：BIOS 时而能检测到硬盘，时而又检测不到。

分析：检查硬盘的电源连接线及硬盘电缆线是否存在着接触不良的问题，供电电压不稳定或者与标准电压值偏差太大，也有可能会引起这种现象。

（4）显示故障

① 现象：开机无显示、显示器有时或经常不能加电。

分析：一般是因为显卡与主板接触不良或主板插槽有问题造成。对于一些集成显卡的主板，如果显存共用主内存，需要注意内存条的位置。一般在第一个内存条插槽上应插有内存条。由于显卡原因造成的开机无法显示故障，开机后一般会发出一长两短的蜂鸣声（对于 Award BIOS 显卡而言）。

② 现象：显示偏色、抖动或滚动、显示发虚、花屏等。

分析：显卡与显示器信号线接触不良；显示器自身故障；在某些软件里运行时颜色不正常，一般常见于老式微型计算机，BIOS 中有一项校验颜色的选项，将其开启即可；显示损坏；显示器被磁化，一般由于与有磁性的物体过分接近所致，磁化后还可能引起显示画面出现偏转的现象。

③ 现象：在某种应用或配置下花屏、发暗（甚至黑屏）、重影、死机等。

分析：一般由于显示器或显卡不支持高分辨率或刷新率而造成。

④ 现象：屏幕出现异常杂点或图案。

分析：一般由于显卡质量不佳或显卡的主板连接不良造成，需清洁显卡金手指部位或更换显卡。

（5）安装软件、硬件的故障

① 现象：安装操作系统时，在文件复制过程中死机或出错；进行系统配置时死机或出错。

分析：

• 如果在复制文件时报告 CAB 等文件出错，可尝试将原文件复制到另一介质（如硬盘）上再行安装。若正常通过，则安装介质有问题，可检查介质及相应的驱动器是否有故障；若仍然不能复制，则应检查相应的磁盘驱动器、数据线、内存等。

• 如果采用覆盖安装而出现上述问题，更换安装介质后仍不能排除故障，则应先对硬盘进行初始化操作，再重新安装。若仍不能解决，则可能是硬件问题。

- 在安装过程中，在检测硬件时出现错误提示、蓝屏或死机等，一种方法是通过重新启动几次（应该是关机重启），看能否通过；另一种方法是在软件最小系统下检查是否能通过。如果不能通过，依次检查软件最小系统中的内存、磁盘、CPU（包括风扇）、电源等。
- 若能正常安装，则是软件最小系统之外的硬件故障或配置问题，可在安装完成后逐步添加硬件，并判断是否有故障或配置不当。

② 现象：安装应用软件时出错、重启、死机等（包括复制和配置过程）。

分析：可能是软件之间、软硬件之间的冲突，或者是硬件问题。

③ 现象：应用软件卸载后无法安装或安装中出错后再安装时无法安装等。

分析：有些软件安装时为避免和原来的版本冲突，要求完全卸载原来安装的程序，但是其卸载程序有问题，导致卸载不完全；对于安装中出错后再安装，导致部分文件还存在于系统中，因而无法继续安装。

④ 现象：硬件设备安装后，系统异常（如黑屏、死机不启动等）。

分析：可能是硬件不能识别或冲突、驱动程序问题、硬件故障。

(6) 操作与应用类故障

① 现象：休眠后无法正常唤醒。

分析：先从软件方面找原因。经过处理后，若现象依旧，则可能是硬件兼容性的问题。

② 现象：系统运行中出现蓝屏、死机、非法操作等故障现象。

分析：

- 检查是否由于用户操作引起。
- 检查是否由于病毒或防病毒程序引起故障。
- 检查是否由于操作系统问题引起故障。
- 检查是否由于软件冲突、兼容引起故障。
- 检查硬件设置是否正确。
- 检查是否由于网络故障引起。
- 检查是否由于硬件性能不佳或损坏引起。

(7) 键盘和鼠标故障

① 键盘故障。键盘故障的表现形式和原因是多种多样的。有接触不良故障，有按键本身的机械故障，还有逻辑电路故障、虚焊、假焊、脱焊和金属孔氧化等故障，维修时要根据不同的故障现象进行分析判断，找出产生故障的原因，进行相应的修理。

② 鼠标故障。大部分故障为接口或按键接触不良、断线、机械定位系统脏污。少数故障为鼠标内部元器件或电路虚焊，主要是某些劣质产品居多，尤以发光二极管、IC 电路损坏居多。

(8) 打印机故障处理实例

针式打印机故障现象及分析如下。

① 现象：打开打印机电源开关，打印机"嘎、嘎"响并报警，显示无法联机打印。

分析：使用环境差，灰尘多，容易出现该故障。由于灰尘积在打印头移动轴上，与润滑油混在一起，越积越多，形成较大阻力，使打印头无法顺利移动，导致无法联机打印。

② 现象：打印字符缺少横或者机壳导电。

分析：打印头扁平数据线磨损所造成。打印头扁平数据线磨损较小时，可能打印出的字符缺点少横，一般误以为打印头断针。磨损较多时，会在磨损部分遇机壳时导电。

③ 现象：打印出乱字符。

分析：打印乱码现象多数是由于打印接口电路损坏或主控单片机损坏所致，实际检修中发现,打印机接口电路损坏的故障较常见。由于接口电路采用微电源供电,一旦接口带电拔插产生瞬间高压静电,很容易击穿接口芯片。

喷墨打印机故障现象及分析如下。

① 现象:打印机不能检测到墨水类型或打印字符模糊不清。

分析:对打印头进行清洗。

② 现象:打印机输出空白纸。

分析:喷墨打印机打印空白的故障,大多数是由喷嘴堵塞、墨盒没有墨水等原因造成,应清洗喷头或更换墨盒。

③ 现象:打印出的字符字迹偏淡。

分析:喷嘴堵塞、墨水过干、墨水型号不正确、输墨管内进空气、打印机工作温度过高等。

④ 现象:打印纸上出现有规律的污迹。

分析:墨水盒或输墨管漏墨所致;当喷嘴性能不良时,喷出的墨水与剩余墨水不能很好断开而处于平衡状态,也会出现漏墨现象。

⑤ 现象:打印头撞车。

分析:打印头工作时阻力过大,可以找一些脱脂棉和一些高纯度缝纫机油,先用脱脂棉将导轨上的油垢擦净,再用脱脂棉蘸上一些缝纫机油均匀地反复擦拭导轨,直到看不见黑色的油垢为止。

注意:

缝纫机油不能太多,以免在打印时油滴落在稿件上影响打印质量。

激光打印机的故障现象及分析如下。

① 现象:激光打印机不打字,纸是空白的。

分析:可能由于显影轧辊没有吸到墨粉所致。

② 现象:打印出来的图像太黑。

分析:先检查打印密度调节轮,如设置过高,会使输出图像该黑的地方全黑,该白的地方呈现灰色,使打印出来的图像太黑。再取下上粉盒,检查上粉盒下正中央的支撑小弹簧是否正常。发现此弹簧已失去弹性,更换小弹簧后,重新设置打印密度,图像恢复正常。

③ 现象:输出的图像太淡。

分析:上粉盒失效,通常会造成大面积区域字迹变淡。电晕放电部分不工作。显影轧辊无直流偏压,墨粉未被极化带电而无法转移到硒鼓上,也会造成输出图像太淡。

④ 现象:输出的纸上出现竖直白色条纹。

分析:安装在硒鼓上方的反光镜上沾有脏污,会形成白色条纹。电晕传输线在打印纸通道下方会吸引灰尘和残渣,电晕部件有的地方会变脏或堵塞,从而阻碍墨粉从硒鼓转移到打印纸上。

⑤ 现象:激光打印范围出错,不能打印在正常范围内。

分析:送纸轧辊磨损或变脏,不能平稳地推送纸前进,应着重检查送纸机构的齿轮箱。

4. 开机启动时常见的错误提示、故障原因及排除方法

(1)"HDD controller failure press<F1>resume"(硬盘控制器失效,按 F1 键重新开始)

分析:

①硬盘适配卡(多功能卡)没有插好或卡上的接插线及跳线设置不当。重新安装适配卡或重新设置跳线。

②硬盘控制器故障,更换主板。

③硬盘故障或没有安装但在 CMOS 中设置了硬盘参数，更换硬盘或修改 CMOS 参数。
（2）"Keyboard Error"（键盘错误）
分析：键盘故障，重新插好键盘或更换键盘。
（3）"No Hard Disk Installed"（没有安装硬盘）
分析：
①没有安装硬盘，但在 CMOS 中设置了硬盘，进入 SETUP 修改 CMOS 参数。
②硬盘没有接好，重新连接硬盘。
③硬盘或硬盘适配器有故障，更换硬盘或主板。

同步训练

选择题

1. 开机自检过程中，屏幕提示 Hard Disk Not Present 或类似信息，则可能是（　　）的问题。
   A. 硬盘引导区损坏　　　　　　　B. 操作系统
   C. CMOS 硬盘设置有错误　　　　D. 硬盘扩展分区损坏
2. 一台微机在正常运行时突然显示器黑屏，主机电源灯灭，电源风扇停转，故障位置在（　　）。
   A. 主机电源　　B. 显示器　　C. 硬盘驱动器　　D. 显示卡
3. 如果一开机显示器就黑屏，故障的原因不可能是（　　）。
   A. 显示卡坏或没插好　　　　　　B. 显示驱动程序出错
   C. 显示器坏或没接好　　　　　　D. 内存条坏或没插好
4. 屏幕显示 HDD Controller Failure 通常表明故障是（　　）。
   A. 软盘驱动器　　B. 键盘故障　　C. 硬盘故障　　D. 光驱故障
5. 一个正在使用的 USB 接口的键盘，连接到另一台装有 Windows 10 计算机的 USB 接口上却不能使用，其原因可能是（　　）。
   A. CMOS 设置中屏蔽了 USB 接口　　B. 该键盘不支持热插拔
   C. 键盘损坏　　　　　　　　　　　D. 操作系统版本太低

第 16 节　计算机日常保养与维护

1. 计算机的工作环境

要使一台计算机工作正常并延长使用寿命，就必须使它处于一个适合的工作环境。

（1）温度条件

一般计算机应工作在 15 ℃~25 ℃环境下，最好在安放计算机的房间中装空调，以保证计算机正常运行时所需的环境温度。

（2）湿度条件

湿度不能过高，相对湿度应为 30%~80%。

（3）做好防尘

由于计算机各组成部件非常精密，如果计算机在较多灰尘的环境下，就有可能堵塞计算机的各种接口，使计算机不能正常工作。因此，不要将计算机安置于粉尘高的环境中，如确实需要安装，应做好防尘措施。

（4）电源要求

电压不稳容易对计算机电路和器件造成损害。由于市电供应存在高峰期和低谷期，在电压经常波动的环境下，最好能配置一个稳压器，以保证计算机正常工作所需的稳定的电源。

（5）做好防静电工作

静电有可能造成计算机芯片的损坏，为防止静电对计算机造成损害，在打开计算机机箱前应当用手接触暖气管等可以放电的物体，将本身的静电放掉后再接触计算机的配件。

（6）防震动和噪声

震动和噪声会造成计算机中部件的损坏（如硬盘的损坏或数据的丢失等）。

2. 计算机使用时的注意事项

（1）使用可靠的电源

计算机的工作离不开电源，同时电源也是计算机产生故障的主要因素。

首先必须确保使用的是适当功率的电源。要注意它是否使用220V的电压，电源的电压一般为220 V/50 Hz。

（2）正确安置计算机系统

如果计算机系统安置得不正确，可能给计算机的损坏埋下隐患，在计算机系统的安置中应注意以下几点。

①计算机不要放在不稳定的地方，不要摇晃，避免坠落。

②计算机应尽可能地避开热源，如冰箱、直射的阳光等。

③计算机以及其他硬件设备应尽可能放置在远离强磁强电、高温高湿的地方。

④计算机中的一些部件属于高精密度仪器，应注意远离灰尘。

⑤计算机应放在通风的地方。离墙壁应有20cm的距离。

⑥电源要可靠、稳定。

（3）正确操作计算机系统

在操作计算机时应注意以下几点。

①开机时不要移动主机和显示器；搬动计算机时，要先把计算机关闭，同时把电源插头拔下。

②发现机箱有异味、冒烟时应立即切断电源，在没有排除故障前，千万不要再启动计算机。

③当发现计算机有异常响声、过热等现象时，要设法找到原因，并及时排除。

3. 硬件保养的一般方法

计算机应放在易于通风或空气流动的地方，这样便于温度的调节。不要把计算机放置在阳光能直接照射到的地方，这类地方温度容易升高，而且计算机显示屏幕上的荧光物质也害怕阳光照射。

（1）防静电

一般比较干燥的地方或没有安装地线的地方，容易产生静电。静电如果达1000V以上就会毁坏芯片。如果人可以感到静电的存在，这时静电至少在3000V以上。最好电源有地线。室内不要铺地毯，如果铺地毯最好是铺防静电的地毯。

（2）防止灰尘

计算机的防尘很容易被大家所接受，对任何物品，人们都不希望其污浊不堪，灰尘容易受物体和磁场的吸引，常附在原件或电路板上，妨碍电气元件在正常工作时的热量散发，诱发芯片和其他器件损坏，引起计算机的各种故障。

(3) 移动计算机部件时注意轻拿轻放

常用存储设备存放时应注意放在干燥通风处，不要用硬物在存储介质上乱划，避免损伤设备。

4. 操作系统维护的一般方法

在计算机的日常使用中，经常会出现这样那样的故障，其中最常见的可能就是操作系统故障了。

(1) 严格按正常步骤关机

操作系统在工作时会在后台自动启用一些程序，用以维持系统的正常运行或完成一些特定的功能，而这些启动的后台程序会不时地进行一些读盘、写盘操作，如果不按正常操作步骤关机，那么这些后台程序的读写操作就不能正常结束。

(2) 避免不必要的误操作

在计算机的日常操作中，应该尽量避免对系统盘进行删除和修改的操作，这是因为系统中的许多文件都是系统正常运行所必需的，而一旦不小心将之删除，轻则导致系统不能启动，重则导致系统崩溃。

(3) 注意预防病毒

由于计算机病毒的存在，当人们在网上聊天或浏览网页的时候，不小心就会被病毒攻击；另外，当人们在计算机之间进行文件传送等操作时，也有可能传染病毒。

(4) 少装或不装不必要的应用软件

计算机中最好不装那些不必要的应用软件，以减少软件之间的冲突，提高系统的稳定性。

同步训练

选择题

1. 有关计算机保养的说法，错误的是(　　)。
   A. 使用有机溶液清洗光盘表面污物　　B. 使用湿布擦拭键盘污渍
   C. 使用软布擦拭显示器屏幕　　D. 使用无水酒精擦拭插槽金属脚污物

2. 以下对计算机部件的维护方法不正确的是(　　)。
   A. 键盘不使用时罩上防尘罩
   B. 定期使用软毛刷清洁主机内的浮尘
   C. 机械鼠标使用一段时间后清洁转轴和小球
   D. 定期使用酒精擦拭显示器屏幕

3. 关于灰尘对计算机的影响，下列说法错误的一组是(　　)。
   A. 鼠标、键盘对灰尘的灵敏度不高，在防尘方面没有过高要求
   B. CPU与电源的散热风扇上的灰尘积多后，会大大降低散热效果
   C. 主机主板的各种部件的外接头积尘多时会导致计算机与所连板卡接触不良
   D. 若经常使用沾有灰尘的光盘或软件，则光驱或磁盘光驱的激光头及磁盘驱动器和磁头也会沾染灰尘，这会造成光驱不能正常读盘或软驱不能正常读/写

4. 关于硬盘维护，以下说法正确的是(　　)。
   A. 正确开、关主机电源　　B. 定期整理硬盘
   C. 出现坏道及时更换硬盘　　D. 以上全是

跟踪训练

一、选择题

1. 使用喷墨打印机打印文档时，经常在文字的下面打出细黑线，而且黑线的长短不一。下列解决方法不正确的是（　　）
   A. 可能是喷墨打印机的喷嘴出现了问题，导致墨滴的控制出现错误
   B. 可能是喷墨打印机控制芯片出现了问题，导致墨滴的控制出现错误
   C. 更换一个新的墨盒可能能解决这个问题
   D. 用水来清洗墨盒(含线路)可能能解决这个问题

2. 主板面板上的插针应与机箱上的各开关对应，与电源开关对应的插针应标注着（　　）。
   A. RESET SW　　B. POWER SW　　C. POWER LED　　D. HDD LED

3. 多媒体计算机中的媒体通常指的是（　　）。
   A. 光盘
   B. 媒体播放器
   C. 存储信息的物理实体
   D. 信息的载体

4. 彩色显示器是基于三原色原理，其三原色是（　　）。
   A. 黑、白、黄
   B. 红、绿、蓝
   C. 红、黄、绿
   D. 红、橙、绿

5. 以下不属于外围设备的是（　　）。
   A. 打印机　　B. 键盘　　C. 鼠标　　D. 电源

6. 下列各项中，（　　）可以作为计算机的主要外部设备。
   A. 打印机　　B. 内存条　　C. CPU　　D. 硬盘

7. 下列叙述错误的是（　　）。
   A. 计算机要经常使用，不要长期闲置不用
   B. 计算机应避免频繁开关，以延长其使用寿命
   C. 计算机用几小时后，应关机一段时间
   D. 在计算机附近，应避免强磁场干扰

8. 如果一台计算机不含（　　），就成为裸机。
   A. 外部设置　　B. 内存　　C. 中央处理器　　D. 软件

9. Award BIOS自检时发出一长一短的响声，表示（　　）。
   A. CPU自检错误
   B. 内存条没有插好或损坏
   C. 显示器或显卡错误
   D. 电源有问题

10. 一内存条是DDR Ⅱ 400，则该内存条的运行频率为（　　）。
    A. 400MHz　　B. 200MHz　　C. 100MHz　　D. 200kHz

11. 在扫描仪中，通常把扫描图像与实物在色彩上的接近程度描述为（　　）。
    A. 色彩位数　　B. 分辨率　　C. 扫描幅面　　D. 感光率

12. U盘的存储介质是（　　）。
    A. 光介质　　B. 磁介质　　C. 半导体电介质　　D. 铝合金属

13. CPU的中文含义是（　　）。
    A. 计算机系统　　B. 不间断电源　　C. 算术部件　　D. 中央处理器

14. CPU 是 AMD 的计算机需要输出功率( )以上的电源。
A. 200W B. 300W C. 400W D. 500W

15. 有关计算机超频的说法不正确的是( )。
A. 超频是指使 CPU 在高于其标称频率的状态下工作
B. 超频不影响 CPU 的使用寿命
C. 超频时要考虑主板、内存条、显卡等其他部件的情况
D. 超频的方法是先提高外频，再逐步调整倍频

16. 微处理器把运算器和( )集成在一块很小的硅片上，是一个独立的部件。
A. 控制器 B. 内存储器 C. 输出设备 D. 系统总线

17. 显卡上最大的芯片是( )。
A. 显示芯片 B. 显存芯片 C. 数模转换芯片 D. 显卡 BIOS

18. 显卡存放图形数据的芯片是( )。
A. 显示芯片 B. 显存芯片 C. 数模转换芯片 D. 显卡 BIOS

19. 下列规格的槽口中，( )中只能适用于显卡。
A. ISA B. EISA C. PCI D. AGP

20. 主板的核心和灵魂是( )。
A. CPU 插座 B. 扩展槽 C. 芯片组 D. BIOS 和 CMOS 芯片

21. 台式计算机中经常使用的硬盘多是( )英寸的。
A. 5.25 B. 3.5 C. 2.5 D. 1.8

22. 硬盘工作时应特别注意避免( )。
A. 噪声 B. 震动 C. 潮湿 D. 日光

23. 以下关于硬盘的说法错误的是( )。
A. 硬盘又称为硬盘驱动器，是计算机中广泛使用的外部存储设备之一
B. 目前在笔记本电脑中使用的硬盘为 2.5 英寸或 1.8 英寸
C. 平均寻道时间是指磁头移动到数据所在磁道时所用的时间，以毫秒为单位
D. 硬盘的特点是：读取速度快、容量大、抗震性高、携带不方便

24. 对硬盘的使用方式，错误的描述是( )。
A. 不要将硬盘放在强磁场旁
B. 磁盘在读写时，不要突然关机
C. 计算机在工作时，严禁移动或碰撞机器
D. 定期对硬盘进行低级格式化和高级格式化

25. CD-ROM 分类不正确的一项是( )。
A. 根据传输速率分类 B. 根据安放位置分类
C. 根据接口类型分类 D. 根据状态分类

26. 硬盘驱动器信号电缆插座有( )针。
A. 34 B. 15 C. 9 D. 80

27. 下列关于激光打印机的叙述中，正确的是( )。
A. 激光打印机是激光技术和静电复印技术相结合的产物
B. 激光打印机可以使用连续打印纸
C. 激光打印机可以进行复写打印
D. 激光打印机可以使用普通纸进行打印

28. 以下设备中，只能作为输出设备的是（   ）。
   A. 键盘   B. 打印机   C. 鼠标   D. 硬盘驱动器
29. 激光打印机的打印速度PPM是指（   ）。
   A. 每分钟打印的字数   B. 每分钟打印的行数
   C. 每分钟打印的页数   D. 每英寸的打印点数
30. DPI表示（   ）。
   A. 位/英寸   B. 字/行   C. 点/英寸   D. 道/英寸
31. 组装计算机可分为4步，下列（   ）组的顺序是正确的。
   A. 硬件组装—格式化硬盘—分区硬盘—安装操作系统
   B. 硬件组装—格式化硬盘—安装操作系统—分区硬盘
   C. 分区硬盘—格式化硬盘—硬件组装—安装操作系统
   D. 硬件组装—分区硬盘—格式化硬盘—安装操作系统
32. Ghost软件建立的备份文件扩展名为（   ）。
   A. GHO   B. JPEG   C. PAR   D. OSI
33. 计算机硬件安装过程中最重要的环节是（   ）。
   A. 安装声卡   B. 安装CPU   C. 安装光驱   D. 安装网卡
34. 计算机刚组装完毕，需要先解决的问题是（   ）。
   A. 马上接通电源
   B. 清理完现场，检查电源线路的安全
   C. 盖上计算机的外壳，打开电源   D. 安装系统
35. 使用硬盘分区软件时，要删除原来的所有分区，应首先删除（   ）。
   A. 扩展分区   B. 逻辑盘D、E、F等
   C. 主分区   D. 扩展盘
36. BIOS程序不包括（   ）。
   A. 操作系统   B. 系统加电自检   C. 装入引导   D. 软、硬盘驱动器设置
37. CMOS RAM是半导体存储芯片，用于（   ）。
   A. 保存当前系统的硬件配置数据和用户对某些参数的设定
   B. 保存操作系统的设定
   C. 保存应用软件的设定
   D. 保存CPU与内存之间交往的数据的设定
38. S. M. A. R. T.（Self Monitoring Analysis and Reporting Technology）的含义是硬盘的（   ）技术，也就是提前对故障进行预测的功能。
   A. 自我监测分析和报告技术   B. 报告技术
   C. 监测技术   D. 故障分析
39. 为了用U盘直接启动进行系统安装，应在"CMOS SETUP"中将BOOT SEQUENCE项设置为（   ）。
   A. USB-HDD. A. CDROM   B. CDROM. C . A
   C. C. CONLY   D. A. C
40. 磁盘分区可分为DOS主分区、扩展分区和（   ）。
   A. Linux   B. UNIX分区   C. 非DOS分区   D. 逻辑分区
41. Windows操作系统应安装在（   ）。
   A. DOS主分区   B. 扩展分区   C. 非DOS分区   D. 逻辑分区

二、填空题

1. 17 英寸的 LCD 显示器的最佳分辨率是_____。
2. 目前声卡的主要形式有_____和_____两种。
3. RESET SW 是指_____。
4. 集成声卡可分为_____和_____两种。
5. 声卡的输入/输出接口包括_____、_____、_____和_____。
6. 电视卡的两大核心部件是_____和_____。
7. 主板集成网卡分为_____网卡和_____网卡,一般在主板南桥芯片中集成网卡功能的均属于_____网卡。
8. 在拆装微机的部件前,应该释放掉身体上的_____。
9. 显示器屏幕两个基本点相邻像素点的距离称为_____,单位是 mm,其值越小,显示器显示图形越清晰。
10. 根据光驱的安装位置分为_____和_____。

三、判断题

1. 开机后,屏幕显示错误信息 Override enabled – Defaults loaded,无法正常启动。错误信息意思为:当前 CMOS 设置无法启动系统,载入 BIOS 默认设置。此错误通过由错误的 CMOS 设定导致,重新设定选项或者载入默认、优化参数即可。( )
2. 当电源风扇声音异常或风扇不转时,一定要立即关机,否则会导致机箱内部的热量散发不出去而烧毁电路。( )
3. 硬盘分区只能用 fdisk 命令完成。( )
4. 扫描仪比较常见的有手持式、台式和滚筒式 3 种。( )
5. 手写板是用户用来输入中文字符的专用设备。( )
6. 计算机 PS/2 接口的键盘口和鼠标口在物理外形上是一致的。( )
7. 微机中的键盘和鼠标虽然接口的开关相同,但也不能混插。( )
8. 计算机可以直接识别高级语言源程序。( )
9. 组装计算机前,触摸大块的金属可以释放掉身体上的静电。( )
10. SATA 接口的设备可以带电插拔。( )

四、简答题

1. CPU 的主要性能指标有哪些?

2. 什么情况下需要对硬盘重新进行分区?

3. 常用的计算机故障查找方法有哪些?

第 7 章 计算机网络技术

学习目标

必考部分

1. 掌握因特网的基本概念及提供的服务。
2. 掌握因特网的常用接入方式及相关设备的基础知识。
3. 掌握计算机网络的基础知识和网络管理的基本技能。
4. 掌握利用 Internet 获取信息的基本方法。
5. 掌握网页设计的基础知识和基本技能。
6. 根据实际需求,规划局域网组建方案,配置应用服务器。
7. 根据实际需求,设计、建设和管理小型网站。
8. 理解网络系统的组成、功能与应用。
9. 理解数据通信的基本知识。
10. 理解常用传输介质。
11. 理解常见的网络拓扑结构。
12. 掌握 OSI 参考模型。
13. 掌握 TCP/IP 协议及其分层模型的工作原理。
14. 掌握局域网体系结构的基本知识。
15. 掌握 WWW、HTTP、HTML、DNS、FTP 的概念。
16. 掌握 IP 地址及域名。
17. 掌握 IPv6 基本概念。
18. 掌握常用网络设备(网卡、交换机、路由器)的作用及性能指标。
19. 掌握服务器、客户端、浏览器的概念。
20. 掌握计算机接入局域网络的设置。
21. 掌握常用即时通信软件的使用。
22. 掌握用常用工具软件上传与下载信息。
23. 熟练掌握 TCP/IP 协议的应用。
24. 熟练掌握局域网组建(制作双绞线,设置 IP 地址、网关、子网掩码、DNS,选择相应的网络设备等)。
25. 熟练掌握子网的划分。
26. 熟练掌握网络互联(局域网与局域网、局域网与广域网)。

27. 熟练掌握网络测试(ping、ipconfig、tracert、netstat 命令)。
28. 熟练掌握 Web 服务器的配置。
29. 熟练掌握小型局域网构建。
30. 熟练掌握交换机、路由器的配置。
31. 熟练掌握网络的日常维护及故障排除。

选考部分
1. 根据需求进行计算机网络的拓扑结构设计与 IP 地址分配。
2. 根据设计要求,给出网络主要设备的配置方案。
3. 在 Windows Server 2008 环境下,对 DNS、DHCP、FTP 进行配置与管理。
4. 根据用户需求进行中小型网站的规划设计。
5. 根据网站的规划设计进行 IIS 设置,新建、编辑网站。

知识梳理

第 1 节 计算机网络的基本知识

一、计算机网络的定义

计算机网络是将分布在不同地理位置上具有独立功能的计算机通过有线的或无线的通信链路链接起来,不仅能使网络中的各个计算机(或称为节点)之间相互通信,而且还能通过服务器节点为网络中其他节点提供共享资源服务。网络资源包括硬件资源(如大容量磁盘、光盘阵列、打印机等)、软件资源(如工具软件、应用软件等)和数据资源(如数据文件和数据库等)。

在计算机发展的早期阶段,计算机所采用的操作系统多为分时系统。分时系统将主机时间分成片,给用户分配一定的时间片。

二、计算机网络的功能

(1)实现计算机系统的资源共享

使用网上的高速打印机打印报表、文档。对于软件资源,用户可以使用各种程序、数据库、数据库系统等。连入 Internet 的用户可以随时访问网上的各种信息、获取各种知识。

(2)实现数据信息的快速传递

计算机网络是现代通信技术与计算机技术相结合的产物,这对于股票和期货交易、电子邮件、网上购物、电子贸易是必不可少的传输平台。

(3)提供负载均衡和分布式处理能力

分布式处理是把任务分散到网络中不同的计算机上进行处理,而不是集中在一台大型计算机上,使其具有解决复杂问题的能力。这样可以大大提高效率和降低成本。

三、计算机网络的系统组成

计算机网络是由网络硬件系统和网络软件系统构成的。从拓扑结构看，计算机网络是由一些网络节点和连接这些网络节点的通信链路构成的；从逻辑功能上看，计算机网络则是由资源子网和通信子网组成的。

1. 网络节点和通信链路

（1）网络节点

计算机网络中的节点又称为网络单元，一般可分为三类：访问节点、转接节点和混合节点。

（2）通信链路

通信链路是指两个网络节点之间传输信息和数据的线路。例如，双绞线（网线）、同轴电缆、光缆、卫星及微波等无线信道。

2. 资源子网和通信子网

从逻辑功能上可以把计算机网络分为资源子网和通信子网。

（1）资源子网

资源子网提供访问网络和处理数据的能力，由主机系统、终端控制器和终端组成。

（2）通信子网

通信子网是计算机网络中负责数据通信的部分，主要完成数据的传输、交换及通信控制，由网络节点、通信链路组成。

3. 网络硬件系统和网络软件系统

计算机网络系统是由计算机网络硬件系统和网络软件系统组成的。

（1）网络硬件系统

网络硬件系统是指构成计算机网络的硬件设备，包括各种计算机系统、终端及通信设备。

①主机系统。主机系统是计算机网络的主体。按其在网络中的用途和功能的不同，可分为工作站和服务器两大类。

②服务器。是通过网络操作系统为网上工作站提供服务及共享资源的计算机设备。根据服务器在网络中用途的不同可分为文件服务器、数据库服务器、邮件服务器、打印服务器等。

③工作站。是网络中用户使用的计算机设备，又称客户机。工作站的配置要求较低，一般由普通微机担任。

④终端：终端不具备本地处理能力，不能直接连接到网络上，只能通过网络上的主机与网络相连发挥作用。常见的终端有显示终端、打印终端、图形终端等。

⑤传输介质。常见的传输介质类型是同轴电缆、双绞线和光纤。

⑥网卡。网卡是提供传输介质与网络主机的接口电路。

⑦集线器。集线器是计算机网络中连接多个计算机或其他设备的连接设备，是对网络进行集中管理的最小单元。

⑧交换机。交换机是用来提高网络性能的数据链路层设备。

⑨路由器。路由器是网络层的互联设备，可以实现不同子网之间的通信。

（2）网络软件系统

网络软件系统主要包括网络通信协议、网络操作系统和各类网络应用系统。

①服务器操作系统：又称为网络操作系统（NOS），是多任务、多用户的操作系统。除具备常规操作系统的五大功能之外，网络操作系统还具有网络用户管理、网络资源管理、网络运行

状况统计、网络安全性的建立、网络通信等。常见的网络操作系统有 Novell 公司的 NetWare、微软公司的 Windows 系列、UNIX 系列及 Linux 网络操作系统。

②工作站操作系统：由于网络中的工作站多为微机，因此工作站操作系统就是一般的微机操作系统。

常见的工作站操作系统有 Windows 操作系统及 UNIX 操作系统等。

③网络通信协议：网络中计算机之间、网络设备与网络设备之间、计算机与网络设备之间进行通信时，双方只有遵循相同的通信协议才能实现连接，进行数据的传输，完成信息的交换。使用不同的计算机要进行通信，必须要经过中间协议转换设备的转换。

网络通信协议就是实现网络协议规则和功能的软件，这些协议包括网间包交换协议（IPX）、传输控制协议/网际协议（TCP/IP）和以太网协议。例如，Windows 操作系统中的 TCP/IP 协议。

④设备驱动程序：设备驱动程序是计算机系统专门用于控制特定外部设备的软件，是操作系统与外部设备之间的接口。

⑤网络管理系统软件（NMS）：简称网管软件。网络软件是对网络运行状况进行信息统计、报告、警告、监控的软件系统。

简单网络管理协议（SNMP）是 TCP/IP 协议簇中提供管理功能的协议。

⑥网络安全软件：如黑客、病毒等为抵御这些威胁，保证网络安全运行。例如，防火墙等，可以防止网络故障的发生，防止一个机构的私有信息被损坏。

⑦网络应用软件：如网络浏览器 Internet Explorer，以及用户基于本地网络开发的应用软件。

四、计算机网络的分类

1. 按计算机网络覆盖范围分类

局域网（LAN）是网络地理覆盖范围有限，几百米至几千米。

广域网（WAN）也称远程网，大约在几十千至几千千米，用于通信的传输装置和介质，一般是由电信部门提供的。

城域网（MAN）：介于局域网和广域网之间，约为几十千米。

2. 按计算机网络拓扑结构分类

拓扑结构就是网络节点在物理分布和互联关系上的几何构形，按拓扑结构将网络分为星状网、环状网、总线型网、树状网、网状网。

3. 按网络的所有权分类

公用网：社会集团用户或公众可以租用，如我国已建立了数字数据网（DDN）、公共电话网（PSTN）、X.25、帧中继（FR）等。

专用网：也称为私用网，一般不允许系统外的用户使用，如银行、公安、铁路等建立的网络是本系统专用的。

4. 按网络中计算机所处的地位分类

对等网络：在计算机网络中，倘若每台计算机的地位平等，都可以平等地使用其他计算机内部的资源，每台计算机磁盘上的空间和文件都成为公共资源，这种网络就称为对等局域网（Peer to Peer LAN），简称对等网。

基于服务器的网络：也称为客户机/服务器网络。

5. 局域网的基本硬件

①服务器：在网络中提供服务资源并起服务作用的计算机。

②工作站：连接到网络中的计算机，是网络用户最终的操作平台。

③网络接口卡：简称网卡，又称为网络适配器，它是计算机与传输介质之间的物理接口。它负责计算机与传输介质间的信号接收和发送。

④集线器：简称 Hub，是一种最常用的有源的、能够对数据信号进行整形再生的、应用于星型拓扑结构的网络设备。

⑤通信介质：用来连接计算机、计算机与集线器等的媒介。使用哪种通信介质一般取决于网络资源类型和网络体系结构。

同步训练

选择题

1. 计算机网络建立的主要目的是实现计算机资源的共享，计算机资源主要指计算机（   ）。
   A. 软件与数据库   B. 服务部、工作站与软件
   C. 硬件、软件与数据   D. 通信子网与资源子网
2. 计算机网络的最基本功能是（   ）。
   A. 资源共享、数据通信   B. 提高计算机系统的安全可靠性
   C. 提高综合信息服务   D. 分布式信息
3. 以下不是网络操作系统的有（   ）。
   A. NetWare   B. DOS   C. Windows NT   D. Windows 10
4. 计算机网络是计算机技术和（   ）相结合的产物。
   A. 人工智能   B. 通信技术   C. 集成电路   D. 无线技术
5. 计算机网络的最大优点是（   ）。
   A. 速度快   B. 精度高   C. 共享资源   D. 安全可靠

第 2 节　数据通信基础

一、数据通信的基本概念

数据通信是两个实体间的数据传输和交换，在计算机网络中占有十分重要的地位，它是通过各种不同的方式和传输介质，把处在不同位置的终端和计算机，或计算机与计算机连接起来，从而完成数据传输、信息交换和通信处理等任务。

1. 信道和信道容量

（1）信道

信道是传送信号的一条通道，分为物理信道和逻辑信道。物理信道是用来传输信号或数据的物理通路，由传输介质及其附属设备组成。逻辑信道也是指传输信息的一条通路，但在信号的收、发节点之间并不一定存在与之对应的物理传输介质，而是在物理信道基础上，由节点设备内部的连接来实现。

(2) 信道容量

信道容量是指信道传输信息的最大能力，通常用信息速率来表示。单位时间内传送的比特数越多，则信息的传送能力也就越大，表示信道容量越大。

2. 码元和码字

在数字传输中，有时把一个数字脉冲称为一个码元，码元是构成信息编码的最小单位。例如，二进制数字 1000001 是由 7 个码元组成的序列，通常称为"码字"。

3. 数据信息系统主要技术指标

(1) 比特率

比特率是一种数字信号的传输速率，它表示单位时间内所传送的二进制代码的有效位（bit）数，单位用比特每秒（bps）或千比特每秒（kbps）表示。

(2) 波特率

波特率是一种调制速率，也称为波形速率。它是针对在模拟信道上进行数字传输时，从调制解调器输出的调制信号，每秒钟载波调制状态改变的次数。其单位为波特（Baud）。

(3) 误码率

误码率是指信息传输的错误率，也称为错误率。

(4) 吞吐量

吞吐量是指单位时间内整个网络能够处理的信息总量，单位是字节/秒（B/s）或位/秒（b/s）。

4. 带宽与数据传输速率

(1) 信道带宽

信道带宽是指信道所能传送的信号频率宽度，它的值为信道上可传送信号的最高频率与最低频率之差。带宽越大，所能达到的传输速率就越大。

(2) 数据传输率

数据传输率是指单位时间内信道内传输的信息量，即比特率。

二、数据传输方式

1. 数据通信系统模型

(1) 数据终端设备

数据终端设备（Data Terminal Equipment，DTE）是指用于处理用户数据的设备，是数据通信系统的信源和信宿。在计算机网络中，它是资源子网的主体。

(2) 数据线路端接设备

数据线路端接设备（Data Circuit Terminating Equipment，DCE）又称为数据通信设备，用于将 DTE 发出的数字信号变换成适合于在传输介质上传输的信号形式，并将它送至传输介质上。

2. 数据线路的通信方式

根据数据信息在传输线上的传送方向，数据通信方式分为单工通信、半双工通信、全双工通信三种。

(1) 单工通信

在单工通信方式中，信息只能在一个方向上传送。无线电广播和电视广播都是单工传送的例子。

(2) 半双工通信

半双工通信的双方可交替地发送和接收信息，但不能同时发送和接收。例如，航空和航海的无线电台和对讲机。

（3）全双工通信

全双工通信的双方可以同时进行双向的信息传输。这种通信方式的性能最好，所需要的设备最复杂，实现的成本也最高。

3. 数据传输方式

数据传输方式可分为基带传输、频带传输和宽带传输等。

（1）基带传输

在数据通信中，表示计算机中二进制数据比特序列的数字数据信号是典型的矩形脉冲信号。人们把矩形脉冲信号的固有频带称为基本频带，简称基带。

（2）频带传输

所谓频带传输，就是将代表数据的二进制信号，通过调制解调器，变换成具有一定频带范围的模拟数据信号进行传输，传输到接收端后再将模拟数据信号解调还原成数字信号。常用的频带调制方式有频率调制、相位调制、幅度调制和调幅加调的混合调制方式。

（3）宽带传输

在同一信道上，宽带传输系统既可以进行数字信息服务也可以进行模拟信息服务。

三、数据交换技术

1. 电路交换

在电路交换方式中，通过网络节点（交换设备）在工作站之间建立专用的通信通道，即在两个工作站之间建立实际的物理连接。

采用电路交换方式进行数据通信，可以用公用交换网（电话网），也可以用专线方式。

2. 报文交换

报文交换不需要在通信的两个节点之间建立专用的物理线路。数据以报文的方式发出。

报文交换也称为包交换，它将用户的一个报文分成若干个报文组，以报文组为单位采用"存储转发"交换方式进行通信。

3. 分组交换

（1）数据报

这种方式有点像报文交换。数据报传输分组交换方式的优点是：对于短报文数据，通信传输率比较高，对网络故障的适应能力强；而它的缺点是传输延时较大，时延离散度大。

（2）虚电路

所谓虚电路，是指两个用户的终端设备在开始互相发送和接收数据之前，需要通过通信网络建立逻辑上的连接。

虚电路传输分组交换的优点是对于数据量较大的通信传输率高，分组传输延时短，且不易产生数据分组丢失，而缺点是对网络的依赖性较大。

4. 信元交换技术

信元交换技术又叫异步传输模式（ATM），是一种面向连接的交换技术，它采用小的固定长度的信元交换单元，语音、视频和数据都由信元的信息域传输。

同步训练

选择题

1. 计算机内部的数据传输以(　　)方式进行。
   A. 单工　　　　　B. 并行　　　　　C. 半双工　　　　　D. 全双工
2. 报文交换的传送方式采用(　　)方式。
   A. 广播　　　　　B. 存储转发　　　C. 异步传输　　　　D. 同步传输
3. 在数据传输中，传输延迟最小的是(　　)。
   A. 分组交换　　　B. 电路交换　　　C. 报文交换　　　　D. 信元交换
4. 在数据传输过程中，接收和发送能够同时进行的通信方式是(　　)。
   A. 单工　　　　　B. 半双工　　　　C. 全双工　　　　　D. 自动
5. 电路利用率最低的交换方式是(　　)。
   A. 报文交换方式　　　　　　　　　　B. 分组交换方式
   C. 信息交换方式　　　　　　　　　　D. 电路交换方式

第3节　计算机网络技术基础

一、计算机网络的拓扑结构

把网络单元定义为节点，两节点之间的连线称为链路。

网络节点和链路的几何图形就是网络的拓扑结构，是网络中网络单元的地理分布和互联关系的几何构型。

1. 总线型

各节点通过一个或多个通信线路与公共总线连接。总线型结构简单、扩展容易。网络中任何节点故障都不会造成全网的故障，可靠性较高。

2. 星状

星状网络的中心节点为主节点，它接收各分散节点的信息再转发给相应节点，具有中继交换和数据处理功能。这种网络结构简单、建网容易，但可靠性差，中心节点是网络的瓶颈，一旦出现故障则全网瘫痪。

3. 环状

各节点连成环状，传送路径固定，适应传输信息量不大的场合，任何节点的故障均导致环路不能正常工作，可靠性较差。

4. 树状

树状网络是分层结构，适用于分级管理和控制系统。任一节点的故障均影响其所在支路网络的正常工作。

5. 网状

各节点的连接没有一定的规则。

局域网常采用星状、环状、总线型拓扑结构，而广域网大多采用网状结构。

二、ISO/OSI 参考模型

在计算机中要做到有条不紊地交换数据，各计算机之间就必须遵守一些事先约好的规则。而网络体系结构的作用就是为了完成计算机间的通信合作，把计算机互联的功能划分成有明确定义的层次，并规定同层次实体通信的协议及相邻层之间的接口服务。这些同层实体通信协议及相邻接口统称为网络体系结构。

国际标准化组织(ISO)提出了开放系统互联参考模型(Open System Interconnection Reference Model,OSI/RM)，这是一个定义连接异种计算机的标准主体结构。OSI 采用了分层的结构化技术。

OSI 参考模型共有七层，由低到高分别是物理层、数据链路层、网络层、传输层、会话层、表示层、应用层。

1. 物理层

物理层是 OSI 参考模型的最低层，它向下直接与传输介质相连接，向上相邻且服务数据链路层，其任务是实现物理上互联系统间的信息传输。物理层实际是设备之间的物理接口。物理层常采用比特流的介质传输。

2. 数据链路层

数据链路层是 OSI 模型中极其重要的一层，介于物理层与网络层之间。它把物理层的原始数据打包成帧，并负责帧在计算机之间无差错的传送。帧是存放数据的、逻辑的、结构化的包。建立数据链路层主要目的是将一条原始、有差错物理线路变为对网络层无差错的数据链路。

(1)数据链路层协议

数据链路层通过执行数据链路层协议(规程)，实现数据链路上数据的正确传送。因此协议内容包括：定义传送的数据单元及帧格式；建立、维持、释放数据链路的方法。数据链路控制(DLC)规程可分为两类：一类是面向字符的数据链路控制规程；另一类是面向比特的数据链路控制规程。

(2)数据链路层设备

在数据链路层设备中最常见的是网卡，网桥也是链路层设备。

数据链路层分为两个子层：逻辑链路控制子层和介质访问控制子层。

3. 网络层

网络层是通信子网与用户资源子网之间的接口，也是高、低层之间协议的界面层，主要负责控制通信子网的操作，实现数据从网络上的任一节点准确无误地传输到目的节点。设置网络层的主要目的就是要为报文分组以最佳路径通过通信子网到达目的主机提供服务，而网络用户不必关心网络的拓扑结构与使用的通信介质。

(1)网络层的主要功能

网络层的主要功能是支持网络连接的实现。

网络层的具体功能是路由选择、流量控制、传输确认、中断、差错及故障的恢复等。

(2)网络层提供的服务

OSI/RM 参考模型中规定，网络层中提供无连接和面向连接两种类型的服务，也称为数据报服务和虚电路服务。

①数据报服务：多用于传输短报文的情况，一个或多个报文分组足以容纳所传送的数据信息，每个分组称为一个数据报。

②虚电路服务：虚电路是在数据依次传送开始前，由发送方和接收方通过呼叫与确认的过程建立起来的。

(3) 路由选择

路由选择是指网络中的节点根据通信网络的情况，按照一定的策略(传输时间最短或传输路径最短)，选择一条可用的传输路由，把信息发往目标节点。

4. 传输层

在 OSI 参考模型的七层协议中，传输层处在正中间，是计算机网络体系结构中至关重要的一层，其作用是在两端计算机系统内的进程间实现高质量、高效率的数据传输。

传输层下面三层(属于通信子网)面向数据通信，上面三层(属于资源子网)面向数据处理。传输层是负责数据传输的最高一层。

(1) 传输层的特性
①连接与传输。
②传输层服务。

(2) 传输层的主要功能
①接收由会话层传来的数据，将其分成较小的信息单位，经通信子网实现两主机间端到端通信。
②提供建立、终止传输连接，实现相应服务。
③向高层提供可靠的透明数据传送，具有差错控制、流量控制及故障恢复功能。

(3) 传输层协议

网络层向传输层提供的服务有可靠和不可靠之分。

5. 会话层

会话层是利用传输层提供的端到端的服务向表示层或会话层用户提供会话服务。会话协议的主要目的就是提供一个面向用户的连接服务，并为会话活动提供有效的组织和同步所必需的手段，为数据传输提供控制和管理。

会话层、表示层和应用层一起构成 OSI 参考模型的高层。所谓会话，是指两个会话用户之间为交换信息而按照某种规则建立的一次暂时的连接。会话层位于 OSI 参考模型面向信息处理的高三层中的最下层。

6. 表示层

表示层处理的是 OSI 系统之间用户信息的表示问题，主要涉及被传输的信息内容和表示形式，如汉字、图形、声音的表示。

表示层为应用层提供服务，数据传送包括语义和语法两个方面的问题。语义即与数据内容、意义有关的方面；语法则是与数据表示形式有关的方面，如文字、声音、图形的表示。另外，数据格式的转换、数据的压缩、数据加密等工作都是由表示层负责处理的。在 OSI 参考模型中，有关语义的处理由应用层负责，表示层仅完成语法的处理。表示层提供数据转换和格式转换、数据加密与解密、文本压缩等服务。

7. 应用层

应用层是 OSI 参考模型的最高层，它是计算机网络与最终用户间的界面，包含系统管理员管理网络服务所涉及的所有问题和基本功能。

三、数据传输控制方式

传统局域网采用共享介质方式的具有冲突检测的载波侦听多路访问(CSMA/CD)、令牌传递控制等方法，采用交换机、网桥等方法将网络分段，以减少甚至避免网络冲突。

1. 具有冲突检测的载波侦听多路访问

具有冲突检测的载波侦听多路访问（CSMA/CD）技术是一种争用型的介质访问控制（MAC）协议。

CSMA/CD 介质访问控制方法的工作过程如下。

（1）想发送信息的节点首先"监听"信道，看是否有信号在传输。如果信道忙，则继续监听。

（2）发送信息的站点在发送过程中同时监听信道，检测是否有冲突发生。当发送数据的节点检测到冲突后，就立即停止该次数据传输。

常见的局域网，一般都是采用 CSMA/CD 访问控制方法的逻辑总线型网络。

2. 令牌传递控制法

令牌传递控制法又称为许可证法，只有获得令牌的节点才有权力发送信息。令牌可以是一位或多位二进制数组成的编码。令牌传递控制法适用的网络结构为环状拓扑、基带传输。环中的每一个节点都具有放大整形作用。

四、常见的局域网标准

1. 局域网协议

IEEE 802.3 委员会为局域网制定了一系列标准，统称为 IEEE 802 标准。

IEEE 802 标准主要包括以下几项。

IEEE 802.1——局域网概述、体系结构、网络管理和网络互联。

IEEE 802.2——逻辑链路控制（LLC）。

IEEE 802.3——CSMA/CD 访问方法和物理层规范。

IEEE 802.4——Token Bus（令牌总线）。

IEEE 802.5——Token Ring（令牌环）访问方法和物理层规范。

IEEE 802.6——城域网访问方法和物理层规范。

IEEE 802.7——宽带技术咨询和物理层课题与建议。

IEEE 802.8——光纤技术咨询和物理层课题。

IEEE 802.9——综合声音、数据服务的访问方法和物理层规范。

IEEE 802.10——安全与加密访问方法和物理层规范。

IEEE 802.11——无线局域网访问方法和物理层规范。

IEEE 802.12——100VG-AnyLAN 快速局域网访问方法和物理层规范。

其中，符合 IEEE 802.3 标准的局域网称为"以太网"。常见的局域网标准有以太网、FDDI、ATM、无线局域网等。

2. 以太网

以太网包括传统以太网（10 Mb/s）、快速以太网（100 Mb/s）、千兆以太网（1000 Mb/s）和万兆以太网（10 Gb/s）。

3. 传统以太网

传输速率通常为 10 Mb/s。

①10BASE-5：标准以太网，或称为粗缆以太网。

②10BASE-2：细缆以太网。

③10BASE-T：双绞线以太网，使用两对非屏蔽双绞线，一对线发送数据，另一对线接收数

据，用 RJ-45 模块作为端接器，采用星状拓扑结构。

④10BASE-F：光缆以太网。

4. 快速以太网

（1）100BASE-T

由 10BASE-T 以太网标准发展而来，保留了以太网的观念，网络传输速率提高了 10 倍。它支持多种网络传输媒体，如双绞线、光纤，不支持同轴电缆。

（2）100VG-AnyLAN

100VG-AnyLAN 是一种崭新的 100 Mb/s 共享介质技术，采用冲突检测方案代替以太网的 CSMA/CD 协议，既支持以太网也支持令牌环网，实现命令优先协议，传输速率达 100 Mb/s。

5. 10/100 Mb/s 自适应型以太网

10/100 Mb/s 自适应网络设备依赖于自动协商模式，即 N-WAY 技术，具有自动协商模式的集线器和网络接口卡在通电后会定时发"快速链路脉冲（FTP）"序列，该序列包含半双工、全双工、10 Mb/s、100 Mb/s、TX 的信息。

6. 千兆以太网

千兆以太网将成为主干网和桌面系统的主流技术。

7. 万兆以太网

万兆以太网和以往显著区别：①支持全双工模式，不再支持单工模式；②不使用 CSMA/CD 协议。

8. ATM（异步传输模式）

（1）什么是 ATM 和 ATM 局域网

异步传输模式（ATM）是一种新型的网络交换技术，适合于传送宽带综合业务数字（B-ISDN）和可变速率的传输业务。异步传输模式是一种用固定数据报的大小以提高传输效率的传输方法。数据可以是实时视频、高质量的语音、图像等。ATM 局域网是指以 ATM 为基本结构的局域网。

（2）ATM 的基本特征

①ATM 主要包括以下几种基本技术：采用光纤作为网络的传输介质；采用同步数字体系（SDH）作为传输网络；采用异步传输模式作为交换技术。

②ATM 的基本信息特征：信息的传输、复用和交换的长度都是 53 个字节为基本单位的"信元（Cell）"。

五、TCP/IP 网络协议

TCP/IP 即传输控制协议/网际协议，当初是为美国国防部高级研究计划署（ARPA）网络设计的，一般称为 ARPANET。

TCP 对应于 OSI 参考模型中的传输层，IP 对应于网络层。

1. TCP/IP 协议的作用

TCP/IP 是一个协议集，目前已包含了 100 多个协议。TCP 和 IP 是其中的两个协议。通常用 TCP/IP 来代表整个 Internet 协议集。

2. TCP/IP 协议的分层模式

TCP/IP 可分为 4 层：网络接口层、网际层（IP 层）、传输层和应用层。

3. TCP/IP 核心协议

（1）网际层协议

网际层协议属于 TCP/IP 模型的网络互联层，其基本任务通过互联网传输数据报、提供关于数据应如何传输以及传输到何处的信息，各个数据间是相互独立的。IP 层协议包括网际协议（IP）、网际控制报文协议（ICMP）、地址解析协议（ARP）和逆向地址解析协议（RARP）。

（2）传输层协议

传输层协议 TCP 工作在 TCP/IP 协议群中的传输层，是一种面向连接的子协议。

（3）应用层协议

应用层协议包括文件传输协议（FTP）、远程登录协议（Telnet）、简单邮件传输协议（SMTP）、超文本传输协议（HTTP）、路由信息协议（RIP）、网络文件系统（NFS）、域名服务（DNS）。

同步训练

选择题

1. （　　）结构需要中央控制器或集线器。
   A. 网状拓扑　　　B. 星状拓扑　　　C. 总线型拓扑　　　D. 环状拓扑
2. 在 OSI 参考模型中，主要功能是在通信子网中实现路由选择的是（　　）。
   A. 物理层　　　B. 网络层　　　C. 表示层　　　D. 传输层
3. 在计算机网络中，允许计算机通信的语言称为（　　）。
   A. 协议　　　B. 寻址　　　C. 轮询　　　D. 对话
4. Internet 采用的通信协议是（　　）。
   A. FTP　　　B. SPX/IPX　　　C. TCP/IP　　　D. WWW
5. 属于 TCP/IP 层中应用层协议的是（　　）。
   A. IP 协议　　　B. ICMP 协议　　　C. FTP 协议　　　D. UDP 协议

第 4 节　网络传输介质

一、各种传输介质的性能

传输介质是信息的物理通道，提供可靠的物理通道是信息能够正确、快速传递的前提。

1. 传输介质特性与性能指标

传输介质是通信中实际传送信息的载体。

2. 同轴电缆

同轴电缆是网络中应用十分广泛的传输介质之一。

3. 双绞线

双绞线是目前计算机网络中最常用的传输介质。

①物理特性：双绞线由按规则螺旋排列的 2 根、4 根或 8 根绝缘体组成，一对线可以作为一条通信线路，各个线对螺旋排列的目的是使各线之间的电磁干扰最小。

②传输特性：有限距离内达 10~100 Mb/s，短距离可达 100~155 Mb/s。

③连通性：双绞线可以用于点到点连接。

④地理范围：双绞线既可以用于远程中继线时，最大距离可达 15 km；也用于 100 Mb/s 以太网时，与集线器的距离最大为 100 m。

⑤抗干扰性：双绞线的抗干扰性取决于线对的扭曲长度和适当的屏蔽。

⑥价格：在所有传输介质中，双绞线的价格最低，并且安装、维护方便。

4. 光缆

光缆作为新型的传输介质，其主要特性如下。

①物理特性：光缆是一种直径为 50~100 μm 的柔软、能传导光信号的传播介质，主要材料有石英、多分组玻璃纤维、塑料等。

②传输特性：光纤通过内部的全反射来传输经过编码的光信号，传输速率可达几千 Mb/s。

③连通性：光纤的连接方法是点到点方式。

④地理范围：光纤信号衰减极小，它可以在 6.8 km 的距离内实现高速率的数据传输。

⑤抗干扰性：光纤不受外界电磁干扰与噪声的影响，能在长距离、高速率的传输中保持极低的误码率。

⑥价格：目前在所有传输介质中，其价格是最高的。

5. 无线传播介质

最常用的无线传输介质有无线电波、微波和红外线。

几种传输介质的性能比较参见表 7-1。

表 7-1　几种传输介质的性能

性能	同轴电缆（基带）	同轴电缆（宽带）	双绞线	光缆	微波
距离	<2.5km	<100km	<300m	<300km	无限制
宽带	<100MHz	<300MHz	<6MHz	<300GHz	400~500MHz
抗强电干扰	高	高	较差	极高	差
安装	容易	容易	容易	较难	容易
保密性	好	好	一般	极好	差
受噪声影响	较不敏感	较不敏感	敏感	不敏感	一般
价格	较便宜	中等	便宜	较贵	中等

二、光纤的应用

1. 光纤的传输原理和种类

光纤为光导纤维的简称，由直径大约为 0.1mm 的细玻璃丝构成。

光纤传输原理：光纤通过内部的反射来传输一束经过编码的光信号。

光纤通信系统是以光波为载体、光导纤维为传输介质的通信方式，起主导作用的是光源、光纤、光发送机和光接收机。

2. 光纤连接

光纤连接器的主要部件（STLL 连接器和 SC 连接器）有连接器体、套管、缓冲器光纤缆支撑器、扩展器、保护帽。

同步训练

选择题

1. 铜缆的衰减值,随着( )而减小。
   A. 所有频率的增加 B. 温度提高
   C. 线缆长度增加   D. 线缆直径增加
2. 在以下几种传输介质中价格最低的是( )。
   A. 双绞线   B. 基带同轴电缆   C. 宽带同轴电缆   D. 光纤
3. 在以下几种传输介质中,连通性最差的是( )。
   A. 双绞线   B. 基带同轴电缆   C. 宽带同轴电缆   D. 光纤
4. UTP 是( )。
   A. 双绞线   B. 屏蔽型双绞线
   C. 非屏蔽型双绞线   D. 无线介质
5. 根据 TIA/EIA-T568-A 标准,从 RJ-45 插座到终端设备的双绞线长度一般不要超过( )m。
   A. 10   B. 30   C. 80   D. 100

第5节 计算机网络设备

一、网卡的功能

1. 网卡的类型

(1)按总线型的类型分类

网卡按总线型的类型可分为 ISA 总线型网卡、PCI 总线型网卡、PCMCIA 总线型网卡、USB 网络适配器。

(2)按网络类型分类

网卡按网络类型可分为以太网卡、令牌环网卡、ATM 网卡。

(3)按网卡的连接头分类

网卡按网卡的连接头可分为 BNC 连接头、RJ-45 连接头、AUI 连接头、无线网卡、光纤网卡。

(4)按传输速率分类

网卡按传输速率可分为 10 Mb/s 网卡、100 Mb/s 网卡、1000 Mb/s 网卡以及 10/100 Mb/s 自适应器、10/100/1000 Mb/s 自适应网卡。

2. 网卡硬件的安装

在确认机箱电源在关闭的状态下,将网卡插入机箱的空闲的 PCI 扩展槽中,然后把机箱盖合上,再把网线插入网卡的 RJ-45 接口中。

二、集线器

1. 集线器的功能

集线器是局域网中重要的部件之一，网络中的计算机都要与之相连。集线器平时习惯称为"HUB"，是双绞线网络中将双绞线集中到一起以实现联网的物理层网络设备。集线器对信号有整形放大作用，其实质是一个多端口的中继器。

2. 集线器的分类

(1) 按端口数量分类

按端口数量划分，集线器可分为 5 口、8 口、12 口、16 口、24 口、48 口等，最常用的是 24 口集线器。

(2) 按可管理性分类

按可管理性划分，集线器可分为不可网管集线器(俗称哑集线器)和可网管集线器(也称智能集线器)。可网管集线器带有一个管理模块，支持 SMTP 网络管理协议，可以向网络管理软件报告集线器运行状态，也可以接受网络管理软件的指令，打开或关闭某些端口，或者自动屏蔽有故障的端口。

(3) 按扩展能力分类

按扩展能力划分，集线器可分为独立集线器、堆叠式集线器。

(4) 按带宽分类

按带宽划分，集线器可分为 10 Mbps、100 Mbps、10/100 Mbps、100/1 000 Mbps 自适应集线器。

3. 集线器的连接

(1) 集线器常见端口

集线器通常都提供 3 种类型的端口，即 RJ-45 端口、BNC 端口和 AUI 端口。

RJ-45 端口：适用于由双绞线构建的网络，利用集线器 RJ-45 端口即可直接连接计算机、网络打印机等终端设备。

BNC 端口：用于与细同轴电缆连接的端口。

AUI 端口：用于连接粗同轴电缆的 AUI 接头。

集线器堆叠端口：只有堆叠式集线器才有这种端口，用来连接两个堆叠式集线器的，有两个外观类似的端口，一个标注为"UP"，另一个标注为"DOWN"。

(2) 集线器的堆叠和级联

集线器的堆叠：指将若干集线器用电缆通过堆叠端口连接起来，用一条专用连接电缆分别连接 UP 和 DOWN 端口。

级联：指使用集线器普通的或特定的端口来进行集线器之间的连接，普通端口(常用端口，RJ-45 端口)、特殊端口(集线器为级联专门设计的一种，一般标有"UPLink"字样)。

三、交换机

1. 网桥的作用与交换机的出现

网桥也称为桥接器，是连接两个局域网的存储转发设备。网桥是数据链路层的连接设备。以 10 Mbps 设备为例。集线器是共享 10 Mbps 带宽，而多口网桥的每一个端口都独享 10 Mbps 带宽。

2. 交换技术

（1）端口交换

端口交换用于将以太模块的端口在背板的多个网段之间进行分配、平衡。

（2）帧交换

帧交换通过对传统传输介质进行微分段，提供并行传送的机制，以减小冲突域，获得较高的带宽。

①直通交换：对于每个要发送的帧，交换机只读出前14B（目的地址），便将网络帧传送到相应端口上。

②存储转发：首先完整地接收发送帧，并先进行差错检测，若接收帧是正确的，则根据帧目的地址确定输出端口号，再转发出去。

（3）信元交换

ATM采用对网络帧进行分解，将帧分解成固定长度53B的信元，由于长度固定，因此便于用于硬件实现。

3. 局域网交换机的种类

交换机又称为网络开关，是专门设计的一种使计算机能够相互高速通信的独享宽带的网络设备。

（1）按传输介质和传输速率划分

按传输介质和传输速率，交换机可分为以太网交换机、千兆以太网交换机、FDDI 交换机、ATM 交换机和令牌环交换机等多种。

（2）按应用领域划分

按应用领域，交换机可分为工作组交换机、部门级交换机、企业级交换机。

四、路由器

路由器是网络层的中继系统，是一种可以在速度不同的网络间和不同媒体之间转换数据的，基于在网络层协议上保持信息、管理局域网至局域网的通信，适用在运行多种网络协议的大型网络中使用的互联设备。

1. 路由器的功能

路由器是一种用于路由选择的专用设备。路由器的主要功能为路径选择、数据转发（又称为交换）和数据过滤。

2. 路由选择

路由器一般有多个网络接口，包括局域网的网络接口和广域网的网络接口。路由选择就是从这些路径中寻找一条将数据包从源主机发送到目的主机的最佳传输路径的过程。

3. 路由协议

路径选择是根据路由器中的路由表来进行的。路由表中定义了从该路由器到目的主机的下一个路由器的路径。路由协议是指路由选择协议，是实现路由选择算法的协议，网络互联中常用的路由协议有 RIP（路由选择信息协议）、OSPF（开放式最短路径优先协议）、IGRP（内部网关路由协议）等。

静态路由：由系统管理员事先设置好固定的路由。

动态路由：路由器根据网络系统的运行情况而自动调整的路由。

4. 路由器的数据转发

Internet 用户使用的各种信息服务，其信息传送均以 IP 包为单位进行，IP 包除了包括要传送的数据信息，还包含要传送的目的 IP 地址、发送信息的源主机 IP 地址及一些相关的控制信息。

5. 路由器的种类

（1）按支持网络协议的能力分类

从支持网络协议能力的角度，可把路由器分为单协议路由器和多协议路由器。单协议路由器只能用于特定的网络协议环境。多协议路由器可支持当前流行的多种网络协议。

（2）按工作位置分类

从工作位置来考虑，路由器可分为访问路由器和边界路由器。访问路由器主要用来连接远程节点或工作组进入主干网。

（3）按连接规模的能力分类

从连接规模的能力考虑，路由器可分为区域路由器、企业路由器和园区路由器等。

五、其他网络设备简介

1. 调制解调器

调制解调器用于模拟信号和数字信号的转换。调制解调器由发送、接收、控制、接口、操纵面板及电源等组成。

调制解调器的分类如下。

（1）外置式 Modem

通过 RS-232 串口线与计算机的串行口连接，典型的外置式的 Modem 有一个 RS-232 接口，用来与计算机的 RS-232 串口相连，标有"Line"的接口接电话线，标有"Phone"的接口接电话机。除此之外，它还带有一个变压器，为其提供直流电源。

（2）内置式 Modem

内置式 Modem 就是一块像声卡、显卡一样安装于计算机主板扩展槽上的板卡。

（3）USB Modem

USB Modem 集合了内置式 Modem 和外置式 Modem 的优点于一身，由于它是 USB 接口的，因此不用担心计算机的扩展能力（USB 接口允许最多串接 127 个设备）。

（4）PCMCIA 接口的 Modem

与 Cable Modem 相比，ADSL 技术也具有相当大的优势。Cable Modem 的 HFC 接入方案采用分层树状结构，用户要和邻近用户分享有限的带宽，而 ADSL 接入方案在网络拓扑结构上较先进，因为每个用户都有一条线路与 ADSL 局端相连，它的结构可以看成星状结构，它的数据传输带宽是由每一用户独享的。

2. 中继器

（1）中继器的作用

电信号会随着电缆长度的增加而减弱，这种现象称为衰减。信号失真将会导致接收错误信息，中继器常用于两个网络节点之间物理信号的双向转发工作。

（2）中继器的特点

它在 OSI 参考模型中的位置是最底层——物理层，只是起到一个放大信号、延伸传输介质的作用。

同步训练

选择题

1. 工作在数据链路层的网络设备是（　　）
   A. 中继器　　　　B. 集线器　　　　C. 路由器　　　　D. 网桥
2. 将服务器和工作站连接到通信介质上进行电信号的匹配，实现数据传输的部件是（　　）。
   A. 路由器　　　　B. 网卡　　　　　C. 电话线　　　　D. 中继器
3. 用于连接两个以上同类网络的网络器件是（　　）。
   A. 路由器　　　　B. 中继器　　　　C. 网关　　　　　D. 网桥
4. 某种中继设备提供传输层及传输层以上各层间的协议转换，这种中继设备是（　　）。
   A. 中继器　　　　B. 网桥　　　　　C. 网关　　　　　D. 路由器
5. 局域网与广域网之间的互联设备是（　　）。
   A. 中继器　　　　B. 网桥　　　　　C. 路由器　　　　D. 服务器

第6节　Internet 基础

Internet 的全称是 Internetwork，中文称为因特网，是集现代计算机技术、通信技术于一体的全球性计算机互联网。

一、Internet 的功能

Internet 的主要功能有电子邮件服务、文件传输、远程登录、万维网服务等。

1. 电子邮件服务

电子邮件，即 E-mail，它利用计算机的存储、转发原理，通过计算机终端和通信网络进行文字、声音、图像等信息的传递。

2. 文件传输服务

文件传输服务器允许 Internet 上的用户将一台计算机上的文件传送至另一台计算机上。Internet 上这些功能的实现是由 TCP/IP 协议簇中的文件传输协议 FTP 支持的。

3. 远程登录

远程终端协议，即 Telnet 协议。Telnet 协议是 TCP/IP 协议的一部分。Internet 中的用户远程登录是指用户使用 Telnet 命令。

4. 万维网服务

WWW 是以超文本标注语言 HTML 与超文本传输协议 HTTP 为基础的，能够提供面向 Internet 服务的、一致的用户界面的信息浏览系统。

二、Internet 的组成

1. Internet 的基本结构

Internet 是一种分层网络互联群体的结构。

主干网：Internet 的最高层，它是 Internet 的基础和支柱网层。

中间层网：由地区网络和商业用网络构建而成。

底层网：处于 Internet 的最下层，主要是由各科研究院、大学及企业的网络构成的。

2. Internet 的结构特点

（1）对用户隐藏网间连接的底层节点。

（2）不指定网络互联的拓扑结构。

（3）能通过中间网络收发数据。

（4）用户界面独立于网络，与底层网络技术和信宿机无关，只与高层协议有关。

3. ISP 提供的服务类型

提供 Internet 访问和信息服务的公司或机构，称为 Internet 服务提供商，简称 ISP，能够为用户提供与 Internet 相连所需的设备，并建立通信连接，提供信息服务。ISP 主要包括两大类：一类是提供接入服务的 IAP，另一类是提供信息服务的 ICP。

三、Internet 地址和域名服务

1. Internet 的地址管理

互联网络协议 IP 是 TCP/IP 参考模型的网络层协议。IP 的主要任务是将相互独立的多个网络互联起来，并提供用以标识网络及主机节点地址的功能及 IP 地址。

（1）IP 地址的含义

所谓 IP 地址，就是用 IP 协议标识主机所使用的地址，是 32 位的无符号二进制数，分为 4 个字节，以 X.X.X.X 表示，每个 X 为 8 位二进制数，对应的十进制数为 0~255。

IP 地址又分为网络地址和主机地址两部分。

（2）IP 地址的分类

IP 地址分为五类，即从 A 类到 E 类。

A 类、B 类和 C 类地址的网络地址字段分别为 1、2 和 3 个字节长。在网络地址字段的最前面有 1~3 位的类别比特，其数值分别规定为 0、10、110，用于标识 A、B、C 三类 IP 地址的类别。

IP 地址中的网络地址是由 Internet 网络信息中心（Network Information Center，NIC）来统一分配的，它负责分配最高级的 IP 地址，并授权给下一级的申请者，成为 Internet 网点的网络管理中心。

（3）特殊 IP 地址

①特殊用途 IP 地址含义。

网络地址	主机地址	代表含义
Net-id	0	该类 IP 地址不分配给单个主机，而是指网络本身
Net-id	1	定向广播地址（这种广播形式需要知道目标网络地址）
255.255.255.255		本地网络广播（这种广播形式无须知道目标网络地址）
0.0.0.0		本网主机
127	Host-id	回送地址，用于网络软件测试和本地计算机进程间通信

②IP 地址及域名。

IP 地址由网络地址和主机地址组成。

特殊 IP 地址：IP 地址除了可以表示主机的一个物理连接，还有几种特殊的表现形式。这些特殊 IP 地址作为保留地址，从不分配给主机使用。

①网络地址。IP 地址方案中规定网络地址由一个有效的网络号和一个全 0 的主机构成。例如，在 A 类网络中，地址 120.0.0.0 就表示该网络的网络地址。

②广播地址。当一个设备向网络上所有的设备发送数据时，就产生了广播。广播地址有别于其他的 IP 地址，通常这样的 IP 地址以全 1 结尾。

③回送地址。A 类网络地址 127.0.0.0 是一个保留地址，用于网络软件测试及本地计算机进程间的通信，这个 IP 地址称为回送地址。无论什么程序，一旦使用回送地址发送数据，协议软件就不进行任何网络传输，立即将之返回。

2. Internet 的域名服务

数字型 IP 地址的缺点是不直观、难以理解，而且让人记忆这些数字地址显然不大容易。

DNS 包含两方面内容：一是主机域名的管理，二是主机域名与 IP 地址之间的映射。

（1）DNS 的概念

主机名字管理由 Internet 的网络信息中心 NIC 集中完成。Internet 管理机构提出了一个新系统的设计思想，并于 1984 年公布，这就是域名系统 DNS。

DNS 采用了层次化、分布式、面向客户机/服务器模式的名字管理来代替原来的集中管理。

（2）DNS 域名的层次管理

每个节点都有一个独立的节点名字，根节点的名字为空。兄弟节点不许重名，而非兄弟节点可以重名，叶子节点通常用来代表主机。

（3）DNS 域名结构

通常 Internet 主机域名的一般结构为：主机名．三级域名．二级域名．顶级域名。

Internet 的顶级域名有 Internet 网络协会负责网络地址分配的委员会进行登记和管理，它还为 Internet 的每台主机分配唯一的 IP 地址。

顶级域名有两种主要模式：组织模式和地域模式。"cn"代表中国，"ca"代表加拿大。

域名	含义	域名	含义
com	商业机构	org	非商业组织
edu	教育机构	arpa	临时 arpanet 域（未用）
gov	政府部门	int	国际组织
mil	军事部门	county code	国家
net	主要网络支持中心		

3. 中国的域名体系

中国在国际互联网络信息中心（InterNIC）正式注册并运行的顶级域名是"cn"。

中国互联网络的二级域名分为"类别域名"和"行政域名"两类。

域名	含义	域名	含义
.ac.cn	科研院所及科技管理部门	.net.cn	主要网络支持中心
.gov.cn	国家政府部门	.com.cn	商业组织
.org.cn	社会组织及民间非营利性组织	.edu.cn	教育机构
"行政域名"是横向域名			

主机域名的三级域名一般代表主机所在的域名组织。

同步训练

选择题

1. www.gov.cn 是 Internet 上一个典型的域名,它表示的是( )。
   A. 政府部门　　B. 教育机构　　C. 商业组织　　D. 单位或个人
2. 关于 IP 地址和域名,以下描述不正确的是( )。
   A. Internet 上任何一台主机的 IP 地址在全世界是唯一的
   B. IP 地址和域名一一对应,由 DNS 服务器进行解析
   C. 人们大多用域名在 Internet 上访问一台主机,因为这样速度比用 IP 地址快
   D. InterNIC 是负责域名管理的世界性组织
3. 下面 IP 地址中属于 B 类地址的是( )。
   A. 10.1.168.9　　　　　　　　B. 191.168.0.1
   C. 192.168.0.1　　　　　　　 D. 202.103.0.1
4. 下面( )是有效的 IP 地址。
   A. 202.208.130.45　　　　　　B. 130.192.290.45
   C. 192.202.130　　　　　　　 D. 280.192.33.45
5. 在顶层域名中,com 域内的网址一般表示( )。
   A. 网络机构　　B. 教育机构　　C. 军事机构　　D. 商业机构

第7节　网络安全与网络常用命令

一、网络病毒的防范

随着 Internet 的发展,网络安全技术也在与网络攻击的对抗中不断发展,主要的网络安全技术及实现方法有以下几种。

(1) 数据加密技术

数据加密技术是最基本的网络安全技术,被誉为信息安全的核心,最初主要用于保证数据在存储和传输过程中的保密性。

(2) 防火墙技术

防火墙系统是一种网络安全部件,它可以是硬件,也可以是软件,还可以是硬件和软件的结合,这种安全部件处于被保护网络和其他网络的边界,接收进出被保护网络的数据流,并根据防火墙所配置的访问控制策略进行过滤或做出其他操作,防火墙系统不仅能够保护网络资源不受外部的侵入,而且还能够拦截从被保护网络向外传送有价值的信息。

(3) 网络安全扫描技术

网络安全扫描技术是为使系统管理员能够及时了解系统中存在的安全漏洞,并采取相应防范措施,从而降低系统的安全风险而发展起来的一种安全技术。

(4) 认证技术

认证技术主要解决网络通信过程中通信双方的身份认可。认证过程通常涉及加密和密钥交换。通常加密可使用对称加密、不对称加密及两种加密方法的混合。

二、防火墙

1. 防火墙的概念

防火墙是设置在被保护网络和外部网络之间的一道屏障，以防止发生不可预测的、潜在破坏性的侵入。在逻辑上，防火墙是一个分离器，一个限制器，也是一个分析器，有效地监控了内部网络和Internet之间的任何活动，保证了内部网络的安全。

2. 防火墙技术

数据包过滤技术是在网络层对数据包进行选择，选择的依据是系统内设置的过滤逻辑，被称为访问控制表。

①数据包过滤防火墙的缺点：一是非法访问一旦突破防火墙，即可对主机上的软件和配置漏洞进行攻击；二是数据包的源地址、目的地址及IP的端口号都在数据包的头部，很有可能被窃听或假冒。

②应用级网关是在网络应用层上建立协议过滤和转发功能。数据包过滤和应用网关防火墙有一个共同的特点，就是它们仅仅依靠特定的逻辑判定是否允许数据包通过。

③代理服务也称为链路级网关或TCP通道，也有人将它归于应用级网关一类。它是针对数据包过滤和应用级网关技术存在缺点而引入的防火墙技术，其特点是将所有跨越防火墙的网络通信链路分为两段。

3. 防火墙的分类

①软件防火墙：需要在计算机上安装并做好配置后方可使用。
②硬件防火墙：由计算机硬件、通用操作系统和防火墙软件组成。
③专用防火墙：采用特别优化设计的硬件体系结构，使用专用的操作系统。

三、网络常用测试命令

（1）IP测试工具ping

使用ping命令可以向计算机发送ICMP（Internet控制消息协议）数据包并监听回应数据包的返回，以检验与其他计算机的连接。

ping命令使用的格式：

ping[-参数1] [-参数2][…]目的地址

其中，目的地址是指被测试的计算机的IP地址或域名。

ping命令可以在"开始"→"运行"中执行，也可以在MS-DOS方式下执行。

测试本机的网卡是否正确安装的常用命令是ping 127.0.0.1。

ping工具在Internet中也经常用来验证本地计算机和网络主机之间的路由是否存在。

（2）测试TCP/IP协议配置工具ipconfig

使用ipconfig可以运行Windows且启用了DHCP的客户机上查看和修改网络中的TCP/IP协议的有关配置，如IP地址、子网掩码、网关等。ipconfig对网络侦探非常有用，尤其是当使用DHCP服务时，可以检查、释放或续订客户机的租约。

ipconfig的命令格式：

ipconfig[/参数1][参数2][…]

若不带参数。可获得的信息有IP地址、子网掩码、默认网关。

ipconfig命令的参数的作用可在MS-DOS提示符下用"ipconfig/?"来查看，常用的两个参数如下。

①all：如果使用该参数，执行 ipconfig 命令将显示与 TCP/IP 协议有关的所有细节，包括主机名、DNS 服务器、节点类型、是否启用 IP 路由、网卡的物理地址、主机的 IP 地址、子网掩码及默认网关等。

②release 和 renew：这两个选项只能在向 DHCP 服务器租用其 IP 地址的计算机上起作用。如果输入"ipconfig/release"，立即释放主机的当前 DHCP 配置。如果用户输入"ipconfig/renew"，则使用 DHCP 的计算机上的所有网卡都尽量连接到 DHCP 服务器，更新现有配置或获得新配置。

（3）网络协议统计工具 netstat 和 nbtstat

①netstat。

使用 netstat 命令可以显示与 IP、TCP、UDP 和 ICMP 的协议相关的统计信息以及当前的连接情况（包括采用的协议类型、本地计算机与网络主机的 IP 地址及它们之间的连接状态等）。

netstat 命令的语法格式：

netstat[-参数 1][-参数 2][…]

②nbtstat。

nbtstat 是解决 netBIOS 名称解析问题的有用工具，可以使用 nbtstat 命令删除或更正预加载的项目。

nbtstat 命令的语法格式：

nbtstat[-参数 1][-参数 2][…]

（4）跟踪工具 tracert 和 pathping

①tracert。

tracert 命令用来显示数据包到达目标主机所经过的路径，并显示到达每个节点的时间。

tracert 命令的语法格式：

tracert[-参数 1][-参数 2][…]

②pathping。

pathping 命令是一个路由跟踪工具，它将 ping 和 tracert 命令的功能与这两个工具所不提供的其他信息结合起来。pathping 命令在一段时间内将数据包发送到达最终目标的路径上的每个路由器，然后基于数据包的计算结果从每个跃点返回。由于命令显示数据包在任何给定路由器或链接上丢失的程度，因此可以很容易地确定可能导致网络问题的路由器或链接。

pathping 命令的语法格式：

pathping[-参数 1][-参数 2][…]目的主机名

同步训练

选择题

1. 在 Windows 的 DOS 窗口中输入"ipoconfig/?"命令，其作用是（　　）。
   A. 显示所有网卡的 TCP/IP 配置信息
   B. 显示 ipoconfig 相关帮助信息
   C. 更新网卡的 DHCP 配置
   D. 刷新客户端 DNS 缓存的内容

2. 在 Windows 操作系统中，采用（　　）命令不能显示本机网关地址。
   A. tracert　　　　B. ipconfig　　　　C. nslookup　　　　D. arp

3. 在 Windows 的"运行"窗口中输入( )命令来运行 Microsoft 管理控制台。
A. CMD　　　　　B. MMC　　　　　C. AUTOEXE　　　　D. TTY

4. 在 Windows 的 cmd 命令窗口输入( )命令，可以查看本机路由信息。
A. ipconfig/renew　　B. ping　　　　C. netstat -r　　　D. nslookup

5. 在检测网络故障时使用的 ping 命令是基于( )协议实现的。
A. ANMP　　　　B. RIP　　　　　C. IGMP　　　　　D. ICMP

第8节　家庭网络的组建

家庭网络，也称为 SOHO(Small Office and Home Office)，就是将家庭网络中的多台计算机（一般为 2~10 台）连接起来组成的小型局域网。

组建家庭网络的硬件设备主要有网卡、交换机和网线。

交换机的选择需要考虑传输速率和端口数量，家庭常见的传输速率有 10 Mb/s、100 Mb/s、1000 Mb/s 等，端口数有 8 口、16 口等，推荐使用 100 Mb/s 交换机。

由于家庭网络属于对等网，每台计算机都处于平等的地位，因此每台计算机的配置基本相同。

1. 利用无线路由器组建无线家庭网络

（1）硬件连接

无线路由器与上网设备的连接。

将无线路由器的 WAN 口与 ADSL 的输出口或小区宽带 RJ-45 网络接口之间用一根 RJ-45 双头网线相连。

（2）设置计算机

将台式机和笔记本电脑的 TCP\IP 协议设置成"自动获取 IP 地址"和"自动获得 DNS 服务器地址"。

（3）设置路由器

2. 家庭网络的典型应用

①文件与打印共享。

②共享访问 Internet。

③数据集中备份。

④游戏娱乐。

同步训练

选择题

1. 把计算机网络分为有线网和无线网的分类依据是( )。
A. 地理位置　　B. 传输介质　　　C. 拓扑结构　　　D. 成本价格

2. 在 10Base-T 网络中，其传输介质为( )。
A. 细缆　　　　B. 粗缆　　　　　C. 微波　　　　　D. 双绞线

第9节　中小型办公局域网的组建方案

中小型企业办公局域网的组网方案如下。
①工作站与集线器之间的距离也不能超过 100 m。
②如果希望通过级联扩充集线器端口，只允许对两个 100Mbps Hub 进行级联，并且两个 Hub 之间的连接长度不能超过 5 m。Hub 有两种级联方式。若 Hub 本身带级联口，则两个 Hub 间用正常双绞线连接；若 Hub 无级联口，可用级联线连接两个 Hub 的任意两端口。

同步训练

选择题

1. 网络中所连接的计算机在 10 台以内时，多采用(　　)。
   A. 对等网　　　　　　　　　　B. 基于服务器的网络
   C. 点对点网络　　　　　　　　D. 小型 LAN
2. 局域网和广域网相比最显著的区别是(　　)。
   A. 前者网络传输速率快　　　　B. 后者吞吐量大
   C. 前者传输范围小　　　　　　D. 后者可以传输的数据类型多于前者
3. "覆盖 50 km 左右，传输速度较快"，上述特征所属的网络类型是(　　)。
   A. 广域网　　　B. 局域网　　　C. 互联网　　　D. 城域网

跟踪训练

一、选择题

1. 以下不属于软件防火墙的是(　　)。
   A. 流氓软件克星　　B. 天网防火墙　　C. 金山网镖　　D. 瑞星个人防火墙
2. 主机的 IP 地址和主机的域名的关系是(　　)。
   A. 两者完全是一回事　　　　　B. 一一对应
   C. 一个 IP 地址对多个域名　　D. 一个域名对多个 IP 地址
3. 无线局域网共享上网需要的设备主要有(　　)。
   A. 包括无线网卡、无线 AP 或无线路由器
   B. 包括无线网卡和网线
   C. 包括无线网卡和交换机
   D. 包括 USB 蓝牙适配器
4. 在计算机网络中，(　　)主要用来将不同类型的网络连接起来。
   A. 网卡　　　　B. 路由器　　　C. 调制解调器　　D. 电话机
5. 路由器工作于 ISO/OSI 参考模型的(　　)。
   A. 数据链路层　B. 物理层　　　C. 网络层　　　　D. 会话层

6. 下面不属于计算机网络功能的是(   )。
   A. 资源共享   B. 分布处理   C. 数据通信   D. 数据分析
7. 按照计算机网络的(   )划分,可以将计算机网络划分为总线型、环状和星状。
   A. 通信能力   B. 拓扑结构   C. 地域范围   D. 使用功能
8. 在星状网络中,常见的中央节点是(   )。
   A. 路由器   B. 交换机   C. 网络适配器   D. 调制解调器
9. 将网络的各个节点通过中继器连接成一个闭合环路的拓扑结构是(   )。
   A. 总线型   B. 星状   C. 网状   D. 环状
10. 下列选项中,合法的 IP 地址是(   )。
    A. 210.2.233   B. 115.123.20.256
    C. 101.3.305.77   D. 202.38.64.4
11. 在 10Base-T 网络中,其介质为(   )。
    A. 细缆   B. 粗缆   C. 微波   D. 双绞线
12. 100Base-T 中的"Base"的含义是(   )。
    A. 基础传输   B. 基带传输   C. 宽带传输   D. 窄带传输
13. 常见的 HTTP 协议、DNS 协议工作于 TCP/IP 模型的(   )层。
    A. 网络接口   B. 网络   C. 传输   D. 应用
14. 目前广泛使用的 IP 版本为 IPv4,根据 TCP/IP 协议,它是由(   )位二进制数组成的。
    A. 8   B. 16   C. 32   D. 64
15. 一般来说,TCP/IP 的 IP 提供的服务是(   )。
    A. 传输层服务   B. 网络层服务   C. 表示层服务   D. 会话层服务
16. 数据链路层中的数据块常被称为(   )。
    A. 信息   B. 分组   C. 比特流   D. 帧
17. 在下列传输介质中,使用 RJ-45 水晶头作为连接器的是(   )。
    A. 双绞线   B. 同轴电缆   C. 光纤   D. 无线介质
18. 网卡是计算机与(   )相连的设备。
    A. 接口   B. 计算机   C. 网络设备   D. 传输介质
19. 网卡工作于 ISO/OSI 参考模型的(   )。
    A. 物理层   B. 网络层   C. 传输层   D. 数据链路层
20. 在计算机网络中选择最佳路由的网络连接设备是(   )。
    A. 路由器   B. 交换机   C. 网卡   D. 集线器
21. 以下电子邮件格式正确的是(   )。
    A. Yu-li.mail.hf.ah.cn@   B. Mail.hf.ah.cn@yu-li
    C. @yu-li.mail   D. yu-li@mail.hf.ah.cn
22. 如果电子邮件到达时,用户的计算机没有开机,那么电子邮件将(   )。
    A. 退回给发信人   B. 保存在 ISP 的邮件服务器上
    C. 过一会对方再重新分送   D. 丢失
23. 如果用户希望将一个邮件转发给另外一个人,应使用 Outlook 2010 工具栏中的(   )按钮。
    A. 新邮件   B. 回复作者   C. 全部回复   D. 转发

24. 使用迅雷软件可以进行以下工作(　　)。
　　A. 收发邮件　　　　B. 即时聊天　　　　C. 下载资源　　　　D. 建立博客
25. QQ群主要用来(　　)。
　　A. 备份文件　　　　B. 多人交流　　　　C. 下载资源　　　　D. 建立博客
26. (　　)结构需要中央控制器或集线器。
　　A. 网状拓扑　　　　B. 星状拓扑　　　　C. 总线拓扑　　　　D. 环状拓扑
27. (　　)适合应用于距离短且传输速度要求较高的场合。
　　A. 并行传输　　　　B. 串行传输　　　　C. 并串行传输　　　D. 分时传输
28. 如果没有数据发送，发送方可连续发送停止码。这种通信方式称为(　　)。
　　A. 异步传输　　　　B. 块传输　　　　　C. 同步传输　　　　D. 并行传输
29. 在数据传输期间，源节点与目的节点之间有一条利用若干中间节点构成的专用物理连接线路，直到传输结束，这种交换方式为(　　)方式。
　　A. 数据报　　　　　B. 报文交换　　　　C. 虚电路交换　　　D. 电路交换
30. 控制载波相位的调制技术是(　　)。
　　A. PSK　　　　　　B. ASK　　　　　　C. FSK　　　　　　D. FTM
31. 在Windows操作系统中，下列命令中可以显示本地网卡中的物理地址(MAC)的是(　　)。
　　A. ipconfig　　　　　　　　　　　　　B. ipconfig/all
　　C. ipconfig/release　　　　　　　　　 D. ipconfig/renew
32. 用户访问某Web网站，浏览器上显示"HTTP-404"错误，则故障原因是(　　)。
　　A. 默认路由器配置不当　　　　　　　 B. 所请求当前页面不存在
　　C. Web服务器内部出错　　　　　　　 D. 用户无权访问
33. 网络用户能进行QQ聊天，但在浏览器地址栏中输入www.ceiaec.org却不能正常访问该网页，此时管理员应检查(　　)。
　　A. 网络物理连接是否正常　　　　　　 B. DNS服务器是否正常运行
　　C. 默认网关设置是否正确　　　　　　 D. IP地址设置是否正确
34. 在收到电子邮件时，有时显示乱码，其原因可能是(　　)。
　　A. 图形图像信息与文字信息干扰　　　 B. 声音信息与文字信息的干扰
　　C. 电子邮件地址出错　　　　　　　　 D. 汉字编码的不统一
35. 在TCP/IP协议中，负责将计算机的物理地址变换为因特网地址的协议是(　　)。
　　A. ICMP　　　　　　B. ARP　　　　　　C. PPP　　　　　　D. RARP
36. 中继器工作于ISO/OSI参考模型的(　　)。
　　A. 数据链路层　　　B. 物理层　　　　　C. 网络层　　　　　D. 会话层
37. 在IP地址分类中，192.168.0.1属于(　　)。
　　A. A类　　　　　　B. B类　　　　　　C. C类　　　　　　D. D类
38. Windows Server 2008中的(　　)服务可以为网络中的主机分配动态IP地址。
　　A. Internet　　　　 B. DNS　　　　　　C. Wins　　　　　　D. DHCP
39. 浏览器与WWW服务器之间传输信息时使用的协议是(　　)。
　　A. http　　　　　　B. html　　　　　　C. ftp　　　　　　　D. snmp
40. IIS安装完成后默认的FTP站点的根目录是Inetpub目录下的(　　)文件夹。
　　A. mailroot　　　　B. wwwroot　　　　C. scripts　　　　　D. ftproot

41. 在选择互联网接入方式时可以不考虑( )。
    A. 用户对网络接入速度的要求
    B. 用户所能承受的接入费用和代价
    C. 接入计算机或计算机网络与互联网之间的距离
    D. 互联网上主机运行的操作系统类型
42. ADSL 通常使用( )。
    A. 电话线路进行信号传输   B. ATM 网进行信号传输
    C. DDN 网进行信号传输   D. 有线电视网进行信号传输
43. 计算机通过 CATV 网络与互联网相连可以利用( )。
    A. MODEM   B. CableMODEM   C. ISDN   D. 电话线
44. 属于移动无线接入技术的是( )。
    A. GPRS   B. FTTD   C. ADSL   D. DDN
45. 在 WWW 服务系统中，HTTP 使用的端口号默认为( )。
    A. 20   B. 80   C. 800   D. 8080
46. 通过"开始"→"运行"，打开"运行"对话框，输入( )，可以查看到系统版本为 Windows Server 2008。
    A. srevices.msc   B. winver.exe   C. te1net   D. edit
47. 只有是本地计算机中( )组的成员时，才能执行 Windows Server 2008 的自动更新。
    A. Guest   B. User   C. Administrators   D. Power users
48. 电子邮件传送的文件可以是( )。
    A. 文本   B. 图片   C. 声音   D. 以上都可
49. 客户/服务器模式的英文写法是( )。
    A. Slave/Master   B. Client/Server   C. Guest/Master   D. Slave/Server
50. 实现虚拟局域网的核心设备是( )。
    A. 集线器   B. 核心交换机   C. 服务器   D. 路由器

二、填空题

1. 在模拟通信中，常使用_____和_____来描述通信信道传输能力与数据信号对载波的调制速率。
2. 在模拟信道中，常用带宽表示信道传输信息的能力，带宽即传输信息的_____与_____之差。
3. 在数字信道中，比特率是数字信号的传输速率，它用单位时间内传输的二进制代码的_____来表示，其单位为"比特每秒(b/s)"。
4. Internet 上有许多 FTP 服务器允许用户以"_____"为用户名并以电子邮件为口令进行连接，也称为_____。
5. Modem 是_____与_____的简称，中文称为调制解调器。也有人根据 Modem 的谐音，称为"_____"。
6. Modem 的主要功能是的_____，通过 Modem 可利用电话线实现计算机之间的通信。
7. WWW 服务是_____的英文缩写。
8. 网络协议主要由_____、_____、_____3 个要素组成。
9. TCP/IP 将网络分为_____、_____、_____、_____4 层。
10. IP 地址包括_____和_____两部分，可分为_____类，常用的为 3 类。

三、判断题

1. 所有的帧都必须以标志字段开头和结尾。(   )
2. 如果要实现双向同时通信就必须要有两条数据传输线路。(   )
3. 网桥是一种存储转发设备，用来连接类型相似的局域网。(   )
4. 中国的二级域名 net.cn 是社会组织及民间非营利性组织。(   )
5. HTTP 的含义是文件传输协议。(   )
6. 执行 ipconfig/release 命令，立即释放主机的当前 DHCP 配置。(   )
7. ISDN 的中文名称为综合业务数字网。(   )
8. 以集线器为中心的星状拓扑结构是局域网的主要拓扑结构之一。(   )
9. 网络中通常使用电路交换、报文交换和分组交换技术。(   )
10. 网桥是属于 OSI 参考模型中网络层的互联设备。(   )

四、简答题

1. 什么是 OSI？OSI 各层之间有什么区别与联系？

2. 什么是以太网？

3. 简述 DHCP 的工作过程。

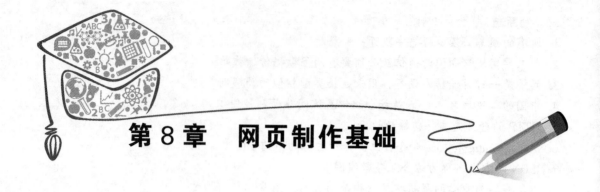

第 8 章　网页制作基础

学习目标

必考部分

1. 掌握<head>、<html>、<title>等标签的使用。
2. 掌握超链接的使用。
3. 掌握表格标签的使用。
4. 掌握框架的使用。
5. 掌握表单的使用。
6. 掌握多媒体网页效果的使用。
7. 掌握 CSS 基础知识。
8. 根据实际需求，设计、建设和管理小型网站。

选考部分

1. 根据用户需求，进行中小型网站的规划设计。
2. 根据规划设计，进行 IIS 设置，新建、编辑网站。
3. 应用 HTML 语言进行网站主页及简单二级页面的制作。

知识梳理

第 1 节　网页设计基础

1. HTML 基础知识

HTML(Hyper Text Markup Language，超文本标记语言)是使用特殊标记来描述文档结构和表现形式的一种语言。可以用任何一种文本编译器来编辑 HTML 文件，因为它就是一个纯文本文件，Web 页面是由 HTML 组织起来的，由浏览器解释显示的一种文件。

HTML 网页文件可以使用记事本、写字板或 Dreamweaver 等编辑工具来编写，以 .htm 或 .html 为文件后缀名保存。将 HTML 网页文件用浏览器打开显示，若测试没有问题则可以放到服务器(Server)上，对外发布信息。每个 HTML 文件，都必须以<html>开头，以</html>结束。

2. HTML 文件基本架构

```
<html> 文件开始
<head> 标头区开始
<title>…</title> 标题区
</head> 标头区结束
<body> 本文区开始
</body> 本文区结束
</html> 文件结束
```

<html> 网页文件格式如下。
<head> 标头区：记录文件基本资料，如作者、编写时间。
<title> 标题区：文件标题须使用在标头区内，可以在浏览器最上面看到标题。
<body> 本文区：文件资料，即在浏览器上看到的网站内容。
注意事项：
通常一份 HTML 网页文件包含两个部分：<head>…</head> 标头区、<body>…</body> 本文区。<html> 和 </html> 代表网页文件格式。

同步训练

选择题

1. 在网页设计中，(　　)是所有页面中的重中之重，是一个网站的灵魂所在。
   A. 引导页　　　　B. 脚本页面　　　　C. 导航栏　　　　D. 主页面
2. 可以不用发布就能在本地计算机上浏览的页面编写语言是(　　)。
   A. ASP　　　　B. HTML　　　　C. PHP　　　　D. JSP
3. 用 HTML 标记语言编写一个简单的网页，网页最基本的结构是(　　)。
   A. <html><head>…</head><frame>…</frame></html>
   B. <html><title>…</title><body>…</body></html>
   C. <html><title>…</title><frame>…</frame></html>
   D. <html><head>…</head><body>…</body></html>
4. 主页中一般包含的基本元素有(　　)。
   A. 超级链接　　　　B. 图像　　　　C. 声音　　　　D. 表格

第 2 节　网页元素编辑

1. 基本标记

基本标记是用来定义页面属性的一些标记语言。通常一份 HTML 网页文件包含 3 个部分：标头区<head>…</head>、内容区<body>…</body>和网页区<html>…</html>。

head 部分是以标签<head>开始、以标签</head>结束的，是 HTML 文档的首要部分。head 部分所包含的元素见表 8-1。

表 8-1 head 部分所包含的元素

元 素	描 述
title	文档标题
meta	描述非 HTML 标准的一些文档信息
link	描述当前文档与其他文档之间的链接关系
base	为页面上所有链接规定默认地址或目标
script	脚本程序内容
style	样式表内容

(1)<html>…</html>

<html>标签用于 HTML 文档的最前边,用来标识 HTML 文档的开始。而</html>标签恰恰相反,它放在 HTML 文档的最后边,用来标识 HTML 文档的结束,两个标签必须一起使用。

(2)<head>…</head>

<head>和</head>构成 HTML 文档的开头部分,在此标签之间可以使用<title></title>、<script></script>等标签。这些标签都是用来描述 HTML 文档相关信息的,<head>和</head>标签之间的内容是不会在浏览器的框内显示出来的,两个标签必须一起使用。

(3)<body>…</body>

<body>和</body>是 HTML 文档的主体部分,在此标签之间可包含<p>……</p>、<h1>……</h1>、
、<hr>等众多的标签。它们所定义的文本、图像等将会在浏览器的框内显示出来。<body>标签主要属性见表 8-2。

表 8-2 <body>标签主要属性

属 性	用 途	范 例
<body bgcolor="#rrggbb">	设置背景颜色	<body bgcolor="red"> 红色背景
<body text="#rrggbb">	设置文本颜色	<body text="#0000ff">蓝色文本
<body link="#rrggbb">	设置链接颜色	<body link="blue">链接为蓝色
<body vlink="#rrggbb">	设置已使用的链接的颜色	<body vlink="#ff0000">链接为红色
<body alink="#rrggbb">	设置鼠标指向的链接的颜色	<body alink="yellow">黄色

以上各个属性可以结合使用,如<body bgcolor="red" text="#0000ff">。引号内的 rrggbb 是用 6 个十六进制数表示的 RGB(红、绿、蓝 3 色的组合)颜色,如#ff0000 对应的是红色。

(4)<title>…</title>

使用过浏览器的人可能都会注意到浏览器窗口最上边蓝色部分显示的文本信息,那些信息一般是网页的主题。要将网页的主题显示到浏览器的顶部,只要在<title></title>标签之间加入需要显示的文本即可。

下面是一个简单的网页实例。通过该实例,读者便可以了解以上各个标签在一个 HTML 文档中的布局或所使用的位置。

<html>
<head>
<title>显示在浏览器窗口最顶端中的文本</title>

```
</head>
<body bgcolor="red"text="blue">
<p>红色背景、蓝色文本</p>
</body>
</html>
```

注意：<title></title>标签只能放在<head></head>标签之间。

2. 格式标记

这里所介绍的格式标记都是用于<body></body>标签之间的。

（1）<p>…</p>

<p></p>标签是用来创建一个段落，在此标签之间加入的文本将按照段落的格式显示在浏览器上。<p>标签还可以使用 align 属性，它用来说明对齐方式，语法如下。

<p align="参数"></p>

align 的参数可以是 left（左对齐）、center（居中）和 right（右对齐）3 个值中的任何一个。例如，<p align="center"></p>表示标签中的文本使用居中对齐方式。

（2）

是一个很简单的单标记指令，它没有结束标志，因为它用来创建一个回车换行，即标记文本换行。

注意：如果把
加在<p></p>标签的外边，将创建一个大的回车换行，即
前边和后边的文本的行与行之间的距离比较大。若放在<p></p>标签的里边，则
前边和后边的文本的行与行之间的距离将比较小。

（3）<blockquote>…</blockquote>

在<blockquote></blockquote>标签之间加入的文本将会在浏览器中按两边缩进的方式显示出来。

（4）<dl>…</dl>、<dt>…</dt>、<dd>…</dd>

<dl></dl>标签用来创建一个普通的列表；<dt></dt>标签用来创建列表中的上层项目；<dd></dd>标签用来创建列表中最下层项目，<dt></dt>和<dd></dd>标签都必须放在<dl></dl>标签之间。

（5）<ol>…</ol>、<ul>…</ul>、<li>…</li>

<ol></ol>标签用来创建一个标有数字等的有序列表。<ul></ul>标签用来创建一个标有圆点等的无序列表。<li></li>标签只能在<ol></ol>或<ul></ul>标签之间使用，此标签用来创建一个列表项，若<li></li>放在<ol></ol>之间，则每个列表项加上一个数字符号或其他有序符号；若放在<ul></ul>之间，则每个列表项加上一个圆点或实心方形等无序符号。

（6）<div>…</div>

<div></div>标签用来排版较大的 HTML 段落，也用于格式化表格，此标签的用法与<p></p>标签对非常相似，同样有 align 对齐方式属性。

3. 文本标记

文本标记主要针对文本的属性设置进行标记说明，如斜体、黑体字、加下划线等。

（1）<pre>…</pre>

<pre></pre>用来对文本进行预处理操作。被<pre></pre>包含的内容将按原格式显示。

（2）<h1></h1>…<h6></h6>

HTML 语言提供了一系列对文本中的标题进行操作的标签：<h1></h1>、<h2></h2>、…、

<h6></h6>。<h1></h1>是最大的标题，而<h6></h6>则是最小的标题。如果在 HTML 文档中需要输出标题文本，可以使用这 6 对标题标签中的任何一对。

<hn>…</hn> 标题，设定标题字体大小，n = 1（大）~ 6（小）会自动跳下一行。通常用在如章节、段落等标题上。

（3）<b>…</b>、<i>…</i>、<u>…</u>

<b></b>用来使文本以黑体字的形式输出；<i></i>用来使文本以斜体字的形式输出；<u></u>用来使文本以下划线的形式输出。

（4）<tt>…</tt>、<cite>…</cite>、<em>…</em>、<strong>…</strong>

这些标签的用法和上边的一样，差别只是在于输出的文本字体不太一样而已。<tt></tt>用来输出打字机风格字体的文本；<cite></cite>用来输出引用方式的字体，通常是斜体；<em></em>用来输出需要强调的文本（通常是斜体加黑体）；<strong></strong>则用来输出加重文本（通常也是斜体加黑体）。

（5）<font>…</font>

<font></font>可以对输出文本的字体大小、颜色进行随意的改变。这些改变主要是通过对它的两个属性 size 和 color 的控制来实现的。size 属性用来改变字体的大小，它可以取值为-1、1 和 +1，也可以是其他取值；而 color 属性则用来改变文本的颜色，颜色的取值是十六进制 RGB 颜色码或 HTML 语言给定的颜色常量名。

（6）文字设置

文字设置基本代码如下。

<p align=center><font color=#0066ff face=隶书 size=5>插入文字</font></p>

align=center 表示字体居中，可选值为居右（right）居左（left）

color=颜色代码

face=字体　　常用字体为宋体、黑体、楷体、仿宋、幼圆、新宋体、细明体等

size=字体大小，这里的最大值为 7，取值越大文字就越大

同步训练

选择题

1. 关于文本对齐，源代码设置不正确的一项是（　　）。
  A. 居中对齐：<div align="middle">…</div>
  B. 居右对齐：<div align="right">…</div>
  C. 居左对齐：<div align="left">…</div>
  D. 两端对齐：<div align="justify">…</div>

2. 下面是换行符标签的是（　　）。
  A. <body>　　　　B. <font>　　　　C.
　　　　D. <p>

3. 表示标尺线的大小的 HTML 代码是（　　）。
  A. <hr size=?>　　　　　　　　B. <hr long=?>
  C. <hr height=?>　　　　　　　D. <hr space=?>

4. 为了标识一个 HTML 文件应该使用的 HTML 标记是（　　）。
  A. <p></p>　　　　　　　　　　B. <boby></body>
  C. <html></html>　　　　　　　D. <table></table>

5. 在 HTML 中，标签<font>的 Size 属性最大取值可以是(　　)。
A. 5　　　　　　B. 6　　　　　　C. 7　　　　　　D. 8

第 3 节　超链接的使用

1. link

这个元素用来指定当前文档和其他文档之间的链接关系。

语法格式：

<link rel="描述"href="URL 地址">

rel 说明两个文档之间的关系；href 说明目标文档名。

2. base

为页面上的所有链接规定默认地址或默认目标，是一种表达路径和链接网址的标签。

语法格式：

<base href="原始地址"target="目标窗口名称">

href 指定文档中链接到的所有文件默认的 URL 地址。在这里指定 href 的属性，所有的相对路径的前面都会加上 href 属性中的值。

target 指定文档中所有链接的默认打开窗口，最常见的应用是在框架(frame)中。把 Menu 框架中的链接显示到 content 框架中，就可以在 Menu 的网页中加上<base target="content">。这样，就省去了在 Menu 网页上所有链接的<a>属性都加上 target 属性了。

3. 链接的分类

外部链接——链接至网络的某个 URL 网址或文件。

内部链接——链接 HTML 文件的某个区段。

网络链接方式：//主机名称/路径/文件名称

网址，如 http://www.pconline.com.cn/

文件传输，如 ftp://ftp.pconline.com.cn/

gropher 传输，如 gropher://gropher.net.cn/

远程登录，如 telnet://bbs.net.cn/

文件下载，如 file://data/html/file.zip

net news 传输，如 news：talk.hinet.net.cn

E-mail，如 mailto：pcedu@pconline.com.cn

4. 链接标记

(1) <a href="…">…</a>

该标签的属性 href 是无论如何不可缺少的，标签之间加入需要链接的文本或图像(链接图像即加入<img src="">标签)。

href 的值可以是 URL 形式，即网址或相对路径，也可以是"mailto：" 形式，即发送 E-mail 形式。当 href 为 URL 时，语法为<a href="URL"></a>，这样就构成一个超文本链接了。

当 href 为邮件地址时，语法为<a href="mailto：EMAIL"></a>，这就创建了一个自动发送电子邮件的链接，"mailto:"后边紧跟想要自动发送的电子邮件的地址(E-mail 地址)。

此外，<a href=""></a>还具有 target 属性，此属性用来指明浏览的目标帧。

(2) <a name="…">…</a>

<a name=" "></a>标签要结合<a href=" "></a>标签使用才有效果。<a name=" "></a>标签用来在 HTML 文档中创建一个标签(做一个记号)，name 属性是不可缺少的，它的值即是标签名。例如：<a name="标签名">此处创建了一个标签</a>。

创建标签是为了在 HTML 文档中创建一些链接，以便能够找到同一文档中有标签的地方。要找到标签所在地，就必须使用<a href=" "></a>标签。

例如，要找到"标签名"这个标签，就要编写如下代码：<a href="#标签名"></a>，单击此处将使浏览器跳到"标签名"处。

注意：href 属性赋的值若是标签名，必须在标签名前边加一个"#"号。

同步训练

选择题

1. 当链接指向(　　)文件时，不打开该文件，而是提供给浏览器下载。
A. ASP　　　　　　B. HTML　　　　　　C. ZIP　　　　　　D. CGI

2. 在 HTML 中，(　　)不是链接的目标属性。
A. _self　　　　　　B. _new　　　　　　C. _blank　　　　　　D. _top

3. 在网页中，必须使用(　　)标签来完成超级链接。
A. <a>…</a>　　　　　　　　　　B. <p>…</p>
C. <link>…</link>　　　　　　　　D. <li>…</li>

4. 下列表示，正被单击的可链接文字的颜色为白色的是(　　)。
A. <body link="#ffffff">　　　　　B. <body vlink="#ffffff">
C. <body alink="#ffffff">　　　　　D. <body blink="#ffffff">

5. 以下创建 E-mail 链接的方法，正确的是(　　)。
A. <a href="master@163.com">管理员</a>
B. <a href="callto：master@163.com">管理员</a>
C. <a href="mailto：master@163.com">管理员</a>
D. <a href="Email：master@163.com">管理员</a>

第 4 节　表格的使用

1. <table>…</table>

<table></table>标签用来创建一个表格。它的属性较多，如 bgcolor、bordercolor、cellpadding 等。

相关属性：

align：调整表格位置。

bgcolor：背景颜色。

border：边框。

height：高度。

width：宽度。

2. <tr>…</tr>、<td>…</td>

<tr></tr>标签用来创建表格中的每一行，此标签只能放在<table></table>标签之间使用，而在此标签之间加入文本将是无效的。

<td></td>标签用来创建表格中一行中的每个单元，此标签只有放在<tr></tr>标签之间才是有效的。

3. <th>…</th>

<th></th>标签用来设置表格头，通常是黑体居中文字。

4. <caption>…</caption> 表格标题

相关属性：

align：表格标题的水平对齐方式。

5. 一般标签都为双标签

标签最终所显示的网页效果由各个属性来表达，属性可选择使用，不一定全部都用。

```
<table align=center background="背景图片地址"border=0 cellpadding=0 cellspacing=0 bordercolor=#0000ff width="100%">
<tbody>
<tr>
<td>
```

6. 标签的分析

<table>：表格的起始符。任意一个表格的开始都必须以它开头，且必须有终止符</table>。

cellspacing：单元格间距。当一个表格有多个单元格时，各单元格的距离就是 cellspacing 了，如果表格只有一个单元格，那么这个单元格与表格上、下、左、右边边框的距离也是 cellspacing。

width：表格的宽度。取值从 0 开始，默认以像素为单位，与显示器的分辨率的像素是一致的。

background：表格的背景图。其值为一个有效的图片地址，<td>也有此属性。

<tbody>：表体的起始符。紧跟在<table>之后，表示表体开始。必须有终止符</tbody>，放在</table>之前。

<tr>：表示表格的行，其中，t 是 table，r 是 row（行）。有多少组 tr，这张表格就有多少行。<tr>紧跟在<tbody>之后。必须有终止符</tr>。

<td>：表示表格的列，t 是 table，d 可理解为 down（向下）。有多少组 td，这张表格就有多少列。<td>紧跟在<tr>之后。终止符为</td>。td 与 tr 配合构成单元格。

cellpadding：单元格边距，指该单元格里的内容与 cellspacing 区域的距离，如果 cellspacing 为 0，则表示单元格里的内容与表格周边边框的距离。

7. 表格的标识

<table width="" border="" cellspacing="" cellpadding="" align="" valign="" background="" bgcolor="" bordercolor="" bordercolorlight="" bordercolordark="" cols="" rules="" frame="">

其中，

width=：设定表格的宽度，一般来说在这层只需要指定一个表格的宽度就可以了。这个值可以是绝对的也可以是相对的。

border=：设定表格边框的厚度，当取值为 0 时或者不用这个参数的时候，表格就不在浏览器中显示出来，但表格中的元素仍然是按表格排列。

cellspacing＝：用来设置表格的间距

cols＝""：表格栏位数目，只是让浏览器在下载表格时先画出整个表格而已。

frame＝""（above，below，void）：显示边框，参数的含义依次是只显示上边框、只显示下边框、不显示任何边框。

rules＝""（all，groups，rows，cols，none）：显示分隔线，参数的含义依次是显示所有分隔线、只显示组与组之间的分隔线、只显示行与行之间的分隔线、只显示列与列之间的分隔线、不显示任何分隔线。

建立了一个表格区，接着要把这个表格分开，那么就必须用到<tr></tr>这个标识，一般添加多少个<tr></tr>表格就会分成多少行。

同步训练

选择题

1. 如果一个表格包括有 1 行 4 列，表格的总宽度为"699"，间距为"5"，填充为"0"，边框为"3"，每列的宽度相同，那么应将单元格定制为（　　）像素宽。
  A. 126　　　　　　B. 136　　　　　　C. 147　　　　　　D. 167
2. 表格是网页中的（　　），框架是由数个（　　）组成的。
  A. 元素，帧　　B. 元素，元素　　C. 帧，元素　　D. 结构，帧
3. 要使表格的边框不显示，应设置 border 的值是（　　）。
  A. 1　　　　　　B. 0　　　　　　C. 2　　　　　　D. 3
4. 用于设置表格背景颜色的属性的是（　　）。
  A. background　　B. bgcolor　　C. bordercolor　　D. backgroundcolor
5. <body left margin＝？>，表示（　　）。
  A. 页面左边的表格大小　　　　B. 页面左边的空白大小
  C. 页面左边的可用区域大小　　D. 页面左边的可编辑区域大小

第 5 节　框架的应用

1. 建立框架

框架在网页设计中，可以将一个浏览器窗口分成多个独立的小窗口，而且在每个小窗口中，可以分别显示不同的网页，并且每个小窗口是可以相互沟通的，达到在浏览器中同时浏览不同网页效果。

2. 框架结构

框架的基本结构包括两部分，一部分是框架集，另一部分是框架，它主要是利用<frameset>标签和<frame>标签来定义的。框架集是一个文档内定义一组框架结构的 HTML 网页，它定义了网页显示的框架数、框架的大小、载入框架的网页源和其他可以定义的属性等，用<frameset>标签来定义一个窗口框架；而框架则是指在网页上定义的一个显示区域，用<frame>标签来定义窗口框架中的子窗口的内容。

3. 框架分割方式

框架的分割方式主要有以下三种：左右分割窗口、上下分割窗口和嵌套分割窗口。

4. 窗口框架设置

（1）框架集属性

①水平/垂直分割窗口属性 rows/cols。通过 rows 和 cols 属性，可以分别以垂直方向和水平方向将浏览器窗口分割成若干个窗口。

②设置窗口框架宽度属性 border。通过 border 属性，可以设定分割窗口的框架宽度。其语法格式如下：

<frameset border ="value">

③设置边框颜色属性 bordercolor。通过 bordercolor 属性，可以设定框架边框的颜色。其语法格式如下：

<frameset border ="color value">

④设置框架隐藏属性 frameborder。通过 frameborder 属性，可以设定是否显示框架。

（2）框架窗口属性

①指定子窗口显示网页属性 src。通过 src 属性设置框架显示的文件路径，其语法格式如下：

<frame src ="url">

②定义子窗口名称属性 name。通过 name 属性设定框架窗口的名称，其语法格式如下：

<frame name ="name">

③框架边框显示属性 frameborder。通过 frameborder 属性，可以设定是否显示框架。其语法格式如下：

<frame frameborder ="value">

④控制框架滚动条属性 scrolling。通过 scrolling 属性，可以设定该窗口是否显示滚动条。其语法格式如下：

<frame scrolling ="value">

⑤框架尺寸调整属性 noresize。通过 noresize 属性，可以设定用户能否自行调整框架的大小，如果设定 noresize，则表示不允许改变框架的大小。Noresize 属性只有一个标志，没有取值。其语法格式如下：

<frame noresize>

⑥设置框架边缘宽度属性 marginwidth。通过 marginwidth 属性，设定框架中的内容与框架边缘的左右距离，相当于设定页面的页边距。其语法格式如下：

<frame marginwidth ="value">

⑦设置框架边缘高度属性 marginheight。通过 marginheight 属性，设定框架中内容与框架边缘的上下距离，相当于设定页面的页边距。其语法格式如下：

<frame marginheight ="value">

同步训练

选择题

1. 在一个框架的属性面板中，不能设置(　　)。

A. 边框高度　　　　B. 边框颜色　　　　C. 边框宽度　　　　D. 滚动条

2. 在一个框架集的属性面板中，不能设置(　　)。
   A. 边框颜色　　　　　　　　　　B. 子框架的宽度或高度
   C. 边框宽度　　　　　　　　　　D. 滚动条
3. <frame setcols=#>是用来指定(　　)。
   A. 混合分框　　　B. 纵向分框　　　C. 横向分框　　　D. 任意分框
4. 框架中"改变窗口大小"的语法是(　　)。
   A. <IMG SRC="URL"BORDER=?　>　　B. <SAMP></SAMP>
   C. <ADDRESS></ADDRESS>　　　　　D. <FRAME NORESIZE>
5. 在 HTML 语言中"<FRAME NORESIZE>"的具体含义是(　　)。
   A. 个别框架名称　B. 定义个别框架　C. 不可改变大小　D. 背景资讯

第 6 节　表单的设计

表单在 Web 网页中用来给访问者填写信息，从而获得用户信息，使网页具有交互的功能。

1. <form>…</form>

<form></form>标签用来创建一个表单，即定义表单的开始和结束位置，在标签之间的一切都属于表单的内容。<form>标签具有 action、method 和 target 属性。

action 的值是处理程序的程序名(包括网络路径：网址或相对路径)。method 属性用来定义处理程序从表单中获得信息的方法，可取值为 GET 和 POST。GET 方法是从服务器上请求数据，POST 方法是发送数据到服务器。两者的区别在于 GET 方法所有参数会出现在 URL 地址中，而 POST 方法的参数不会出现在 URL 中。通常 GET 方法限制字符的大小，POST 则允许传输大量数据。

target 属性用来指定目标窗口或目标帧。

2. <input type="">

<input type="">标签用来定义一个用户输入区，用户可在其中输入信息。此标签必须放在<form></form>标签之间。在<input type="">标签中共提供了 8 种类型的输入区域，具体是哪一种类型由 type 属性来决定。

3. <select>…</select>、<option>

<select></select>标签用来创建一个下拉列表框或可以复选的列表框。此标签用于<form></form>标签对之间。<select>具有 multiple、name 和 size 属性。

multiple 属性不用赋值，直接加入标签中即可使用，加入了此属性后列表框就成为可多选的了；name 是此列表框的名字，它与 name 属性作用是一样的；size 属性用来设置列表框的高度，默认时值为 1，若没有设置 multiple 属性，显示的将是一个弹出式的列表框。

<option>标签用来指定列表框中的一个选项，它放在<select></select>标签之间。此标签具有 selected 和 value 属性：selected 属性用来指定默认的选项；value 属性用来给<option>指定的那一个选项赋值，这个值是要传送到服务器上的，服务器正是通过调用<select>区域的名字的 value 属性来获得该区域选中的数据项的。

4. <textarea>…</textarea>

<textarea></textarea>用来创建一个可以输入多行的文本框，此标签用于<form></form>标签

对之间。<textarea>具有 name、cols 和 rows 属性。cols 和 rows 属性分别用来设置文本框的列数和行数，这里列与行是以字符数为单位的。

同步训练

选择题

1. 下列（　　）表示的不是按钮。
   A. type＝"submit"　　　　　　　　B. type＝"reset"
   C. type＝"image"　　　　　　　　 D. type＝"button"

2. 用于设置文本框显示宽度的属性是（　　）。
   A. size　　　　B. maxlength　　　　C. value　　　　D. length

3. 如果表单提交信息不以文本的形式发送，只要将表单的"MTME 类型"设置为（　　）。
   text/plain　　　B. password　　　　C. submit　　　　D. button

4. 若要获得 login 表单中的名为 txtuser 的文本输入框的值，在以下获取的方法中，正确的是（　　）。
   A. username＝login.txtser.value
   B. username＝document.txtuser.value
   C. username＝document.login.txtuser
   D. username＝document.login.txtuser.value

5. 若要产生一个 4 行 30 列的多行文本域，以下方法中正确的是（　　）。
   A. <Input type＝"text" rows＝"4" cols＝"30" name＝"txtintro">
   B. <textarea rows＝"4" cols＝"30" name＝"txtintro">
   C. <textarea rows＝"4" cols＝"30" name＝"txtintro"></textArea>
   D. <textarea rows＝"30" cols＝"4" name＝"txtintro"></textArea>

第 7 节　多媒体网页效果

1. <img>

<img>标签并不是真正地把图像加入 HTML 文档中，而是将标签的 src 属性赋值。这个值是图像文件的文件名，其中包括路径，这个路径可以是相对路径，也可以是网址。所谓相对路径，是指所要链接或嵌入当前 HTML 文档的文件与当前文件的相对位置所形成的路径。

注意：通常图像文件都会放在网站中一个独立的目录里。必须注意一点，src 属性在<img>标签中是必须赋值的，是标签中不可缺少的一部分。

除此之外，<img>标签还有 alt、align、border、width 和 height 属性。align 是图像的对齐方式。border 属性是图像的边框，可以取大于或者等于 0 的整数，默认单位是像素。width 和 height 属性是图像的宽和高，默认单位也是像素。alt 属性是当光标移动到图像上时显示的文本。

2. 加入音乐

<embed src＝"音乐文件地址">

常用属性如下。

src＝"your.midi"

设定 midi 路径，可以是相对或绝对。

autostart = true
是否在音乐下载完之后就自动播放，true 为是，falsc 为否。
loop = " true"
是否自动反复播放。loop = 2 表示重复两次，true 为是，false 为否。
hidden = " true"
是否完全隐藏控制画面，true 为是，no 为否。
starttime = " 分：秒"
设定歌曲开始播放的时间，如 starttime = " 00：30" 表示从第 30 秒处开始播放。
volume = " 0-100"
设定音量的大小，数值是 0 到 100 之间。
width = " 整数" 和 high = " 整数"
设定控制面板的高度和宽度。
align = " center"
设定控制面板和旁边文字的对齐方式，其值可以是 top、bottom、center、left、right、middle。

同步训练

选择题

1. 嵌入背景音乐的 HTML 代码是(　　)。
   A. <backsound src = #>　　　　　　B. <bgsound src = #>
   C. <bgsound url = #>　　　　　　　D. <backsound url = #>
2. 以下标签中，可用来产生滚动文字或图形的标签是(　　)。
   A. <acroll>　　B. <marquee>　　C. <textarea>　　D. <embed>
3. 嵌入多媒体文本的 HTML 的基本语法是(　　)。
   A. <embed url = #></embed>　　　　B. <embed src = #></embed>
   C. <asrc = #></embed>　　　　　　 D. <aurl = #></embed>
4. 若要使设计网页的背景图形为 bg.jpg，以下标签中，正确的是(　　)。
   A. <body background = " bg.jpg" >　　B. <body bground = " bg.jpg" >
   C. <body image = " bg.jpg" >　　　　D. <body bgcolor = " bg.jpg" >
5. 在网页中若要播放名为 demo.avi 的动画，以下用法中正确的是(　　)。
   A. <Embed src = "demo.avi" autostart = true>
   B. <Embed src = "demo.avi" autoopen = true>
   C. <Embed src = "demo.avi" autoopen = true></Embed>
   D. <Embed src = "demo.avi" autostart = true></Embed>

第 8 节　CSS 基础知识

1. CSS 的基本概念

层叠样式表(Cascading Style Sheet，CSS)是用于控制网页样式并允许将样式信息与网页内容分离的一种标记语言。

2. CSS 特点

（1）可以将格式与结构分离。

（2）可以更好地控制页面布局。

（3）可以制作体积大小、下载速度更快的网页。

（4）可以将多个网页同时更新，比以前更快更容易。

3. CSS 的构造

CSS 的作用就是设置网页的各个组成部分的表现形式，要描述网页上一个标题的属性，也可以为标题列一张表。

CSS 样式规则由"选择器"和"声明"组成，而声明又由"属性"和"值（value）"组成，可以说 CSS 规则是一系列"属性：值"对的集合。

（1）在英文大括号"{ }"中的声明；属性和值之间用英文冒号"："分割。

（2）各属性：值对之间用分号"；"分隔，最后一个"属性：值"对也可以没有分号。

（3）为了使样式便于阅读，一般将每条声明写在一个新行内。

4. 标签选择器

选择器（Selector）是 CSS 中一个很重要的概念，所有 HTML 语言中的标签都是通过不同的 CSS 选择器进行控制的。用户只需要通过选择器对于不同的 HTML 标签进行控制，并赋予各种样式声明，即可实现各种效果。

一个 HTML 页面由很多不同的标签（又称标记）组成，标签选择器就是 HTML 文档中的元素（如 p、body、hr 等）。CSS 标签选择器（type、selectors，也称为类型选择符）是用来指明文档中应用此样式规则的元素。

5. CSS 的基本用法

将 CSS 和 HTML 标签结合起来的方法常见的有 4 种：行内式、内嵌式、链接式和导入式。在 HTML 文档中可以使用一种或多种样式表。

（1）行内式

行内式是所有样式方法中最为直接、简单的一种，它直接对 HTML 的标签使用 style 属性，然后将 CSS 代码直接写在其中。

（2）内嵌式

内嵌式样式表就是将 CSS 样式写在<head>和</head>之间，并且用<style>和</style>标签进行声明。内嵌式仅仅适用于对特殊的页面设置单独的风格。

（3）链接式

链接式是使用频率最高，也是最为实用的方法；它将所有样式规则整合成一个独立的文档（通常是一个独立的纯文本文件，一般以 .css 为后缀名），在<head>内（不是在<style>内）使用<link>标签将样式表文件链接到 HTML 文件内，它的作用范围是所有引用或链接它的 HTML 文档。

（4）导入式

导入式与链接式的功能基本相同，只是语法和运作方式上略有区别。若在 HTML 文件中导入样式表，则需要采用"@ import"方式导入，还需要写在<style>标签内。

同步训练

选择题

1. 下面说法错误的是( )。
   A. CSS 样式表可以将格式和结构分离
   B. CSS 样式表可以控制页面的布局
   C. CSS 样式表可以使许多网页同时更新
   D. CSS 样式表不能制作体积更小、下载更快的网页

2. CSS 样式表不可能实现( )功能。
   A. 将格式和结构分离   B. 一个 CSS 文件控制多个网页
   C. 控制图片的精确位置   D. 兼容所有的浏览器

3. 在客户端网页脚本语言中最为通用的是( )。
   A. JavaScript   B. VB   C. Perl   D. ASP

4. 在 DHTML 中把整个文档的各个元素作为对象处理的技术是( )。
   A. HTML   B. CSS   C. DOM   D. Script（脚本语言）

5. 下面不属于 CSS 插入形式的是( )。
   A. 索引式   B. 内联式   C. 嵌入式   D. 外部式

跟踪训练

一、选择题

1. HTML 中，<pre>标签的作用是( )。
   A. 标题标记   B. 预排版标记   C. 转行标记   D. 文字效果标记

2. 不是链接文字颜色属性的是( )。
   A. link   B. vlink   C. visit   D. alink

3. 不是<form>标签的属性的是( )。
   A. get   B. name   C. method   D. action

4. 下列描述错误的是( )。
   A. DHTML 是 HTML 基础上发展的一门语言
   B. 根据处理用户操作位置的不同，HTML 主要分为两大类：服务器端动态页面和客户端动态页面
   C. 客户端的 DHTML 技术包括 HTML4.0、CSS、DOM 和脚本语言
   D. DHTML 侧重于 Web 内容的动态表现

5. HTML 中段落标志中，标注文件子标题的是( )。
   A. <hn></hn>   B. <pre><pre>   C. <p>   D.

6. 下列不是表单中按钮的选项是( )。
   A. button   B. enter   C. submit   D. reset

7. 下列 HTML 标签中，属于非成对标签的是( )。
   A.
            B. <ul>   C. <P>   D. <font>

8. 以下标签中，用于设置页面标题的是( )。
   A. <title>   B. <caption>   C. <head>   D. <html>

9. 在 HTML 文本显示状态代码中， 表示(　　)。
   A. 文本加注下标线　　　　　　　B. 文本加注上标线
   C. 文本闪烁　　　　　　　　　　D. 文本或图片居中
10. 在 HTML 语言中，设置正在被单击的链接颜色的代码是(　　)。
    A. <body bgcolor=？>　　　　　B. <body alink=？>
    C. <body link=？>　　　　　　　D. <body vlink=？>
11. HTML 文本显示状态代码中<CENTER><.CENTER>表示(　　)。
    A. 文本加注下标　　　　　　　　B. 文本加注上标线
    C. 文本闪烁　　　　　　　　　　D. 文本或图片居中
12. 加入一条水平线的 HTML 代码是(　　)
    A. <hr>　　　　　　　　　　　　B. <img src="name" border=？>
    C. <img src="name" align=？>　　D. <img src="name">
13. 跳转到"hello.html"页面的"bn"锚点的代码是(　　)。
    A. <a href="hello.html&bn">...</a>
    B. <a href="bnl#hellohtml">...</a>
    C. <a href="hello.html#bn">...</a>
    D. <a href="#bn">...</a>
14. <a href="hello.html#top">...</a>，表示(　　)。
    A. 跳转到"hello.html"页面的顶部
    B. 跳转到"hello.html"页面的"top"锚点
    C. 跳转到"hello.html"页面的底部
    D. 跳转到"hello.html"页面的文字"top"所在链接
15. 表示新开一个窗口的超链接代码是(　　)。
    A. <a href=URL target=_new>..</a>
    B. <a href=URL target=_self>..</a>
    C. <a href=URL target=_blank>..</a>
    D. <a href=URL target=_parent>..</a>
16. <a href=URL target=_parent>..</a>，表示(　　)。
    A. 打开一个空窗口的超链接代码　　B. 在父窗口打开超链接的代码
    C. 新开一个窗口的超链接代码　　　D. 在本窗口中打开一个超链接的代码
17. 表单提交中的方式有(　　)。
    A. 1 种　　　　B. 2 种　　　　C. 3 种　　　　D. 4 种
18. 跨多行的表元的 HTML 代码为(　　)。
    A. <th colspan=#>　B. <th rowspan=#>　C. <td colspan=#>　D. <td rowspan=#>
19. 跨多列的表元的 HTML 代码为(　　)。
    A. <th colspan=#>　B. <th rowspan=#>　C. <td colspan=#>　D. <td rowspan=#>
20. 设置表格的边框为 0 的 HTML 代码是(　　)。
    A. <table cellspacing=0>　　　　B. <table height=0>
    C. <table border=0>　　　　　　D. <table cellpadding=0>
21. 在 HTML 语言中，设置背景颜色的代码是(　　)。
    A. <body bgcolor=？>　　　　　B. <body text=？>

C. <body link=？> D. <body vlink=？>
22. <marquee>...</marquee>，表示(　　)。
A. 页面空白　　B. 页面属性　　C. 标题传递　　D. 移动文字
23. <marquee direction=left>...</marquee>，"left"表示(　　)。
A. 移动文字从上到下　　B. 移动文字从下到上
C. 移动文字从左到右　　D. 移动文字从右到左
24. <marquee direction=down>...</marquee>，"down"表示(　　)。
A. 移动文字从上到下　　B. 移动文字从下到上
C. 移动文字从左到右　　D. 移动文字从右到左
25. 指定移动文字的循环次数的HTML代码是(　　)。
A. <marquee play=#>...</marquee>　　B. <marquee loop=#>...</marquee>
C. <marquee auto=#>...</marquee>　　D. <marquee time=#>...</marquee>
26. 框架集的基本语法是(　　)。
A. <frames>...</frames>　　B. <frame>...</frame>
C. <frameset>...</frameset>　　D. <framed>...</framed>
27. <frameset cols=#>表示(　　)。
A. 框架的行高　　B. 框架的行数　　C. 左右分割　　D. 上下分割
28. <frame rows=#>表示(　　)。
A. 上下分割　　B. 框架的行数　　C. 左右分割　　D. 框架的列数
29. 表示显示框架边框的HTML的代码是(　　)。
A. <frameset frameborder=1>　　B. <frame frameborder=1>
C. <frame border=1>　　D. <frameset border=1>
30. 隐藏框架空白区域的HTML代码是(　　)。
A. <frame framespacing=#>　　B. <frameset framespadding=#>
C. <frameset frameborder=#>　　D. <frame framespadding=#>
31. 在HTML中，<form method=？>，method表示(　　)。
A. 提交的方式　　B. 表单所用的脚本语言
C. 提交的URL地址　　D. 表单的形式
32. 增加表单的文字段的HTML代码是(　　)。
A. <input type=submit>　　B. <input type=iamge>
C. <input type=text>　　D. <input type=hide>
33. 增加表单的隐藏域的HTML代码是(　　)。
A. <input type=submit>　　B. <input type=iamge>
C. <input type=text>　　D. <input type=hide>
34. 增加表单的复选框的HTML代码是(　　)。
A. <input type=submit>　　B. <input type=iamge>
C. <input type=text>　　D. <input type=checkbox>
35. 定义表头的HTML是(　　)。
A. <table>　　B. <td>　　C. <tr>　　D. <th>
36. 嵌入hello.mp3的代码是(　　)。
A. <src=hello.mp3 loop=1>　　B. <embed src=hello.mp3 loop=2>

C. <a src=hello.mp3 loop=2>　　　　D. <input=hello.mp3 loop=1>

37. 设置表格的高度为 600 的 HTML 代码是(　　)。

A. <a table height=500 width=600>

B. <a table vspace=600 hspace=500>

C. <a table height=600 width=500>

D. <a table vspacet=500 hspace=600>

38. 创建一个位于文档位置的链接的代码是(　　)。

A. <a href="#NAME"</a>　　　　B. <a href="NAME"</a>

C. <a href=mailto：EMAIL></a>　　D. <a href="URL"</a>

39. 若要在网页中插入样式表 main.css，以下用法中正确的是(　　)。

A. <Link href="main.css" type=text/css rel=stylesheet>

B. <Link Src="main.css" type=text/css rel=stylesheet>

C. <Link href="main.css" type=text/css>

D. <Include href="main.css" type=text/css rel=stylesheet>

40. 若要在当前网页中定义一个独立类的样式 myText，使具有该类样式的正文字体为"Arial"，字体大小为"9pt"，行间距为"13.5pt"，以下定义方法中正确的是(　　)。

A. <style>

.myText{Font-Familiy：Arial；Font-size：9pt；Line-Height：13.5pt}

</style>

B. .myText{Font-Familiy：Arial；Font-size：9pt；Line-Height：13.5pt}

C. <style>

.myText{FontName：Arial；FontSize：9pt；LineHeight：13.5pt}

</style>

D. <style>

..myText{FontName：Arial；Font-ize：9pt；Line-eight：13.5pt}

</style>

二、填空题

1. 在网页中设定表格边框的厚度的属性是_____；设定表格单元格之间宽度属性是_____。

2. <caption align=bottom>表格标题</caption>功能是_____。

3. <tr>….</tr>是用来定义_____；<td>…</td>是用来定义_____；<th>…</th>是用来定义_____。

4. _____标签用于定义表格的一行，它一般包含多组由_____或_____标签所定义的单元格。

5. _____标签用于定义表格的单元格，它必须放在_____标签中。

6. 在一个最基本的表格元素中，必须包含一组_____标签、一组_____标签与一组_____标签。

7. border 属性的参数值是数字，表示表格边框宽度所占的_____。

8. CSS 的中文意思是_____。

9. 文件头标签也就是通常所见到的_____标签。

10. 创建一个 HTML 文档的开始标记符_____，结束标记符是_____。

三、判断题

1. 嵌套在此<head>标签中使用的主要标签有<title>标签。（　　）
2. 在 WWW 中，所谓的服务器端就是存放网页供用户浏览的网站；而客户端则是通过网络浏览网页的计算机与用户的总称。（　　）
3. 运行于计算机上供用户操作和观看网页的应用程序为浏览器。（　　）
4. <img>标签中的 border 属性可以给图像加一个边框，其默认值为 1。（　　）
5. <img>标签中的 align 属性只有 top、middle、bottom 3 个参数。（　　）
6. <img>标签中的 vspace 和 hspace 属性能够调整图像与其他文本之间的距离，两者均取像素值。（　　）
7. 只显示表格的左边框可以设置为<table frame="rhs">。（　　）
8. 只显示行与行的分隔线可以设置为<table rules="cols">。（　　）
9. 一个表格是由几行组成的，就要有几个行标签与之相对应，行标签<tr>是成对标签，它可以单独使用。（　　）
10. <tr>标签有 4 个属性：align、width、height、valign，它们都是可选的。（　　）

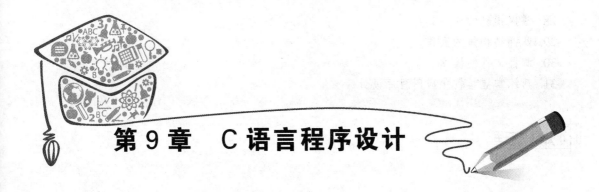

第 9 章 C 语言程序设计

学习目标

1. 掌握程序设计的基础知识和基本方法。
2. 根据实际需求，按照程序设计规范，编写正确的应用程序。
3. 掌握算法的概念及表示。
4. 掌握结构化程序设计的概念。
5. 掌握数据类型，常量与变量。
6. 掌握运算符与表达式，运算优先级和结合律。
7. 掌握常用 C 语言程序设计语句。
8. 掌握常用 C 语言输入、输出函数。
9. 掌握 C 语言程序设计的 3 种基本结构。
10. 掌握常用 C 语言预处理命令。
11. 掌握常用 C 语言库函数。
12. 掌握程序编码规范。
13. 掌握结构化程序的设计方法。
14. 掌握 if 语句、for 语句、while 语句编程方法。
15. 掌握位运算编程方法。
16. 掌握函数的定义，形参与实参传递、调用及返回值编程方法。
17. 掌握数组、指针、链表的概念及编程方法。
18. 掌握顺序文件、随机文件的概念及文件访问的编程方法。
19. 掌握结构体的概念及编程方法。
20. 掌握顺序、分支和循环 3 种基本程序结构的实现。
21. 掌握交换、累加、累乘、求最大(小)值、穷举、排序(冒泡、插入、选择)、查找(顺序、折半)、级数计算、数制转换、字符处理等常用算法的实现。
22. 掌握常用库函数的使用。
23. 掌握程序的分析、调试与编译。
24. 掌握简单的应用编程。
25. 掌握用流程图表示算法。
26. 掌握数组的使用。
27. 掌握自定义函数的使用、形参与实参的传递。

28. 掌握指针的使用。
29. 掌握结构体的操作。
30. 掌握文件的操作。
31. 熟练掌握结构化应用程序设计。

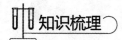 知识梳理

第 1 节　数据类型与运算符

1. C 语言数据类型
C 语言数据类型如图 9-1 所示。

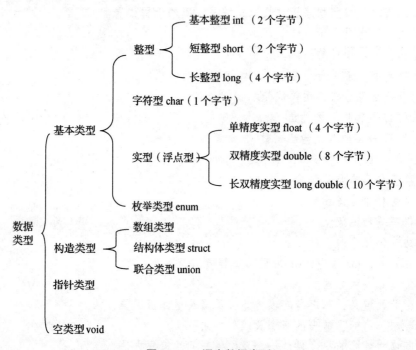

图 9-1　C 语言数据类型

2. 常量
常量是指程序运行过程中其值不改变的数据。
(1)整型常量：正整数、负整数和 0。
(2)实型常量：①十进制小数形式：由数字和小数点组成。②指数形式：aEn(或 aen)。例如，13.4E3(等价 13.4×10^3)、12.2E-2(等价 12.2×10^{-2})。注意：E 或 e 之前必须有数字，且 E 或 e 之后必须为整数。
(3)字符常量。
①普通字符：用单引号括起来的单个字符，如' a '、' 3 '。

②转义字符：以反斜线'\'开头的字符序列。常见转义字符如表 9-1 所示。

表 9-1 常见转义字符

转义字符	字符值	转义字符	字符值
\'	一个单引号	\f	换页
\"	一个双引号	\n	换行
\?	一个问号	\r	回车
\\	一个反斜线(\)	\ddd	表示 1~3 位八进制
\b	退格	\xhh	表示 1~2 位十六进制
\t	制表符		

（4）字符串常量：用双引号括起来的若干个字符。字符串总是以'\0'作为串的结束符。

（5）符号常量：用#define 指令，指定用一个符号代表一个常量。

3. 变量

其值可以改变的量称为变量。变量实际是内存单元的命名表示，通过变量名可以访问这些单元的值。

4. 运算符的优先级别

括号类（[ ]、( )、.、->）→单目运算符（（类型）、++、--、*、&、!、~、sizeof）→算术运算符（/、*、%、+、-）→左右位移运算符（<<、>>）→关系运算符（>=、<=、<、>、!=、==）→位移运算符（&、^、|）→逻辑运算符（&&、||）→条件运算符（?:）→赋值运算符→逗号运算符。

同步训练

选择题

1. 属于合法的 C 语言长整型常量的是（   ）。
 A. 5876273　　　　B. 0　　　　C. 2E10　　　　D.（long）5876273
2. 设有 int y=11；则表达式（y++*1/3）的值是（   ）。
 A. 3　　　　B. 11　　　　C. 4　　　　D. 12
3. 下列变量定义中合法的是（   ）。
 A. short_k=1-.1e-1　　　　　　　　B. float2_and=1-e-3
 C. long s=0XfdaL　　　　　　　　D. double c=1+5e2.5
4. 在 C 语言中，字符型数据在内存中以（   ）形式存放。
 A. 原码　　　　B. BCD 码　　　　C. 反码　　　　D. ASCII 码
5. 十进制数 397 的十六进制值为（   ）。
 A. 18D　　　　B. 18E　　　　C. 277　　　　D. 361

第 2 节　数据的输入与输出

1. 字符输出函数 putchar( )

输出一个字符到显示器上，如 putchar('a')。

2. 字符输入函数 getchar( )

从键盘上输入一个字符，如 ch=getchar( )。

3. 格式化输出函数 printf( )

按照指定的格式，把指定的数据输出到显示器上。

printf("格式控制字符串"，输出表列);

"格式控制字符串"用于指定格式输出，分为格式字符串和非格式字符串。格式字符串以%开头，将输出的数据转为指定的格式输出；非格式字符串也称为普通字符串，原样输出，如表 9-2 和表 9-3 所示。

表 9-2　printf( )格式字符

格式字符	意　义
d	以十进制形式输出带符号整数
o	以八进制形式输出无符号整数
x，X	以十六进制形式输出无符号整数
u	以十进制形式输出无符号整数
f	以小数形式输出单、双精度实数(默认有六位小数点)
e，E	以指数形式输出单、双精度实数
c	输出单个字符
s	输出字符串

表 9-3　printf( )格式字符附加符号

字　符	意　义
字母 l	用于长整型和双精度，可加在格式符 d、o、u、x、f 前面
m(代表一个正整数)	指定数据宽度
n(代表一个正整数)	对实数，表示输出 n 位小数；对字符串，表示截取字符个数
-	表示空格在右边
+	输出符号

注：在 Turbo C 中 printf( ) 函数输出的输出表列的求值顺序是从右到左的。

4. 格式化输入函数 scanf( )

按用户指定的格式从键盘上把数据输入到指定的变量中。

scanf("格式控制字符串",输入地址表列);

"格式控制字符串"的作用与printf函数相同,但不能显示普通字符;"输入地址表列"中给出各变量的地址。

同步训练

选择题

1. 下列程序的输出结果是(　　)。
```
main()
{   double d=3.2; int x, y;
    x=1.2; y=(x+3.8)/5.0;
    printf("%d\n", d*y);
}
```
A. 3　　　　　　　B. 3.2　　　　　　　C. 0　　　　　　　D. 3.07

2. 有定义语句"int x,y;",若要通过语句"scanf("%d,%d",&x,&y);"使变量x得到数值9,变量y得到数值8,下面输入形式中错误的是(　　)。
A. 9,8<回车>　　　B. 9,8<回车>　　　C. 9 8<回车>　　　D. 9,<回车> 8<回车>

3. 下列程序的运行结果是(　　)。
```
#include<stdio.h>
main()
{ int a=2, c=5; printf("a=%d, b=%d\n", a, c);}
```
A. a=%2, b=%5　　B. a=2, b=5　　　C. a=d, b=d　　　D. a=%d, b=%d

4. 以下程序的运行结果是(　　)。
```
#include<stdio.h>
main()
{
    int x1=0xabc, x2=0xdef;
    x2-=x1;
    printf("%x\n", x2);
}
```
A. def　　　　　　B. 0xabc　　　　　　C. 0x333　　　　　D. 333

5. 有如下程序,运行该程序的输出结果是(　　)。
```
main()
{   int b=3, a=3, c=1;
    printf("%d%d\n",(++a, b++), c+2);
}
```
A. 3 4　　　　　　B. 4 2　　　　　　　C. 4 3　　　　　　D. 3 3

第 3 节　程序流程的控制

1. if 语句一般形式

```
if(表达式)　语句 1
else 语句 2
```

语义：如果表达式的条件为真则执行语句1，否则执行语句2。

在 if 语句的一般形式中，else 子句为可选的，既可以有，也可以没有。语句 1 和语句 2 可以是一个简单的语句，也可以是一个复合的语句，还可以是另一个 if 语句(在一个 if 语句中又包括另一个或多个内嵌的 if 语句)。

2. if 语句的嵌套

嵌套的 if 语句可能又是 if-else 型的，这会出现多个 if 和多个 else 重叠的情况，这时 C 语言规定，else 总是与它前面最近的 if 配对。

if-else 必须是一个整体，else 子句不能作为语句单独使用，它必须是 if 语句的一部分，与 if 配对使用。

3. switch 语句

switch 语句又称为开关语句，其一般形式为：

```
switch(表达式)
{
    case 常量表达式 1: 语句 1; break;
    case 常量表达式 2: 语句 2; break;
    ……
    default: 语句 n+1;
}
```

语义：先计算表达式的值，然后依次与每个 case 中的常量表达式值相比较，一旦发现某个能够匹配的值(与常量表达式的值相等)，就可执行 case 后面所有的语句组，直到遇到 break 语句(或 switch 语句结束)为止。如果表达式的值与所有 case 后的常量表达式均不匹配，那么执行 default 后的语句。

case 后的每一个常量表达式的值必须互不相同，不能是变量或变量表达式。

4. while 语句

while 语句是一种先判断后执行的循环语句。它的一般形式为：

```
while(表达式)
    循环体语句
```

语义：先计算表达式的值并判断，若值真时，执行循环体语句；然后再重复这种先计算并判断，后执行的过程，直到表达式的值为假，则跳出循环，接着执行循环后面的语句。

在循环体中需要修改控制循环条件的值，使循环进行若干次后，表达式的值为假，从而退出循环；否则造成死循环。

例如，用 while 实现语句求 1+2+3+…+100。

```
#include<stdio.h>
main()
```

```
{
    int i=1, sum=0;
    while(i<=100)   /* 循环条件*/
    {   sum=sum+i;
        i++; /* 修改循环变量的值*/
    }
    printf("sum=% d", sum);
}
```

5. do-while 语句

一般形式为：
```
do
{   循环体语句
}while(表达式);
```
语义：先执行一次循环体语句，然后判断表达式，当表达式为真时，再执行循环体语句，如此反复，直到表达式的值等于 0 则跳出循环。

例如，用 do-while 实现语句求 1+2+3+…+100。
```
#include<stdio.h>
main()
{
    int i=1, sum=0;
    do{
        {   sum=sum+i;
            i++;    /* 修改循环变量的值*/
        } while(i<=100);    /* 循环条件*/
        printf("sum=% d", sum);
}
```

与 while 循环的不同在于：它执行循环中的语句，然后再判断表达式是否为真，若为真则继续循环；若为假，则终止循环。因此，do-while 循环至少要执行一次循环语句。

6. for 语句

其一般形式为：
```
for(表达式 1; 表达式 2; 表达式 3)
    循环体语句
```
语义：

①先执行表达式 1。

②判断表达式 2 的值，若为真则执行循环体语句，再转入第③步；若为假则跳出循环。

③执行表达式 3。

④转入到第②步继续下一次循环。

其中，3 个表达式必须用分号隔开，作用是：表达式 1 用于变量赋初值，只执行一次；表达式 2 是循环的控制条件，决定是否继续执行；表达式 3 是循环控制变量的修改部分。

例如，for 语句实现 1 加到 100。
```
for(i=1; i<=100; i++)
    sum=sum+i;
```
注意：①for 一般形式写成 while 语句结构：

```
for(表达式 1; 表达式 2; 表达式 3)
    循环体语句
表达式 1;
while(表达式 2)
{   语句;
    表达式 3;
}
```

② 表达式 1、表达式 2 和表达式 3 都可以省略，但分号不可省略。省略表达式 1 则可以在循环之前给循环变量赋初值；省略表达式 2，默认为循环条件始终为真；省略表达式 3，则不对循环控制变量进行操作，这时可以把表达式 3 加入循环体中。

7. break 语句

break 语句可以跳出 switch 语句，其实还可以跳出循环语句。可使程序提前跳出循环体，转而执行循环体后面的语句。break 一般与 if 语句配套使用，即满足条件则提前跳出所在这一层循环体。

8. continue 语句

continue 语句提前结束本次循环，接着执行下一次循环。break 与 continue 语句的区别：前者是结束整个循环流程，转到循环外面了；而后者是结束本次循环，还要接着执行下一次循环。

9. 循环的嵌套

循环嵌套结构中，内循环语句是外循环体中的一条语句，外循环必须"完全包含"内循环。外循环执行一步，内循环执行一圈。

例如：
```
main()
{   int i, j;
    for(i=0; i<3; i++)
    {
        printf("i=% d:", i);
        for(j=0; j<4; j++)
        printf("j=% -4d", j);
        printf(" \n");
    }
}
```
程序运行结果：
i=0: j=0 j=1 j=2 j=3
i=1: j=0 j=1 j=2 j=3
i=2: j=0 j=1 j=2 j=3

同步训练

选择题

1. 设 int x=1，y=1；表达式(！x｜｜y--)的值是(　　)。
   A. 0　　　　　　　　B. 1　　　　　　　　C. 2　　　　　　　　D. -1
2. 能正确表示逻辑关系："a≥10 或 a≤0"的 C 语言表达式是(　　)。
   A. a>=10 or a<=0　　　　　　　　B. a>=0｜a<=10

C. a>=10&&a<=0 D. a>=10||a<=0

3. 有以下程序段，执行该程序段后，k 的值是(   )。
`int k=0, a=1, b=2, c=3; k=a>c? c: b;`
A. 3 B. 2 C. 1 D. 0

4. 与"y=(x>0? 1: x<0? -1: 0);"的功能相同的 if 语句是(   )。

A. if(x>0) y=1;
   lse if(x<0)y=-1;
   else y=0;

B. if(x);
   if(x>0)y=1;
   else if(x<0)y=-1

C. y=-1
   if(x)
   if(x>0)y=1;
   else if(x==0), y=0;

D. y=0;
   if(x>=0);
   if(x>0)y=1;
   else y=-1; else y=-1;

5. 设有程序段：
`int k=4; while(k=0)k=k-1;`
则下面描述中正确的是(   )。

A. whle 循环执行 4 次
B. 循环体语句一次也不执行
C. 循环是无限循环
D. 循环体语句执行一次

第 4 节　数组

一、一维数组

1. 一维数组的定义

一维数组通常是指只有一个下标的数组元素所组成的数组。定义形式如下。

　　类型说明符　数组名[常量表达式]；

其中，类型说明符是任意一种基本数据类型或构造数据类型，用以指明数组的数据型，即数组中每个元素的数据类型；数组名是用户定义的数组标识符；方括号中的常量表达式表示数据元素的个数，可以包括常量和符号常量，但不能是变量，即 C 语言不允许对数组的大小动态定义。

例如：

int a[10]; 说明整型数组 a，有 10 个元素。

float b[10], c[20]; 说明实型数组 b 和 c，b 有 10 个元素，c 有 20 个元素。

对于数组类型说明应注意以下几点。

①对于同一个数组，其所有元素的数据类型都是相同的。

②数组名不能与其他变量名相同。

③方括号中常量表达式表示数组元素的个数，但是其下标从 0 开始计算。因此，a[5]的 5 个元素分别为 a[0]、a[1]、a[2]、a[3]、a[4]。

④一维数组元素的存储：C 编译程序为每个数组在内存中开辟一片连续的存储空间，各数组元素按下标从小到大连续排列，每个元素占用相同字节数。

⑤数组名是常量，代表数组所占存储空间的起始地址。

2. 一维数组的引用

数组元素是组成数组的基本单元。数组元素也是一种变量，其表示方法为数组名后跟一个下标。下标表示元素在数组中的顺序号。数组元素引用的一般形式为：

数组名[下标]

其中，下标只能为整型常量、整型变量或整型表达式，若为小数时，C编译将自动取整。

例如：a[5]、a[i++]、a[i+j]都是合法的数组元素。

在引用数组元素时应注意以下几点。

①定义数组时用到的"数组名[常量表达式]"和引用数组元素时用到的"数组名[下标]"是有区别的。前者表示数组的长度，后者表示引用数组中第几个元素。

②数组元素通常也称为下标变量。必须先定义数组，才能使用下标变量，在C语言中只能逐个使用下标变量，而不能一次引用整个数组。

3. 一维数组的初始化

给数组赋值的方法除了用赋值语句对数组元素逐个赋值，还可采用初始化赋值和动态赋值。数组初始化是在编译阶段进行的，一般形式为：

类型说明符 数组名[常量表达式]={值，值……值}；

其中，在{ }中各数据即为各元素的初值，各值之间用逗号间隔。

例如：

int a[10]={0, 1, 2, 3, 4, 5, 6, 7, 8, 9}；

相当于 a[0]=0；a[1]=1…a[9]=9；

C语言对数组的初始化赋值还有以下几个特点。

①当{ }中值的个数小于元素个数时，只给前面部分元素赋值，其余元素系统自动赋默认初值0值。

例如：int a[10]={0, 1, 2, 3, 4}；

表示只给a[0]~a[4]5个元素赋值，而后5个元素自动由系统赋0值。

②若给全部元素赋值，则在数组说明中，可以不给出数组元素的个数。因为编译系统在编译源程序过程中，通过对初值表里所包含元素的个数进行检测后自动确定该数组的长度。

③若初值个数大于数组指定的长度，则会出现编译错误。

二、二维数组

1. 二维数组的定义

二维数组定义的一般形式是：

类型说明符 数组名[常量表达式1][常量表达式2]；

其中，常量表达式1表示第一维下标的长度(行数)，常量表达式2表示第二维下标的长度(每行的列数)。

例如：int a[3][4]；

说明了一个3行4列的数组，数组名为a，其下标变量的类型为整型。

2. 二维数组元素的引用

二维数组的元素也称为双下标变量，其表示的形式为：

数组名[下标][下标]

其中，下标应为整型常量、整型变量或整型表达式。

例如：a[3][4]

表示数组中的 3 行 4 列的元素。

引用数组元素和数组说明在形式中有些相似，但两者具有完全不同的含义。数组说明的方括号中给出的是某一维的长度，即可取下标的最大值；而数组元素引用中的下标是该元素在数组中的位置标识。

3. 二维数组的初始化

二维数组初始化也是在类型说明时给各下标变量赋初值。可按行分段赋值，也可按行连续赋值。

①按行分段赋值可写为：

int a[3][3]={{1, 2, 3}, {4, 5, 6}, {7, 8, 9}}

②按行连续赋值可写为：

int a[3][3]={1, 2, 3, 4, 5, 6, 7, 8, 9}

③可以只对部分元素赋初值，未赋初值的元素自动取 0 值。

④若对全部元素赋初值，则第一维的长度可以不给出。

三、字符数组

1. 字符数组的定义

char a[10];

2. 字符数组的初始化

例如：char ch[5]={'B', 'o', 'y'};

赋值后各元素值为：ch[0]='B'、ch[1]='o'、ch[2]='y'、ch[3]='\0'、ch[4]='\0'。

其中，ch[3]、ch[4]未赋值，系统自动赋予 0('\0')值。

3. 字符串和字符串结束标志

在 C 语言中没有专门的字符串变量，通常用一个字符数组来存放一个字符串。前面介绍字符串常量时，已说明字符串总是以'\0'作为串的结束符。因此，当把一个字符串存入一个数组时，也把结束符'\0'存入数组，并以此作为该字符串是否结束的标志。

四、字符串处理函数

使用字符串处理函数则应包含头文件"string.h"。

1. 字符串输出函数

格式：puts(字符数组名)

功能：把字符数组中的字符串输出到显示器，输出时能自动将字符串末尾的'\0'符号转变为回车符'\n'。

2. 字符串输入函数

格式：gets(字符数组名)

功能：从键盘上输入一个字符串，并把它存放在指定的数组中，它从键盘读取字符直到遇到换行符为止。换行符不属于字符串的一部分。

gets 函数并不以空格作为字符输入结束标志，而只以回车作为输入结束。这是与 scanf 函数不同之处。

3. 字符串连接函数 strcat()

格式：strcat(字符数组 1，字符数组 2)

功能：把字符数组2中全部内容（包括它的结束标志符'\0'）都连接到字符数组1中字符串的后面（从'\0'开始的元素），并删除字符数组1后的结束标志'\0'，形成新的字符数组1。

4. 字符串复制函数 strcpy

格式：strcpy（字符数组名1，字符数组名2）

功能：把字符数组2中的字符串复制到字符数组1中，串结束标志'\0'也一同复制。

5. 字符串比较函数 strcmp

格式：strcmp（字符数组名1，字符数组名2）

功能：按照ASCII码顺序比较两个数组中的字符串，并由函数返回值返回比较结果。

其比较方法如下。

①将两个字符串中下标相同的字符一一对应进行比较，当遇到第一个不同的字符或两字符串中的任一字符串结束标志时则退出比较，否则比较将进行到两个字符串的结束。

②当两个字符串的内容完全一样时，该函数返回0值（此时比较到两字符串同时都结束）。

③当两个字符串内容不同时，该函数返回值为两个串字符在第一个不相同的字符的ASCII码差值（串1减串2），即当串1大于串2时为正数，反之为负数。

6. 测字符串长度函数 strlen

格式：strlen（字符数组名）

功能：测字符串的实际长度（第一个结束标志之前的字符个数，不包含结束标志）并作为函数返回值。

同步训练

选择题

1. 以下对一维整型数组 x 的正确说明是（　　）。
 A. int x(10);
 B. int n=10, x[n];
 C. int n;
    scanf("%d", &n);
 D. #define SIZE 10
    int x[SIZE];
    int x[n];

2. 以下对一维数组进行初始化正确的是（　　）。
 A. int m[10]=(0, 0, 0, 0);
 B. int m[10]={ };
 C. int m[]={0};
 D. char b[3]={a, b.c};

3. 下列说法中错误的是（　　）。
 A. 构成数组的所有元素的数据类型必须是相同的
 B. 用指针法引用数组元素允许数组元素的下标越界
 C. 一维数组元素的下标顺序是1、2、3…
 D. 定义数组的长度可以是整型常量表达式

4. 在 C 语言中，引用数组元素时，其数组下标的数据类型不允许是（　　）。
 A. 整型常量
 B. 整型表达式
 C. 整型常量或整型表达式
 D. 任何类型的表达式

5. 以下对二维数组 a 的正确说明是（　　）。
 A. int a[3][4];
 B. float a(3, 4);
 C. double a[1][4];
 D. float a(3)(4);

第5节　函数

一、用户自定义函数

1. 函数的定义

一个函数是由函数头和函数体组成的。其一般格式为：

类型标识符　函数名(形式参数表列)
{　声明语句部分；
　　可执行语句部分；
}

(1) 函数头(首部)

函数头(首部)是指格式中的第一行，它说明了函数类型、函数名称及参数的类型。

函数类型：函数返回值的数据类型，可以是基本数据类型，也可以是构造类型和指针类型。若省略，则默认为 int 类型；若不返回值，则定义为 void 类型。

形式参数：要求每个形式参数必须指定数据类型。

(2) 函数体

函数的功能和逻辑都在该部分实现。

2. 函数的调用

函数名(实参表)

实参与形参的个数必须相等，对应的类型应一致。实参与形参按顺序对应，一一传递数据。在一个函数中调用另一个函数时，程序控制就从调用函数(主调函数)转移到被调用函数，并且从被调用函数的函数体起始位置开始执行该函数中的语句。在执行完函数体中的所有语句，或者遇到 return 语句时，程序控制就返回主调函数中继续执行。

3. 函数调用中的数据传递

(1) 形式参数与实际参数

形参与实参起到在主调函数和被调函数之间传递数据的作用。实参与形参要在个数、类型和位置上对应，在调用语句执行时，先把实参的值按对应关系传递给形参变量，作为形参的初始值，在被调函数中的运算数据以什么方式对应进行传递，C 语言分成以下两种情况。

①传值过程：把实参的值传递给形参作为其初始值开始运算。如果形参变量的值以后在被调用函数中被修改，不会影响实参变量的值，即实参变量与形参变量是两个不同的变量，即使名称相同，也会被分配不同的存储单元。

②传地址过程：两个函数对同一存储单元进行赋值或引用操作，实参变量和形参变量指向同一存储单元。

(2) 函数返回值

格式：return(返回值表达式);

若返回值的类型与函数类型不一致，则会以函数类型为标准。若定义函数没有说明类型，则默认返回值为整型。

4. 函数的递归调用

函数的递归调用是指在调用一个函数的过程中又出现直接或间接调用该函数本身的情况。

注意：不管递归调用要发生多少次，最终应该有一个"终点"，即当调用到某一层次时，由于满足某个条件而停止继续递归下去，从而产生一个转折点，开始逐级返回的过程。

二、变量的作用域和生存期

1. 变量的作用域

根据变量作用域的不同，变量被分为局部变量和全局变量两大类。

（1）局部变量

局部变量是指在函数内定义的变量，局部变量只能在定义它的函数内使用，除此之外的任何函数不能使用，主函数内定义的局部变量的作用范围也仅限于主函数。

局部变量甚至可以在函数内的复合语句中定义，这样的变量就只在该复合语句中有效。

（2）全局变量

全局变量是指在函数之外定义的变量，其作用范围是从定义位置开始到源文件结束为止，其间的函数都可以使用，可以说全局变量是多个函数的公共变量。

如果在一个文件中，某全局变量与某函数内的局部变量同名，则在该函数的执行过程中，局部变量发挥作用，全局变量被屏蔽起来不发挥作用。当程序流程离开该函数，全局变量又会恢复其作用。

2. 变量的生存期

变量的生存期是指变量在程序执行过程中的哪一段时期内存在、拥有分配的内存存储单元，即变量在哪些函数的执行期内被分配存储单元。

（1）动态存储变量

动态存储变量是指动态存储区存放、动态分配存储单元的数据，动态存储变量的生存期只限于所在函数的执行期。动态存储变量包括自动变量、形参变量和寄存器变量 3 种类型。

（2）静态存储变量

静态存储变量是指在静态存储区存放，在程序开始执行时就分配固定存储单元的变量。包括全局变量和静态局部变量两种类型。

①全局变量。由于全局变量的作用域基本包含文件中的所有函数，使全局变量在所有函数的执行过程中均存在，因此系统会为全局变量分配固定的存储单元供其长期使用。

②静态局部变量。静态局部变量是指在函数内定义、用关键字 static 进行说明的变量。静态存储变量是在编译时分配存储单元并赋初值，以后在整个文件的运行过程中始终保持该存储单元不变。

静态局部变量不会随函数的调用结束而释放，而会保留本次调用结束时的值，如果下一次再调用时则是使用上次调用结束时的值作为初始值参与运算。

三、命令行参数

main 函数一般没有参数，但如果想在执行一个已经编译、连接好的可执行文件时，直接在命令中向 main 函数传递参数，就需要对 main 函数进行命令行参数的设置和处置。

main 函数中的形式参数有两个：argc 是整型变量，表示命令行中参数的个数，包括可执行文件名在内，如果可执行文件名后有 n 个用空格隔开的参数，则 argc 的值等于 $n+1$；argv 是指针数组，数组元素分别对应命令行中的每个字符串。argv[0]指向可执行文件名字符串，argv[1]指向参数 1 的字符串。通过从实际参数到形式参数的对应，在 main 函数体内，就可以引用形式参数对命令中的参数进行处理了。

同步训练

选择题

1. 在 C 语言中，当函数调用时(　　)。
A. 实参和形参各占一个独立的存储单元
B. 实参和形参共用存储单元
C. 可以由用户指定实参和形参是否共用存储单元
D. 由系统自动确定实参和形参是否共用存储单元

2. 以下函数调用语句中实参的个数为(　　)。
exce((v1, v2), (v3, v4, v5), v6);
A. 3　　　　　　　B. 4　　　　　　　C. 5　　　　　　　D. 6

3. 如果在一个函数的复合语句中定义了一个变量，则该变量(　　)。
A. 只在该复合语句中有效，在该语复合句外无效
B. 在该函数中任何位置都有效
C. 在本程序的原文件范围内均有效
D. 此定义方法错误，其变量为非法变量

4. C 语言允许函数值类型缺省定义，此时该函数值隐含的类型是(　　)。
A. float 型　　　　B. int 型　　　　C. long 型　　　　D. double 型

5. C 语言规定，函数返回值的类型是由(　　)。
A. return 语句中的表达式类型所决定的
B. 调用该函数时的主调函数类型所决定的
C. 调用该函数时系统临时决定的
D. 在定义该函数时所指定的函数类型决定的

第 6 节　指针

一、指针与指针变量

1. 地址、指针与指针变量

（1）地址

在程序中定义的变量都会在编译时分配对应的存储单元，变量的值存放在存储单元中，而存储单元都有相应的地址，也就是我们对存储单元的编号即是地址。

（2）指针

变量的地址称为变量的指针，因此指针即是地址。

(3)指针变量

指针变量是专门用来存放指针的变量,即专门存放其他变量地址的变量。

2. 指针变量的定义

(1)指针变量的定义

指针变量需要在定义时用星号"*"作为类型标识,其定义格式为:

类型标识符 * 指针变量名;

(2)指针变量的赋值——取地址运算符 &

指针变量通过存放其中的指针指向另外一个变量。在指针变量的赋值中常要用到地址运算符"&",该运算的作用是得到其后变量的内存单元地址。

指针变量名=& 所指向的变量名;

(3)指针变量的引用——指针运算符 *

指针变量只有在被赋值后,才能被使用。而使用指针变量的目的在于对其指向的变量进行操作,因此要表示指针变量所指向的对象,就要使用指针运算符"*"。

例如:

int n=10, * p=&n;
printf("n=% d, n=% d", n, * p);

进行以上的定义和赋值后,指针变量 p 就指向整型变量 n,输出的 *p 即表示输出 n 的值,通过 n 和 *p 输出的结果是相同的,都是 10。

注意,在上面程序中出现了两个"*"号,其意义是不同的:第一处的"*"号是一个类型标识符,不是运算符,用于标识变量的 p 为指针类型变量;printf 中的"*"号才是指针运算符。"*"号与指针变量结合则是取指针变量所指向的地址里的值。

3. 指针与一维数组

指针变量=数组名;

数组名代表该数组的首地址,即指针变量指向该数组的首个元素。并且只要定义的指针变量类型与数组类型相同,指针变量加 1,则指针位置刚好移动一个元素位置,加 2,则移动 2 个元素位置,加 n,则移动 n 个元素位置。

数组的第一个元素是 a[0],用指针访问则可以写成 *p;p+1 指向第二个元素,要访问第二个元素可以写成 (p+1)。这样,引入指针变量后,就可以用两种方法来访问数组元素了。

若 p 的初值为 &a[0],则:

p+i 和 a+i 就是 a[i]的地址,或者说它们指向 a 数组的第 i 个元素。

*(p+i)或 *(a+i)就是 p+i 或 a+i 所指向的数组元素,即 a[i]。例如,*(p+5)或 *(a+5)就是 a[5]。引用一个数组元素可以用:

①下标法:用 a[i]形式访问数组数组。

②指针法:采用 *(a+i)或 *(p+i)形式,其中 a 是数组名,p 是指向数组的指针变量。

③指针下标法:采用 p[i]形式,当 p=a;p[i]与 a[i]等效,但 a 是常量地址,而 p 是变量地址。

当指针运算符和自增或自减运算符同时出现针对一个变量运算时,其位置关系的不同,对应的意义也不同。

例如,当指针变量 p 指向数组元素 a[0]的情况下:

①(*p)++:表示先取 *p 的值 a[0],再使所指元素的值加 1。

②++(*p)即++*p:表示先使 *p 的值加 1,即 a[0]=a[0]+1,再取 *p 的值 a[0]。

③ *p++ 即 *(p++)：表示先取 p，再使 p 加 1，指向下一个元素 a[1]。
④ *++p 即 *(++p)：表示先使 p 加 1，指向下一个元素 a[1]，再取 *p 的值 a[1]。

4. 指针与二维数组

(1) 二维数组把数据的组织分为 3 个层次：一是整个由行和列组成的二维数组，二是二维数组中的行，三是二维数组每行中的单个元素。

(2) 指向二维数组的指针变量

指向二维数组的指针变量，有多种形式，主要分为两大类，分别表示指向元素的指针变量和指向行的指针变量。

① 定义指向元素的指针变量：int *p;

该指针变量的特点是：指针的移动是以单个元素为基本单位，按照元素从上到下、行从左到右的顺序进行移动。

② 指向二维数组中某行的指针变量

定义指向二维数组中某行的指针变量，需要先定义指针变量为指向一维数组（行）的指针变量，这类指针被称为"数组指针"，其定义格式为：

指针类型名 (*指针变量名)[长度];

用一对圆括号把星号"*"和"指针变量名"括起来，表示该变量首先是一个指针类型变量；后面再跟上方括号，说明该指针变量所指的对象是一个一维数组，方括号内的"长度"表示所指一维数组的元素个数。

定义了数组指针后，指针变量的直接操作对象是二维数组的行，移动以行为单位进行。

例如：当 p 指向二维数组 b 的第一行 b[0]，p++后，p 将指向第二行 b[1]。

通过指针变量引用二维数组单个元素的形式发生变化。由于指针 p 的指向对象是整行，若当前指针 p 指向第一行 b[0]，则对元素 b[i][j] 的引用格式是 *(*(p+i)+j)。

5. 指针与字符串

(1) 指针变量直接指向常量字符串。例如：

char * p; p="apple";

把字符串存储区的起始地址赋值给指针变量 p。

(2) 指针变量指向已定义的字符数组。例如：

char s[10]={"apple"}, * p; p=s;

6. 指针数组

指针数组是指其元素为指针变量的数组，格式为：

类型标识符 *数组名[长度];

"数组名"先与右边的方括号相结合，表示该标识符是数组的名称；再与左边的"*"号相结合，表示该数组的元素是指针类型的数据。

区分数组指针，例如：

int * p[10];
int(* p)[10];

前一个 p 是包含 10 个指针变量元素的数组；后一个 p 是指针变量，指向一个包含 10 个元素的一维数组。

7. 指向指针的指针

指向的指针：首先是一个指针类型变量，该变量所指的对象又是一个指针变量，称为"二级指针"。二级指针的定义格式为：

类型标识符 **二级指针变量；

定义后需要把另一个指针变量的地址赋值给二级指针变量，格式为：

二级指针变量=&一级指针变量；

例如：

```
int a=10, * p1, * * p2;
p1=&a;
p2=&p1;
```

设置二级指针变量的目的并非针对其直接指向的指针变量进行处理，最终还是要对所指针变量指向的数据变量进行操作，因此要用二级指针引用数据变量，形式是：

**二级指针变量名；

例如，用 p2 表示变量 a 的形式是＊＊p2，＊p2 表示二级指针 p2 所指的对象 p1，因为 p1 是一级指针变量，所以＊p2 仍然是地址，再对＊p2 进行指针运算形成＊＊p2，才表示 p1 所指的对象整型变量 a。

8. 返回指针的函数

如果一个函数要返回指针类型值，就要在定义这个函数的函数头部时，对它的返回类型进行具体的定义，格式为：

返回类型标识符 *函数名(形式参数表)

9. 指向函数的指针

"指向函数的指针变量"是指存放函数指针的特殊指针变量。指向函数的指针变量与其他指针变量有着本质的不同：其他指针变量指向的是参与运算的操作数据，目的在于引用其指向的数据；而指向函数的指针变量指向的是函数，目的是通过指针变量来调用所指向的函数。

①定义：类型标识符(*指针变量名)(形参表)。

②赋值：指针变量名=函数名。

③使用：(*指针变量名)(实参表)。

同步训练

选择题

1. 若有以下定义和语句，且 0≤i<10 则对数组元素的错误引用是(　　)。

```
int a[10]={1, 2, 3, 4, 5, 6, 7, 8, 9, 10}, * p, i;
p=a;
```

A. *(a+i)　　　　B. a[p-a]　　　　C. p+i　　　　D. *(&a[i])

2. 若有定义"int a[3][4];"，(　　)不能表示数组元素 a[1][1]。

A. *(a[1]+1)　　　　　　　　　　B. *(&a[1][1])

C. (*(a+1)[1])　　　　　　　　　D. *(a+5)

3. 对如下定义，以下说法中正确的是(　　)。

```
char * a[2]={ "abcd","ABCD"};
```

A. 数组 a 的元素值分别为"abcd"和"ABCD"

B. a 是指针变量，它指向含有两个数组元素的字符型数组

C. 数组 a 的两个元素分别存放的是含有 4 个字符的一维数组的首地址

D. 数组 a 的两个元素中各自存放了字符'a'、'A'的地址

4. char *s="\t\\Name\\Address\n";
指针 s 所指字符串的长度为(　　)。
A. 说明不合法　　B. 19　　C. 18　　D. 15

5. 分析下面函数，以下说法正确的是(　　)。
```
swap(int * p1, int * p2)
{   int * p;
    * p=* p1; * p1=* p2; * p2=* p;
}
```
A. 交换*p1 和*p2 的值　　　　　　B. 正确，但无法改变*p1 和*p2 的值
C. 交换*p1 和*p2 的地址　　　　　D. 可能造成系统故障

第 7 节　用户建立的数据类型

一、结构体

1. 结构体的定义

结构体类型也是一种构造数据类型，需要用户根据描述数据的需要自己定义，它把不同类型的多个数据组合成有机的整体，用于描述一个对象的若干方面的属性。

用户需要先定义结构体类型，再用结构体类型定义结构体变量。定义结构体类型即是告诉系统它由哪些类型的成员构成，要占多少字节，按什么形式存储，并把它们当成一个整体来处理。只有使用新定义的结构体数据类型定义一个变量时，编译器才会为该变量分配内存空间。

结构体类型变量的定义分为两步，首先要定义结构体类型，然后用结构体类型名定义结构体变量。

定义结构体类型的格式为：
```
struct 结构体类型名
{   类型说明符成员名 1;
    …
    类型说明符成员名 n;
};
```
定义结构体变量的格式为：
```
struct 结构体类型名 结构体变量名;
```
也可以把结构体类型的定义和变量的定义结合在一起，格式为：
```
struct 结构体类型名
{   类型说明符成员名 1;
    ……
    类型说明符成员名 n;
}结构体变量名;
```

2. 结构体变量的引用

引用变量成员的一般形式为：
结构体变量名. 成员名

"."是成员运算符,表示对结构体变量的哪个成员进行引用,结构体中的成员除了在引用形式上与其他普通变量不同,其使用方法与相同类型的普通变量完全一样。

3. 结构体数组

一个结构体变量只能描述一个学生的信息,那如果需要处理多个学生的信息,就要用到结构体数组,数组的每个元素就是一个结构体变量。

4. 结构体指针

指针也可以指向结构体变量,当一个指针变量用来指向一个结构体变量时,称为结构体指针变量。

(1)定义结构体指针

struct 结构体名 * 结构体指针变量名;

(2)使用结构体指针

(* 结构体指针变量).成员名

结构体指针变量→成员名

二、共用体

共用体是指把几个不同类型的变量存储在同个地址开始的内存单元中的一种结构类型。共用体的定义、说明和使用形式上与结构体类似,但是对两种类型的处理方式却有本质的区别:结构体变量的每个成员拥有固定的存储单元,因此结构体变量占用的总字节数等于所有成员所占字节数的总和;共用体的所有成员共用一段存储区域,共用体变量占有内存的总字节数是其最长成员所占的字节数。

共用体的特点如下。

①同一个内存段可以用来存放几种不同类型的成员,但在每一瞬时只能存放其中一种。也就是说,每一个瞬间只有一个成员起作用,其他成员不起作用,即不是同时都存在和起作用。

②共用体变量中起作用的成员是最后一次存放的成员,在存入一个新的成员后原有的成员就失去作用。

③共用体类型可以出现在结构体类型定义中,也可以定义共用体数组。

三、枚举类型

如果一个变量只有几种可能的整数值,可以一一列举出来,并希望为每个值取一个名字代表,则可以把该变量定义成枚举类型。

定义枚举类型的格式为:

enum 枚举类型名

{   标识符[=整型常数],

 …

  标识符[=整型常数],

}枚举变量;

如果对枚举类型的成员赋值,C 语言会自动把 0、1、2、3、…、n-1 分赋给第 1、第 2、第 3、…、第 n-1 个枚举元素。如果其中某一个元素单独赋值,除该元素值为所赋值之外,它后面的元素值也在该值的基础上依次增加 1,并依此类推。

四、自定义类型

C 语言提供了丰富的数据类型,允许用户为定义的数据类型名另外再取一个别名,以便简化对类型名的引用，或增加程序的可读性。这项功能由类型定义符 typedef 完成，格式为：

  typedef 原类型名 新类型名；

  原类型名：可以是任意已定义的数据类型，包括系统的各种基本数据类型名及用户自定义的构造类型名。

  新类型名：是用户自己全名的标识符，一般由大写字母组成。在进行新类型名的指定后，在以后变量的定义中，就可以直接使用新类型名了。

同步训练

选择题

1. 说明一个结构体变量时系统分配给它的内存是(　　)。
 A. 各成员所需要内存量的总和 B. 结构体中第一个成员所需内存量
 C. 成员中占内存量最大者所需的容量 D. 结构中最后一个成员所需内存量

2. C 语言结构体类型变量在程序执行期间(　　)。
 A. 所有成员一直驻留在内存中 B. 只有一个成员驻留在内存中
 C. 部分成员驻留在内存中   D. 没有成员驻留在内存中

3. 设有以下说明语句
struct stu { int a; float b; } stutype;
则下面的叙述不正确的是(　　)。
 A. struct 是结构体类型的关键字 B. struct stu 是用户定义的结构体类型
 C. stutype 是用户定义的结构体类型名 D. a 和 b 都是结构体成员名

4. 程序中有下面的说明和定义
struct abc { int x; char y;}
struct abc s1, s2;
则会发生的情况是(　　)。
 A. 编译出错   B. 程序将顺利编译、链接、执行
 C. 能顺利通过编译、链接，但不能执行 D. 能顺利通过编译，但链接出错

5. 有如下定义
struct person { char name[9]; int age;};
struct person class[10]={ "Johu", 17,"Paul", 19,"Mary", 18,"Adam", 16};
根据上述定义，能输出字母 M 的语句是(　　)。
 A. prinft("%c\n", class[3].name);
 B. printf("%c\n", class[3].name[1]);
 C. prinft("%c\n", class[2].name[1]);
 D. printf("%c\n", class[2].name[0]);

第8节 文件

1. 打开文件函数 fopen

文件指针名=fopen(文件名,打开方式);

文件打开方式有以下4种模式。

①只读模式：只能从文件读取数据，要求文件本身存在。

②只写模式：只能向文件输出数据。如果文件本身存在，则删除文件的全部内容，准备写入新的数据；如果文件不存在，则建立一个以当前文件名全名的文件。

③追加模式：一种特殊写模式，要求文件本身存在。从文件的末端写入新的数据，文件原有数据保持不变。

④读写模式：既可向文件写入数据，又可从文件读取数据。有如下几个参数。

"r+""rb+"：要求文件已经存在。

"w+""wb+"：若文件已经存在，则删除当前文件的内容，然后进行读写操作，若文件不存在，则建立新文件，开始对文件进行读写操作。

"a+""ab+"：要求文件已经存在，从当前文件末端进行读写操作。

2. 关闭文件函数 fclose

fclose(文件指针名);

3. 字符的读取函数 fgetc

字符变量=fgetc(文件指针);

4. 字符的写入函数 fputc

fputc(字符量,文件指针);

5. 数值的读取函数 getw

整型变量=getw(文件指针);

6. 数值的写入函数 putw

putw(整型变量,文件指针);

7. 字符串读取函数 fgets

fgets(字符数组名,n,文件指针);

其中，n是一个正整数，表示从文件中读出的字符串不超过n-1个字符，在读入的最后一个字符后加上串结束标志'\0'。

8. 字符串写入函数 fputs

fputs(字符串,文件指针);

其中，字符串可以是字符串常量，也可以是字符数组名或指针变量。

9. 格式化读写函数

格式化读取函数：fscanf(文件指针,格式字符串,输入表列);

格式化写入函数：fprintf(文件指针,格式字符串,输出表列);

10. 块的读写函数

读数据块函数：fread(buffer, size, count, fp);

写数据块函数：fwrite(buffer, size, count, fp);

其中：

buffer：是一个指针，在 fread 函数中，它表示存放输入数据的首地址；在 fwrite 函数中，它表示存放输出数据的首地址。

size：表示数据块的字节数。

count：表示要读写的数据块的块数。

fp：表示文件指针。

11. 文件定位函数 fseek

`fseek(文件指针,位移量,起始点);`

其中：

"文件指针"指向被移动的文件。

"位移量"表示移动的字节数，要求位移量是 long 型数据。

"起始点"表示从何处开始计算位移量，规定的起始点有 3 种：文件首、当前位置和文件尾。

文件头：SEEK_SET0

文件尾：SEEK_END2

当前位置：SEED_CUR1

文件偏移量的计算单位为字节，文件偏移量可为负值，表示从当前位置向反方向偏移。

12. 函数 rewind

`rewind(文件指针);`

作用将当前文件指针重新移动到文件的开始位置。

13. 函数 ftell

`ftell(文件指针);`

作用是获得文件指针的当前位置，此位置为相对于文件开始位置的相对偏移量。

同步训练

选择题

1. 若 fp 是指某文件的指针，且已读到文件的末尾，则表达式 feof(fp) 的返回值是(　　)。
   A. EOF　　　　B. -1　　　　C. 非零值　　　　D. NULL

2. C 语言可以处理的文件类型是(　　)。
   A. 文本文件和数据文件　　　　B. 文本文件和二进制文件
   C. 数据文件和二进制文件　　　　D. 数据代码文件

3. C 语言库函数 fgets(str, n, fp) 的功能是(　　)。
   A. 从文件 fp 中读取长度 n 的字符串存入 str 指向的内存
   B. 从文件 fp 中读取长度不超过 n-1 的字符串存入 str 指向的内存
   C. 从文件 fp 中读取 n 个字符串存入 str 指向的内存
   D. 从 str 读取至多 n 个字符到文件 fp 中

4. 函数 rewind 的作用是(　　)。
   A. 使位置指针重新返回文件的开头
   B. 将位置指针指向文件中所要求的特定位置
   C. 使位置指针指向文件的末尾
   D. 使位置指针自动移至下一个字符位置

5. 在执行 fopen 函数时,若执行不成功,则函数的返回值是( )。
A. TRUE　　　　B. -1　　　　C. 1　　　　D. NULL

跟踪训练1

一、选择题

1. 设 x 和 y 均为 int 型变量,则语句"x+=y, y=x-y; x-=y;"的功能是( )。
A. 把 x 和 y 按从大到小排列　　　B. 把 x 和 y 按从小到大排列
C. 无确定结果　　　　　　　　　D. 交换 x 和 y 的中的值

2. 若有以下定义:则表达式 a*b+d-c 值的类型为( )。
char a; int b; float c; double d;
A. float　　　　B. int　　　　C. char　　　　D. double

3. 若有以下定义和语句:则输出结果是( )。
int u=010, v=0x10, w=10;
printf("%d,%d,%d\n", u, v, w);
A. 8, 16, 10　　B. 10, 10, 10　　C. 8, 8, 10　　D. 8, 10, 10

4. 以下程序运行后的输出结果是( )。
```
main()
{   int x, y, z;
    x=y=1;
    z=x++, y++, ++y;
    printf("%d,%d,%d\n"x, y, z);
}
```
A. 2, 3, 3　　B. 2, 3, 2　　C. 2, 3, 1　　D. 2, 2, 1

5. 下列叙述中错误的是( )。
A. 计算机不能直接执行用 C 语言编写的源程序
B. C 程序经 C 编译后,生成后缀为 .obj 的文件是一个二进制文件
C. 后缀为 .obj 的文件,经过链接程序生成后缀为 .exe 的文件是一个二进制文件
D. 后缀为 .obj 和 .exe 的二进制文件都可以直接运行

6. 在 C 语言中运算对象必须是整型的运算符是( )。
A. %=　　　　B. /　　　　C. =　　　　D. <=

7. 若已定义 i 和 j 为 double 类型,则表达式 i=1, j=i+3/2 的值是( )。
A. 1　　　　B. 2　　　　C. 2.0　　　　D. 2.5

8. 若变量 a、i 已正确定义,且 i 已正确赋值,合法的语句是( )。
A. a==1　　B. ++i;　　C. a=a++=5;　　D. a=int(i);

9. ( )是非法的 C 语言转义字符。
A. '\b'　　　B. '\0xf'　　　C. '\037'　　　D. '\'

10. 若有以下程序段:
int c1=1, c2=2, c3;
c3=1.0/c2*c1;
则执行后,c3 中的值是( )

A. 0　　　　　　　B. 0.5　　　　　　C. 1　　　　　　　D. 2

11. 有以下程序，程序运行后的输出结果是(　　)。
```
main()
{   int a; char c=10;
    float f=100.0; double x;
    a=f/=c*=(x=6.5);
    printf("%d%d%3.1f%3.1f\n", a, c, f, x);
}
```
A. 1 65 1 6.5　　　B. 1 65 1.5 6.5　　C. 1 65 1.0 6.5　　D. 2 65 1.5 6.5

12. 以下针对 scanf 函数的叙述中，正确的是(　　)。
A. 输入项可以为一实型常量，如 scanf("%f", 3, 5);
B. 只有格式控制，没有输入项，也能进行正确输入，如 scanf("a=%d, b=%d");
C. 当输入一个实型数据时，格式控制部分应规定小数点后的位数，如 scanf("4.2f", &f);
D. 当输入数据时，必须指明变量的地址，如 scanf("%f", &f);

13. 设有如下程序段，则以下叙述正确的是(　　)。
```
int a=2002, b=2003; printf("%d\n",(a, b));
```
A. 输出语句中格式说明符的个数少于输出项的个数，不能正确输出
B. 运行时产生出错信息
C. 输出值为 2002
D. 输出值为 2003

14. 以下非法的赋值语句是(　　)。
A. n=(i=2, ++i);　　　　　　　　　B. j++;
C. ++(i+1);　　　　　　　　　　　D. x=j>0;

15. 已知 i、j、k 为 int 型变量，若从键盘输入：1, 2, 3<回车>，使 i 的值为 1、j 的值为 2、k 的值为 3，以下选项中正确的是(　　)。
A. scanf("%2d%2d%2d", &i, &j, &k);
B. scanf("%d %d %d", &i, &j, &k);
C. scanf("%d,%d,%d", &i, &j, &k);
D. scanf("i=%d, j=%d, k=%d", &i, &j, &k);

16. 以下程序段的输出结果是(　　)。
```
int a=1234; printf("%2d\n", a);
```
A. 12　　　　　　　B. 34　　　　　　　C. 1234　　　　　　D. 提示出错、无结果

17. 若变量已正确说明为 float 类型，要通过语句"scanf("%f %f %f", &x, &y, &z);"给 x 赋予 10.0，y 赋予 22.0，z 赋予 33.0，不正确的输入形式是(　　)。

A. 10<回车>　　　　　　　　　　　B. 10.0, 22.0, 33.0<回车>
　　22<回车>
　　33<回车>

C. 10.0<回车>　　　　　　　　　　D. 10 22<回车>
　　22.033.0<回车>　　　　　　　　　33<回车>

18. 以下程序的输出结果是(　　)。
```
main()
{   int k=17;
```

```
    printf("%d,%o,%x\n", k, k, k);
}
```
A. 17, 021, 0x11　　　B. 17, 17, 17　　　　C. 17, 0x11, 021　　　D. 17, 21, 11

19. 设有以下程序：
```
#include<stdio.h>
main()
{
    char i1, i2, i3, i4, i5, i6;
    scanf("%c%c%c%c", &i1, &i2, &i3, &i4);
    i5=getchar();
    i6=getchar();
    putchar(i1); putchar(i2);
    printf("%c%c\n", i5, i6);
}
```
若运行时从键盘输入数据：
eof<回车>
xyzk<回车>
则输出结果是(　　)。

A. eofx　　　　　　　B. eoxy　　　　　　　C. eoyz　　　　　　　D. eozk

20. 下列不可作为 C 语言赋值语句的是(　　)

A. x=3, y=5;　　　　B. a=b=6;　　　　　　C. i--;　　　　　　　D. y=int(x);

21. 有定义语句：int a=1, b=2, c=3, x;，则以下选项中各程序段执行后，x 的值不为 3 的是(　　)。

A. if(c<a) x=1;
　 else if(b<a) x=2;
　 else x=3; else x=1;

B. if(a<3) x=3;
　 else if(a<2) x=2;

C. if(a<3) x=3;
　 if(a<2) x=2;
　 if(a<1) x=1;

D. if(a<b) x=b;
　 if(b<c) x=c;
　 if(c<a) x=a;

22. 有以下程序，执行后输出结果是(　　)。
```
main()
{ int i=1, j=1, k=2; if((j++||k++)&&i++)printf("%d,%d,%d\n"i, j, k);}
```
A. 1, 1, 2　　　　　　B. 2, 2, 1　　　　　　C. 2, 2, 2　　　　　　D. , 2, 2, 3

23. 若有以下程序
```
#include<stdio.h>
main()
{
    int s=0, n;
    for(n=0; n<4; n++)
    {
        switch(n)
        {  default: s+=4;
           case 1: s+=1; break;
```

```
            case 2: s+=2; break;
            case 3: s+=3;
        }
    }
    printf("% d", s);
}
```
则以下程序的输出结果是(　　)。
A. 10　　　　　　　B. 11　　　　　　　C. 13　　　　　　　D. 15

24. 有以下程序
```
#include<stdio.h>
main()
{
    int a=0, b=1;
    if(a++&&b++)
      printf("TRUE");
    else
      printf("FALSE");
    printf(": a=% d, b=% d \n", a, b);
}
```
程序运行后的结果是(　　)。
A. FALSE：a=1, b=1　　　　　　B. FALSE：a=0, b=1
C. TRUE：a=1, b=2　　　　　　 D. TRUE：a=0, b=2

25. 有以下程序
```
#include<stdio.h>
main()
{
    int x=1, y=2, z=3;
    if(x>1)
    if(y>x)putchar('A');
    elseputchar('B');
    else if(z<x)putchar('C');
    elseputchar('D');
}
```
程序运行后的结果是(　　)。
A. D　　　　　　　B. C　　　　　　　C. B　　　　　　　D. A

26. 以下选项中，两个条件语句语义等价的是(　　)。
A. if(a=2)　printf("%d \n", a);　　　B. if(a-2)　printf("%d \n", a);
　　if(a==2)　printf("%d \n", a);　　　　if(a! =2)　printf("%d \n", a);
C. if(a)　printf("%d \n", a);　　　　D. if(a-2)　printf("%d \n", a);
　　if(a==0)　printf("%d \n", a);　　　　if(a==2)　printf("%d \n", a);

27. 有以下程序，执行后输出的结果是(　　)。
```
mian()
{   int a=5, b=4, c=3, d=2;
```

```
    if(a>b>c) printf("% d \n", d);
    else if((c-1>=d)==1) printf("% d \n", d+1);
    else printf("% d \n", d+2);
}
```
A. 2　　　　　　B. 3　　　　　　C. 4　　　　　　D. 编译时有错，无结果

28. 已有定义：int i=3, j=4, k=5;，则表达式!(i+j)+k-1&&j+k/2 的值是(　　)。
A. 6　　　　　　B. 0　　　　　　C. 2　　　　　　D. 1

29. 有一函数，以下程序段中不能根据 x 的值正确计算出 y 的值是(　　)。

A. if(x>0) y=1;
   else if(x==0) y=0;
   else y=-1;

B. y=0;
   if(x>0) y=-1;
   else if(x<0) y=-1;

C. y=0;
   if(x>=0)
   if(x>0) y=1;
   else y=-1;

D. if(x>=0)
   if(x>0) y=1;
   else y=0;
   else y=-1;

30. 以下程序的输出结果是(　　)。
```
main()
{   int a=4, b=5, c=0, d;
    d=! a&&! b | |! c;
    printf("% d \n", d);
}
```
A. 1　　　　　　B. 0　　　　　　C. 非 0 的数　　　D. -1

31. 若二维数组 a 有 m 列，则计算任一元素 a[i][j]在数组中位置的公式为(　　)。
A. i*m+j　　　B. j*m+i　　　C. i*m+j-1　　　D. i*m+j+1

32. 若有说明：int a[ ][3]={1, 2, 3, 4, 5, 6, 7};，则 a 数组第一维大小是(　　)。
A. 2　　　　　　B. 3　　　　　　C. 4　　　　　　D. 无确定值

33. 若有说明，int a[10];，则对 a 数组元素的正确引用是(　　)。
A. a[10]　　　B. a[3.5]　　　C. a(5)　　　D. a[10-10]

34. 在 C 语言中，一维数组的定义方式为：类型说明符　数组名(　　)。
A. [常量表达式]
B. [整型表达式]
C. [整型常量]或[整型表达式]
D. [整型变量]

35. 以下能对一维数组进行正确初始化的语句形式是(　　)。
A. int a[3][ ];
B. int a[10]={};
C. int a[ ]={};
D. int a[10]={10*1};

36. 若有说明：int a[3][4];，则对 a 数组元素的正确引用是(　　)。
A. a[0][2*1]　　B. a[1][4]　　C. a[4-1][0]　　D. a[0][4]

37. 以下能对二维数组 a 进行正确初始化的语句是(　　)。
A. int a[2][ ]={{1, 2, 2}, {3, 4, 5}};
B. int a[ ][3]={{2, 2, 3}, {4, 5, 6}};
C. int a[2][4]={{1, 2, 2}, {3, 2}, {5}};
D. int a[ ][3]={{1, 9, 1, 4}, { }, {1, 1}};

38. 以下各组选项中，均能正确定义二维实型数组 a 的选项是(　　)。
A. float a[2][3];
　 float a[ ][4];
　 float a[3][0]={{1}，{9}};
B. float a(3,4);
　 float a[2][3];
　 float a[ ][ ]={{0}．{3}};
C. float a[3][3];
　 static float a[ ][4]={{0}，{0}};
　 auto float a[ ][4]={{0}，{0}，{0}};
D. flaot a[3][4];
　 float a[3][ ];
　 float a[ ][4];

39. 若有说明：int a[ ][4]={0,0};，则下面不正确的叙述是(　　)。
A. 数组 a 的每个元素都可以得到初值 0
B. 二维数组 a 的第一维大小为 1
C. 只有元素 a[0][0]和 a[0][1]可得到初值 0，其余元素均得不到初值 0
D. 因为二维数组 a 中第二维大小的值除以初值个数的商为 1，所以数组 a 的行数为 1

40. 对以下定义语句的正确理解是(　　)。
int a[10]={6, 7, 8, 9, 10};
A. 将 6, 7, 8, 9, 10 依次赋给 a[1]~a[5]
B. 将 6, 7, 8, 9, 10 初值依次赋给 a[0]~a[4]
C. 将 6, 7, 8, 9, 10 初值依次赋给 a[6]~a[10]
D. 因为数组长度与初值的个数相同，所以此初始化语句不正确

二、写出下面程序的执行结果

1.
```
#include<stdio.h>
main()
{   int x=68;
    printf("% c,% d", x, ~x);
}
```

2.
```
#include<stdio.h>
f(int arr[])
{   int i=0;
    for(; arr[i]<=10; i+=2)
        printf("% d,", arr[i]);
}
main()
{   int arr[]={2, 4, 6, 8, 10, 12};
    f(arr+1); }
```

3.
```
#include<stdio.h>
main()
{   char c='A'+'10'-'5';
    printf("c=% c\n", c);   }
```

4.
```
main()
{   int a[3][4]={1, 2, 3, 4, 5, 6, 7, 8, 9, 10, 11, 12}, b[4][3];
    inti, j;
    for(i=0; i<3; i++)
      for(j=0; j<4; j++)
        b[j][i]=a[i][j];
```

```
    for(i=0; i<4; i++)
    {   for(j=0; j<3; j++)
        printf("% 5d", b[i][j]);
        printf("\n");   }
}
```

5.
```
#include "stdio.h"
main()
{   int a, b, c, s, w, t;
    s=w=t=0;
    a=-1; b=3; c=3;
    if(c>0) s=a+b;
    if(a<=0)
    {   if(b>0)
        if(c<=0) w=a-b;
    }
    else if(c>0) w=a-b;
    else t=c;
    printf("%d%d%d", s, w, t);   }
```

6. 已知 int a=12, n=5; 则下列表达式运算后 a 的值各为多少？

a+=a   a 的值为_____。

a-=2   a 的值为_____。

a*=2+3   a 的值为_____。

a/=a+a   a 的值为_____。

a%=(a%=2)   a 的值为_____。

a+=a-=a*=a   a 的值为_____。

7. 以下程序运行后的输出结果是_____。
```
main()
{   int a, b, c;
    a=25;
    b=025;
    c=0x25;
    printf("%d%d%d\n", a, b, c);
}
```

8. 若有语句 int i=-19, j=i%4; printf("%d\n", j); 则输出结果是_____。

9. 以下程序的输出结果是_____。
```
main()
{   int a=0; a+=(a=8);
    printf("%d\n", a);
}
```

10. 若 a 是 int 变量，则执行表达式 a=25/3%3 后，a 的值是_____。

三、填空题

(1) 编写一个验证正整数 M 是否为素数的函数，若 M 是素数则把 1 送到 T 中，否则把 0 送到 T 中。在主函数中读入 N 个正整数，每读入一个则调用函数判断它是否为素数，在主函数中将 T 的值累加到另一个变量中。用此方法可求出 N 个数中素数的个数。请填空完成上述功能的程序。

```c
#include<stdio.h>
#include<math.h>
int prime(int m)
{   int i, pp=1;
    for(i=2;     ①    ; i++)
    if(m % i==0) pp=0;
    if(m==1)   ②
    return(pp);
}
main()
{   int a[20], i, sum=0;
    for(i=0; i<10; i++)
    {   scanf("% d", &a[i]);
        sum=    ③
    }
    printf("the number of prime data is:% d", sum);
}
```

(2) 编写一函数，由实参传来一个字符串，统计此字符串中字母、数字、空格和其他字符的个数，在主函数中输入字符串以及输出上述的结果。请填空完成上述功能的程序。

```c
#include<stdio.h>
#include<string.h>
void fltj(char str[], int a[])
{   int ll, i;
    ll=   ①
    for(i=0; i<ll; i++)
    {   if(   ②   ) a[0]++;
        else if(   ③   ) a[1]++;
            else if(   ④   ) a[2]++;
                else a[3]++;
    }
}
main()
{   static char str[60];
    static int a[4]={0, 0, 0, 0};
    gets(str);
    fltj(str, a);
    printf("% s char:% d digit:% d space:% d other:% d", str, a[0], a[1], a[2], a[3]);
}
```

(3) 用递归方法求 N 阶勒让德多项式的值，递归公式为

$$P = \begin{cases} 1 & (n=0) \\ x & (n=1) \\ ((2n-1) \cdot x \cdot p_{n-1}(x) - (n-1) \cdot p_{n-2}(x))/n & (n>1) \end{cases}$$

```
#include<stdio.h>
main()
{   float pn(float, int);
    float x, lyd;
    int n;
    scanf("% d% f", &n, &x);
    lyd= ____①____
    printf("pn=% f", lyd);
}
float pn(float x, int n)
{   float temp;
    if(n==0) temp= ____②____
    else if(n==1) temp= ____③____
        else temp= ____④____
        return(temp);
}
```

跟踪训练2

一、选择题

1. 以下选项中不属于 C 语言的类型的是(　　)。
   A. signed short int　　　　　　B. unsigned long int
   C. unsigned int　　　　　　　D. long short

2. 以下选项中属于 C 语言的数据类型是(　　)。
   A. 复数型　　　B. 逻辑型　　　C. 双精度型　　　D. 集合型

3. 将二进制数 10000001 转换为十进制数应该是(　　)。
   A. 127　　　　B. 129　　　　C. 126　　　　D. 128

4. 有一个数值是 152，它与十六进制数 6A 相等，那么该数是(　　)。
   A. 二进制数　　B. 八进制数　　C. 十进制数　　D. 四进制数

5. 设有如下的变量定义，则以下符合 C 语言语法表达式是(　　)。
   ```
   int i=8, k, a, b;
   unsigned long w=5;
   double x=1.42, y=5.2;
   ```
   A. a+=a-=(b=4)*(a=3)　　　　B. x%(-3)
   C. a=a*3=2　　　　　　　　　D. y=float(i)

6. 有以下程序若想从键盘上输入数据，使变量 m 中的值为 123，n 中的值为 456，p 中的值为 789，则正确的输入为(　　)。
   ```
   main()
   {   int m, n, p;
       scanf("m=% dn=% dp=% d", &m, &n, &p);
       printf("% d% d% d\n", m, n, p);
   }
   ```
   A. m=123n=456p=789　　　　B. m=123 n=456 p=789

C. m=123, n=456, p=789　　　　D. 123 456 789

7. 有以下程序，程序运行后的输出结果是(　　)。
```
main()
{   int s1=0256, s2=256;
    printf("%o %o\n", s1, s2);
}
```
　A. 0256 0400　　B. 0256 256　　C. 256 400　　D. 400 400

8. 有以下程序，程序运行后的输出结果是(　　)。
```
main()
{   int c1=55, c2=33;
    printf("%d\n", c1, c2);
}
```
　A. 错误信息　　B. 55　　C. 33　　D. 55，33

9. 若 a, b 均定义为 int 型，c 定义为 double 型，以下不合法的 scanf 函数调用语句是(　　)。
　A. scanf("%d%lx,%le", &a, &b, &c);　　B. scanf("%2d*%d%lf", &a, &b, &c);
　C. scanf("%x*%d%o", &a, &b);　　D. scanf("%x%o%6.2f", &a, &b, &c);

10. 有以下程序，执行后输出结果是(　　)。
```
main()
{   int x=102, y=012;
    printf("%2d,%2d", x, y);
}
```
　A. 10, 01　　B. 02, 12　　C. 102, 10　　D. 02, 10

11. 设有定义：int a=2, b=3, c=4; 则以下选项中值为 0 的表达式是(　　)
　A. (!a==0)&&(!b==0)　　B. (a<0)&&(!c||1)
　C. a&&b　　D. a||(b+b)&&(c-a)

12. 设变量 a、b、c、d 和 y 都已正确定义并赋值。若有以下定义 if 语句，该语句所表示的含义是(　　)。
```
if(a<b)
if(c==d) y=0;
    else y=1;
```
　A. $y=\begin{cases}0 & a<b \text{ 且 } c=d \\ 1 & a \geq b\end{cases}$　　B. $y=\begin{cases}0 & a<b \text{ 且 } c=d \\ 1 & a \geq b \text{ 且 } c \neq d\end{cases}$

　C. $y=\begin{cases}0 & a<b \text{ 且 } c=d \\ 1 & a<b \text{ 且 } c \neq d\end{cases}$　　D. $y=\begin{cases}0 & a<b \text{ 且 } c=d \\ 1 & c \neq d\end{cases}$

13. 有以下程序
```
#include<stdio.h>
main()
{
    int a=4, b=9;
    printf("a=%d, b=%%d\n", a, b);
}
```
程序的输出结果是(　　)。

A. a=4, b=9   B. a=4, b=%5   C. a=4, b=%d   D. 运行出错

14. 以下程序段的运行结果是(   )。
```
int a=3, b=7, c=10;
printf("% d", c>10? c+100: c-10);
printf("% d", a++ | |b++);
printf("% d", a>b);
printf("% d", a&&b);
```
A. 0111   B. 1111   C. 0101   D. 0100

15. 当把以下4个表达式用作if语句的控制表达式时,有一个选项与其他3个选项含义不同,这个选项是(   )。
A. k%2   B. k%2==1   C. (k%2)!=0   D. ! k%2==1

16. 有以下程序,程序运行后的结果是(   )。
```
main()
{ int i=1, j=2, k=3;
  if(i++==1&&(++j==3| |k++==3))
  printf("% d % d % d\n", i, j, k);
}
```
A. 1 2 3   B. 2 3 4   C. 2 2 3   D. 2 3 3

17. 设有定义：
```
int n=1234;
double x=3.1415;
```
则语句 printf("%3d,%1.3f", n, x); 的输出结果是(   )。
A. 1234, 3.142   B. 123, 3.142   C. 1234, 3, 141   D. 123, 3. 141

18. 有以下程序,程序运行后的结果是(   )。
```
main()
{ int a=3, b=4, c=5, d=2;
  if(a>b)
  if(b<c) printf("% d", d++ +1);
  elseprintf("% d", ++d +1);
  printf("% d\n", d);
}
```
A. 2   B. 3   C. 43   D. 44

19. 下列语句中,功能与其他语句不同的是(   )。
A. if(a) printf("%d\n", x); else printf("%d\n", y);
B. if(a==0) printf("%d\n", y); else printf("%d\n", x);
C. if(a!=0) printf("%d\n", x); else printf("%d\n", y);
D. if(a==0) printf("%d\n", x); else printf("%d\n", y);

20. 有以下程序,程序运行后的输出结果是(   )。
```
main()
{ int a=1, b=2, m=0, n=0, k;
  k=(n=b>a)| |(m=a<b);
  printf("% d,% d\n", k, m);
}
```

A. 0, 0   B. 0, 1   C. 1, 0   D. 1, 1

21. 以下程序运行后的输出结果是(　　)。
```
main()
{   int a, b, k=25;
    a=k/10%9; b=a&&(-1);
    printf("%d,%d\n",a, b);
}
```
A. 6, 1   B. 2, 1   C. 6, 0   D. 2, 0

22. 设以下变量均为 int 类型，则值不等于 7 的表达式是(　　)。
A. (x=y=6, x+y, x+1)   B. (x=y=6, x+y, y+1)
C. (x=6, x+1, y=6, x+y)   D. (y=6, y+1, x=y, x+1)

23. 在 16 位 C 编译系统上，若定义 long a;，则能给 a 赋 40000 的正确语句是(　　)。
A. a=20000+20000;   B. a=4000*10;
C. a=30000+10000;   D. a=4000L*10L;

24. 有以下定义语句
```
double a, b; int w; long c;
```
若各变量已正确赋值，则下列选项中不正确的表达式是(　　)。
A. a=a+b=b++   B. w%(int)(a+b)   C. (c+w)%(int)a   D. w=a==b

25. 以下程序运行后的输出结果是(　　)。
```
main()
{   unsigned int a;
    int b=-1;
    a=b;
    printf("%u", a);
}
```
A. -1   B. 65535   C. 32767   D. -32768

26. 以下符合 C 语言语法的实型常量是(　　)。
A. 1.2E0.5   B. 3.14.159E   C. .5E-3   D. E15

27. 设有以下定义，则下面语句中错误的是(　　)。
```
#define d 2
int a=0;
double b=1.25;
char c='A';
```
A. a++;   B. b++;   C. c++;   D. d++;

28. 以下 4 个选项中不能看作一条语句的是(　　)。
A. {;}   B. x=0, y=0, z=0;
C. if(k>0)   D. if(b==0) a=1; b=2;

29. 以下叙述中正确的是(　　)。
A. C 程序中注释部分可以出现在程序中任意合适的地方
B. 大括号"{"和"}"只能作为函数体的定界符
C. 构成 C 程序的基本单位是函数，所有函数名都可以由用户自定义
D. 分号是 C 语句之间的分隔符，不是语句的一部分

30. 设变量 x 为 float 型且已赋值，则以下语句中能将 x 中的数值保留到小数点后两位，并将第三位四舍五入的是(　　)。

A. x=x*100+0.5/100.0;
B. x=(x*100+0.5)/100.0;
C. x=(int)(x*100+0.5)/100.0
D. x=(x/100+0.5)*100.0

31. 若有以下定义和语句：
int w[2][3],(*pw)[3]; pw=w;
则对 w 数组元素非法引用是(　　)。

A. *(w[0]+2)   B. *(pw+1)[2]   C. pw[0][0]   D. *(pw[1]+2)

32. 有以下说明和语句，则(　　)是对 c 数组元素的正确引用。
int c[4][5],(*cp)[5];
cp=c;

A. cp+1   B. *(cp+3)   C. *(cp+1)+3   D. *(*cp+2)

33. 设有如下的程序段：
char str[ ]="Hello";
char *ptr;
ptr=str;
执行上面的程序段后，*(ptr+5)的值为(　　)。

A. 'o'   B. '\0'   C. 不确定的值   D. 'o'的地址

34. 下面函数的功能是(　　)。
sss(char *s,char *t)
{ while((*s)&&(*t)&&(*t++==*s++));
  return(*s-*t);}

A. 求字符串的长度
B. 比较两个字符串的大小
C. 将字符串 s 复制到字符串 t 中
D. 将字符串 s 接续到字符串 t 中

35. 在下面各语句行中，能正确进行字符串赋值操作的语句是(　　)。

A. char ST[5]={"ABCDE"};
B. char S[5]={'A','B','C','D','E'};
C. char *S;S="ABCDE";
D. char *S;scanf("%S",S);

36. 下列函数的功能是(　　)。
int fun1(char *x)
{ char *y=x;
  while(*y++);
  return(y-x-1);}

A. 求字符串的长度
B. 比较两个字符串的大小
C. 将字符串 x 复制到字符串 y
D. 将字符串 x 连接到字符串 y 后面

37. 请读程序：
```
#include <stdio.h>
#include <string.h>
void main()
{ char *s1="ABCDEF",*s2="aB";
  s1++;s2++;
  printf("%d\n",strcmp(s1,s2));
}
```
上面程序的输出结果是(　　)。

A. 正数　　　　　　B. 负数　　　　　　C. 零　　　　　　D. 不确定的值

38. 设有如下定义：

int (* ptr)();

则以下叙述中正确的是(　　)。

A. ptr 是指向一维组数的指针变量

B. ptr 是指向 int 型数据的指针变量

C. ptr 是指向函数的指针；该函数返回一个 int 型数据

D. ptr 是一个函数名；该函数的返回值是指向 int 型数据的指针

39. 若有函数 max(a，b)，并且已使函数指针变量 p 指向函数 max，当调用该函数时，正确的调用方法是(　　)。

A. (* p)max(a，b);　　　　　　B. * pmax(a，;

C. (* p)(a，b) ;　　　　　　　D. * p(a，b);

40. 已有函数 max(a，)，为了让函数指针变量 p 指向函数 max，正确的赋值方法是(　　)。

A. p=max;　　　B. * p=max;　　　C. p=max(a，);　　　D. * p=max(a，b);

二、写出下面程序的执行结果

1. 若变量 a，b 已定义为 int 类型并赋值 21 和 55，要求 printf 函数以 a=21，b=55 的形式输出，请写出完整的输出语句：_____。

2. 以下程序的输出结果是_____。

```
#include<stdio.h>
main()
{
    int x=325; double y=3.1415926;
    printf("a=% +06d x=% +e \n", x, y);
}
```

3.
```
main()
{ char a[6][6], i, j;
    for(i=0; i<6; i++)
    for(j=0; j<6; j++)
    {  if(i<j)
       a[i][j]= '#';
       else if(i==j) a[i][j]= ' ';
       else a[i][j]= '* '; }
    for(i=0; i<6; i++)
    {  for(j=0; j<6; j++)
       printf("% c", a[i][j]);
       printf(" \n");    }
}
```

4.
```
float fac(int n)
{  float f ;
    if(n<0){printf("n<0, dataerror!");
    f=-1; }
    else if(n==0||n==1) f=1;
```

```
        else f=fac(n-1)*n;
        return(f);
}
main()
{   int n;
    float y;
    printf("input a integer number:");
    scanf("%d", &n);
    y=fac(n);
    printf("%d! =%5.0f", n, y);
}
```
假如在运行程序时输入 5 ，写出程序的运行情况及最终结果：_____。

5. 以下程序的输出结果是_____。
```
main()
{   int x, i;
    for(i=1, x=1; i<=50; i++)
    {   if(x>=10)break;
        if(x%2==1) { x+=5; continue;}
        x-=3;}
    printf("%d\n", i);}
```

6. 以下程序的输出结果是_____。
```
main()
{ int a=177; printf("%o\n", a);}
```

7. 语句；x++; ++x; x=x+1; x=1+x;，执行后都使变量 X 中的值增 1，请写出一条同一功能的赋值语句(不得与列举的相同)_____。

8. 若想通过以下输入语句使 a=5.0, b=4, c=3，则输入数据的形式应该是_____。
```
int b, c; float a;
scanf("%f, %d, c=%d", &a, &b, &c);
```

三、填空题

(1)在数组中同时查找最大元素下标和最小元素下标，分别存放在 main 函数的变量 max 和 min 中。
```
#include <stdio.h>
void find(int * a, int * max, int * min)
{   int i;
    * max=* min=0;
    for(i=1; i<n; i++)
        if(a[i]>a[* max])  ①  ;
        else if(a[i]<a[* min])  ②  ;
    return;
}
main()
{   int a[]={5, 8, 7, 6, 2, 7, 3};
    int max, min;
    find(  ③  );
```

```
        printf("% d,% d \n", max, min);
}
```

(2) 写一函数，实现两个字符串的比较，即自己写一个 strcmp 函数：compare(s1, s2)。如果 s1=s2，返回值为 0；

如果 s1≠s2，返回它们二者第一个不同字符的 ASCII 码差值("BOY"与"BAD"，第二个字母不同,"O"与"A"之差为 79-65=14)。若 s1>s2，则输出正值；若 s1<s2，则输出负值。

```
compare(char * p1, char * p2)
{   int i;
    i=0;
    while(_____①_____)
        if(* (p1+i++)=='\0') _____②_____
    return(_____③_____);
}
main()
{   int m;
    char str1[20], str2[20], * p1, * p2;
    printf("please input string by line: \n");
    scanf("% s", str1);
    scanf("% s", str2);
    p1=_____④_____
    p2=_____⑤_____
    m=compare(p1, p2);
    printf("the result is:% d \n", m);
}
```

(3) 有一个班 4 名学生，5 门课。求第一门课的平均分；找出有 2 门以上课程不及格的学生，输出他们的学号和全部课程成绩与平均成绩；找出平均成绩在 90 分以上或全部课程成绩在 85 分以上的学生，分别编写 3 个函数实现以上要求。

```
#include<stdio.h>
main()
{   int i, j, * pnum, num[4];
    float score[4][5], aver[4], * psco, * pave;
    char course[5][10], * pcou;
    pcou=&course[0];
    printf("please input the course name by line: \n");
    for(i=0; i<5; i++)
        scanf("% s", pcou+10* i);
    printf("please input stu num and grade: \n");
    printf("stu num: \n");
    for(i=0; i<5; i++)
        printf("% s", pcou+10* i);
    printf(" \n");
    psco=&score[0][0];
    pnum=&num[0];
    for(i=0; i<4; i++)
```

```
        {   scanf("% d", pnum+i);
            for(j=0; j<5; j++)
            scanf("% f", psco+5* i+j);
        }
        pave=&aver[0];
        avsco(psco, pave);
        avcour1(pcou, psco);
        fail2(pcou, pnum, psco, pave);
        printf(" \n");
        good(pcou, pnum, psco, pave);
}
avsco(float * psco, float * pave)
{   int i, j;
    float sum, average;
    for(i=0; i<4; i++)
    {   sum=0;
        for(j=0; j<5; j++)
            sum=sum+____①____;
        average=sum/5;
        * (pave+i) =____②____;
    }
}
avcour1(char * pcou, float * psco)
{   int i;
    float sum=0, average1;
    for(i=0; i<4; i++)
        sum=sum+____③____;
    average1=____④____;
    printf("the first course % s , average is:% 5)2f \n", pcou, average1);
}
fail2(char * pcou, int * pnum, float * psco, float * pave)
{   int i, j, k, label;
    printf("stu num:");
    for(i=0; i<5; i++)
       printf("% -8s", pcou+10* i);
    printf("average: \n");
    for(i=0; i<4; i++)
    {   label=0;
        for(j=0; j<5; j++)
            if(____⑤____) label++;
        if(label>=2)
        {   printf("% -8s", * (pnum+i));
            for(k=0; k<5; k++)printf("% -8)2f", ____⑥____);
            printf("% -8)2f \n", ____⑦____);
        }
```

```
        }
    }
good(char * pcou, int * pnum, float * psco, float * pave)
{   int i, j, k, label;
    printf("=======good students======= \n");
    printf("stu num");
    for(i=0; i<5; i++)
    {   label=0;
        for(j=0; j<5; j++)printf("% -8s", pcou+10* j);
        printf("average \n");
        for(i=0; i<4; i++)
        {   label=0;
            for(j=0; j<5; j++)
                if(* psco+5* i+j)>85 label++;
                if(label>=5 | | (* (pave+i)>90))
                {   printf("% -8d", * (pnum+i));
                    for(k=0; k<5; k++)
                        printf("% -8)2f", ____⑧____ );
                    printf("% -8)2f \n", * (pave+i));
                }
        }
    }
}
```

跟踪训练3

一、选择题

1. 以下程序运行后的输出结果是(　　)。
```
main()
{   int k=5, n=0;
    do{switch(k)
        {   case 1: case 3: n+=1; k--; break;
            default: n=0; k--;
            case 2: case 4: n+=2; k--; break;
        }
        printf("% d", n);
    }while(k>0&&n<5);
}
```
 A. 235　　　　　B. 0235　　　　　C. 02356　　　　　D. 2356

2. 在以下给出的表达式中，与 while(E) 中的 (E) 不等价的表达式是(　　)。
 A. (! E==0)　　　B. (E>0 | | E<0)　　　C. (E==0)　　　D. (E! =0)

3. 以下程序执行后的输出结果是(　　)。
```
main()
{   int i, j, x=0;
```

```
        for(i=0; i<2; i++)
        {   x++;
            for(j=0; j<=3; j++)
            {   if(j%2)continue;
                x++;
            }
            x++
        }
        printf("x=%d\n", x);
}
```
A. x=4   B. x=8   C. x=6   D. x=12

4. 以下程序执行后的输出结果是（   ）。
```
main()
{   int k=5;
    while(--k)printf("%d", k-=3);
    printf("\n");
}
```
A. 1   B. 2   C. 4   D. 死循环

5. 下面程序的输出结果是（   ）。
```
main()
{   char ch[7]="12ab56";
    int i, s=0;
    for(i=0; ch[i]>'0'&&ch[i]<='9'; i+=2)
        s=10*s+ch[i]-'0';
    printf("%d\n", s);
}
```
A. 1   B. 1256   C. 12ab56   D. ab

6. 若有定义：float w; int a, b; 则合法的 switch 语句是（   ）。

A. switch(w)
   { case 1.0: printf("*\n");
     case 2.0: printf("**\n");
   }

B. switch(a);
   { case 1 printf("*\n");
     case 1 printf("**\n");
   }

C. switch(b)
   { case 1: printf("*\n");
     default: printf("\n");
     case 1+2: printf("**\n");
   }

D. switch(a+b);
   { case 1: printf("*\n");
     case 2: printf("**\n");
     default: printf("\n");
   }

7. 有如一下程序，该程序的输出结果是（   ）。
```
main()
{   int x=1, a=0, b=0;
    switch(x){
        case 0: b++;
        case 1: a++
        case 2: a++; b++
```

```
    }
    printf("a=%d, b=%d\n", a, b);
}
```
A. a=2, b=1   B. a=1, b=1   C. a=1, b=0   D. a=2, b=2

8. 有如下程序，该程序的输出结果是(   )。
```
main()
{   float x=2.0, y;
    if(x<0.0) y=0.0;
    else if(x<10.0) y=1.0/x;
    else y=1.0;
    printf("%f\n", y);
}
```
A. 0.000000   B. 0.250000   C. 0.500000   D. 1.000000

9. 语句 while(！E)中的表达式！E 等价于(   )。
A. E==0   B. E!=1   C. E!=0   D. E==1

10. 有如下程序，该程序的输出结果是(   )。
```
main()
{   int a=2, b=-1, c=2;
    if(a<b)
      if(b<0) c=0;
      else c++;
    printf("%d\n", c);
}
```
A. 0   B. 1   C. 2   D. 3

11. 以下叙述中错误的是(   )。
A. 用户所定义的标识符允许使用关键字
B. 用户所定义的标识符中，大、小写字母代表不同标识
C. 用户所定义的标识符必须以字母或下划线开头
D. 用户所定义的标识符应尽量做到"见名知意"

12. C 语言中整数-8 在内存中的存储形式为(   )。
A. 1111111111111000   B. 1000000000001000
C. 0000000000001000   D. 1111111111110111

13. 以下不能正确计算代数式值的 C 语言表达式是(   )。
A. pow(sin(0.5), 2)/3   B. sin(0.5)*sin(0.5)/3
C. 1/3*sin(1/2)*sin(1/2)   D. 1/3.0*pow(sin(1.0/2), 2)

14. 以下能正确定义且赋初值的语句是(   )。
A. int n1=n2=10;   B. char ch=32;
C. float j=j+1.1;   D. double y=12.3E2.5

15. 以下程序的功能是：给 r 输入数据后计算半径为 r 的圆面积 s。程序在编译时出错。
```
#include<stdio.h>
main()
/* Beginning*/
{   int r; float s;
```

```
        scanf("% d", &r);
        s=* p* r* r; printf("s=% f \n", s);
}
```
出错的原因是(   )。
A. 注释语句书写位置错误
B. 存放圆半径的变量r不应该定义为整型
C. 输出语句中格式描述符非法
D. 计算圆面积的赋值语句中使用了非法变量

16. 设有定义：int k=1, m=2; float f=7;，则以下选项中错误的表达式是(   )。
A. k=k>=k   B. -k++   C. k%int(f)   D. k>=f>=m

17. 对于char cx=' \039'；语句，正确的是(   )。
A. cx 的值为 3 个字符   B. 不合法
C. cx 的ASCII 值是 33   D. cx 的值为 4 个字符

18. 若 int k=7, x=12; 则能使值为 3 的表达式是(   )。
A. (x%=k)-(k%=5)   B. x%=(k-k%5)
C. x%=k-k%5   D. x%=(k%=5)

19. 以下选项中，不能作为合法常量的是(   )。
A. 1.234e04   B. 1.234e0.4   C. 1.234e+4   D. 1.234e0

20. 以下程序运行后的输出结果是(   )。
```
main()
{
    int m=15, n=34;
    printf("% d% d", m++, ++n);
    printf("% d% d \n", n++, ++m);
}
```
A. 15353517   B. 15353516   C. 15343517   D. 15343516

21. 设 i 是 int 型变量，f 是 float 型变量，用下面的语句给这两个变量输入值。
scanf("i=%d, f=%f", &i, &f);
为了把 100 和 75.12 分别赋给 i 和 f，则正确的输入为(   )。
A. 100765.12   B. i=100, f=75.12   C. 100765.12   D. i=100f=765.12

22. 以下程序运行后输出结果是(   )。
```
main()
{   int a=0, b=0;
    a=10;
    b=20;
    printf("a+b=% d \n", a+b);
}
```
A. a+b=0   B. a+b=30   C. 30   D. 出错

23. 设变量均已正确定义，若要通过 scanf("%d%c%d%c", &a1, &c1, &a2, &c2);语句为变量a1和a2赋数值10和20，为变量c1和c2赋字符X和Y。以下所示的输入形式正确的是(   )。
A. 10○X　20○Y   B. 10○X20○Y<回车>

C. 10○X<回车>　　　　　　　　D. 10X <回车>
　　20○Y <回车>　　　　　　　　　 20Y <回车>

24. 设有定义：int a；float b；执行 scanf("%2d%f"，&a，&b)语句时，若从键盘输入 876543.0<回车>，a 和 b 的值分别是(　　)。

　　A. 876 和 6543.000000　　　　B. 87 和 6.000000
　　C. 87 和 6543.000000　　　　 D. 76 和 6543.000000

25. 以下叙述中正确的是(　　)。

　　A. 调用 printf 函数时，必须要有输出项
　　B. 使用 putchar 函数时，必须在之前包含头文件 stdio.h
　　C. 在 C 语言中，整数可以以十二进制、八进制或十六进制的形式输出
　　D. 调用 getchar 函数读入字符时，可以从键盘上输入字符所对应的 ASCII 码

26. 以下程序的输出结果是(　　)。(□表示空格)

```
#include<stdio.h>
main()
{
    printf("\n*s1=%15s*","studentstu");
    printf("\n*s2=%-5s*","abc");
}
```

　　A. *s1=studentstu□□□*　　　　B. *s1=□□studentstu*
　　　 *s2=**abc*　　　　　　　　　　*s2=□□abc*B)*s1=studentstu□*
　　　　　　　　　　　　　　　　　　　　*s2=abc□
　　C. *s1=*□□studentstu*　　　　D. *s1=□□□□studentstu*
　　　 *s2=□□abc*B)*s1=studentstu□*　*s2=abc□□*
　　　 s2=abc□

27. 以下 C 程序的运行结果是(　　)。(□表示空格)

```
#include<stdio.h>
main()
{   int k=1234;
    printf("k=%3o\n", k);
    printf("k=%8o\n", k);
    printf("k=%#8o\n", k);
}
```

　　A. k=□□□1234　　　　　　　B. k=□□□2342
　　　 k=□□□□□□□□　　　　　　　k=□□□□□□□□
　　　 k=########1234　　　　 　k=########2342
　　C. k=2322　　　　　　　　　　D. k=2342
　　　 k=□□□□2322　　　　　　　　k=□□□
　　　 k=□□□02322　　　　　　　　k=□□02342

28. 根据下面的程序及数据的输入方式和输出形式，程序中输入语句的正确形式应该为(　　)。(□表示空格)

```
#include<stdio.h>
main()
```

```
{
    char a1, a2, a3;
    _____
    printf("% c% c% c", a1, a2, a3);
}
```
输入形式：A　B　C<回车>
输出形式：A　B

A. scanf("%c%c%c", &a1, &a2, &a3);
B. scanf("%c,%c,%c", &a1, &a2, &a3);
C. scanf("%c %c %c", &a1, &a2, &a3);
D. scanf("%c%c", &a1, &a2, &a3);

29. 若有定义：int x, y; char a, b, c; 并有以下输入数据(□代表空格)：
1u2<CR>A□B　C<回车>
则能给 x 赋整数 1，给 y 赋整数 2，给 a 赋字符 A，给 b 赋字符 B，给 c 赋字符 C 的正确程序段是(　　)。

A. scanf("x=%d y+%d", &x, &y); a=getchar( ); c=getchar( )
B. scanf("%d %d", &x, &y); a=getchar( ); b=getchar( ); c=getchar( );
C. scanf("%d%d%c%c%c", &x, &y, &a, &b, &c);
D. scanf("%d%d%c%c%c%c%c", &x, &y, &a, &a, &b, &b, &c, &c);

30. 以下选项中，值为 1 的表达式(　　)。
A. 1-'0'　　　　B. 1-'\0'　　　　C. '1'-0　　　　D. '\0'-'0'

31. 已有定义 int (*p)( ); 指针 p 可以(　　)。
A. 代表函数的返回值　　　　B. 指向函数的入口地址
C. 表示函数的类型　　　　　D. 表示函数返回值的类型

32. 若有以下说明和定义。
```
fun(int * c){ }
void main()
{   int (* a)()=fun, * b(), w[10], c;
    ...
}
```
在必要的赋值之后，对 fun 函数的正确调用语句是(　　)。
A. a=a(w);　　B. (*a)(&c);　　C. b=*b(w);　　D. fun(b);

33. 以下正确的叙述是(　　)。
A. C 语言允许 main 函数带形参，且形参个数和形参名均可由用户指定
B. C 语言允许 main 函数带形参，形参名只能是 argc 和 argv
C. 当 main 函数带有形参时，传给形参的值只能从命令行中得到
D. 有说明：main(int argc, char * argv)，则形参 argc 的值必须大于 1

34. 若有说明：int i, j=2, *p=&i;, 则能完成 i=j 赋值功能的语句是(　　)。
A. i=*p;　　B. *p=&j;　　C. i=&j;　　D. i=**p;

35. 设 a 和 b 均为 double 型常量，且 a=5.5、b=2.5，则表达式(int)a+b/b 的值是(　　)。
A. 6.500000　　B. 6　　C. 5.500000　　D. 6.000000

36. 以下叙述错误的是（　　）。
A. C 程序中的#include 和#define 行均不是 C 语句
B. 除逗号运算符之外，赋值运算符的优先级最低
C. C 程序中，j++; 是赋值语句
D. C 程序中，+、-、*、/、%号是算术运算符，可用于整型和实型数的运算
37. 若有以下程序，则程序执行后的输出结果是（　　）。
```
main()
{   int k=2, i=2, m;
    m=(k+=i*=k); printf("%d,%d\n", m, i);
}
```
A. 8, 6　　　　　B. 8, 3　　　　　C. 6, 4　　　　　D. 7, 4
38. 以下选项中，与 k=n++完全等价的表达式是（　　）。
A. k=n, n=n+1　　B. n=n+1, k=n　　C. k=++n　　D. k+=n+1
39. 以下有 4 组用户标识符，其中合法的一组是（　　）。
A. For　　　-sub　　　Case
B. 4d　　　　DO　　　Size
C. f2_G3　　　IF　　　abc
D. Word　　　void　　　define
40. 以下程序的输出结果是（　　）。
```
main()
{   int a=3; printf("%d\n",(a+=a-=a*a));}
```
A. 12　　　　　B. -6　　　　　C. 0　　　　　D. -12

二、写出下面程序的执行结果

1.
```
#include <stdio.h>
main()
{
    char a[]={'a', 'b', 'c', 'd'};
    char * p=(char * )(&a+1);
    printf("%c,%c", * (a+1), * (p-1));
}
```

2.
```
#include <stdio.h>
int * fun(int * q)
{   static int a=2;
    int * p=&a;
    a+=* q;
    return p;
}
main()
{
    int i=1;
    for(; i<4; i++)
        printf("%4d", * fun(&i));
}
```

3. ```
# include <stdio.h>
main()
{ int i, j;   int * p, * q;   i=2;   j=10;
   p=&i;   q=&j;   * p=10;   * q=2;
   printf("i=% d, j=% d \n", i, j);   }
```

4. ```
#include <stdio.h>
void f(int c)
{  int a=0;
   static int b=0;
   a++;
   b++;
   printf("% d: a=% d, b=% d \n", c, a, b);
}
void main(void)
{  int i;
   for(i=1; i<=3; i++) f(i); }
```

5. ```
#include "stdio.h"
main()
{ int a, b, c, d, e;
   a=c=1;
   b=20;
   d=100;
   if(! a) d=d++;
   else if(! b)
      if(d) d= --d;
   else d= d--;
   printf("% d \n \n", d);
}
```

## 三、填空题

(1) 编写一个程序，首先定义一个复数数据类型，即结构类型；然后按照复数的运算规则进行计算，并按照复数表示的格式进行输出。

```
main()
{ struct complex
   { int re;
      int im;
   }x, y, s, p;
   scanf("% d% d", &x.re, &x.im);
   scanf("% d% d", &y.re, &y.im);
   s.re=____①____;
   s.im=____②____;
   printf("sum=% 5d+i* % 5d \n", s.re, s.im);
   p.re=____③____;
   p.im=x.re* y.im+x.im* y.re;
   printf("product=% 5d+i* % 5d \n", p.re, p.im);
```
```

}

(2) 有 n 个学生，每个学生的数据包括学号(num)、姓名(name[20])、性别(sex)、年龄(age)、三门课的成绩(score[3])。要求在 main 函数中输入这 n 个学生的数据，然后调用一个函数 count，在该函数中计算出每个学生的总分和平均分，然后打印出所有各项数据(包括原有的和新求出的)。

```
struct student
{   int num;
    char name[20];
    char sex;
    int age;
    float score[3];
    float total;
    float ave;
};
void count(_____①_____b[], int n)
{   int i, j;
    for(i=0; i<n; i++)
    {   _____②_____;
        for(j=0; j<3; j++)
            b[i].total=_____③_____;
        _____④_____;
    }
}
void main()
{   int i; float s1, s2, s3;
    _____⑤_____;
    struct student a[3];
    for(i=0; i<3; i++)
    {   scanf("%d%s%c%d%f%f%f", &a[i].num, a[i].name, &a[i].sex, &a[i].age,
&s0, &s1, &s2);
        a[i].score[0]=s0; a[i].score[1]=s1; a[i].score[2]=s2;
        printf("%d%s%c%d%4.1f%4.1f%4.1f\n", a[i].num, a[i].name,
            a[i].sex, a[i].age, a[i].score[0], a[i].score[1], a[i].score[2]);
    }
    count(a, 3);
    printf("================================\n");
    printf("NO name sex age score[0] score[1] score[2] total ave\n");
    for(i=0; i<3; i++)

        printf("%d%s%c%d%5.1f%5.1f%5.1f%5.1f%5.1f\n", a[i].num, a[i].name,
a[i].sex, a[i].age, a[i].score[0],
            a[i].score[1], a[i].score[2], a[i].total, a[i].ave);
}
```

(3) 将上题改为用指针方法处理，即用指针变量逐次指向数组元素，然后向指针变量所指向的数组元素输入数据，并将指针变量作为函数参数，将地址值传给 count 函数，在函数 count 中作统计，再将数据返回 main 函数，在 main 函数中输出。

```c
struct student
{   int num;
    char name[20];
    char sex;
    int age;
    float score[3];
    float total;
    float ave;
}a[3];
void count(____①____, int n)
{   int i, j;
    for(____②____)
    {   ____③____;
        for(j=0; j<3; j++)
            b->total=____④____;
        b->ave=b->total/3;
    }
}
main()
{   int i;
    float s0, s1, s2;
    struct student * p;
    for(p=a; p<a+3; p++)

    {   scanf("%d%s%c%d%f%f%f", &p->num, p->name, &p->sex, &p->age, &s0, &s1, &s2); p->score[0]=s0; p->score[1]=s1; p->score[2]=s2;
        printf("%d%s%c%d 4.1f% 4.1f% 4.1f \n", p->num, p->name, p->sex, p->age, p->score[0], p->score[1], p->score[2]);
    }
    ____⑤____;
    count(p, 3);
    printf("=========================================\n");
    printf("NO name sex age score[0] score[1] score[2] total ave \n");
    for(____⑥____)

    printf("%d%s%c%d 5.1f % 5.1f% 5.1f % 5.1f % 5.1f \n", p->num, p->name, p->sex, p->age, p->score[0], p->score[1], p->score[2], p->total, p->ave);
}
```

计算机类知识点复习指导(上册)
参考答案

第1章 计算机应用基础知识

第1节 了解计算机

选择题

1. D 2. A 3. C 4. B 5. C

第2节 认识微型计算机

选择题

1. A 2. C 3. C 4. D 5. A

第3节 微型计算机的输入/输出设备

选择题

1. A 2. C 3. C 4. D 5. D

第4节 计算机软件及其使用

选择题

1. A 2. B 3. A 4. C 5. B

第5节 数制与编码

选择题

1. B 2. D 3. D 4. A 5. A

第6节 了解多媒体

1. B 2. D 3. C 4. A 5. A

第7节 计算机病毒

选择题

1. D 2. B 3. A 4. A 5. D

第8节 因特网(Internet)应用

选择题

1. D 2. C 3. B 4. C 5. C

跟踪训练

一、选择题

1. A 2. D 3. D 4. C 5. B 6. C 7. D 8. D 9. C 10. B 11. A 12. D 13. C 14. D 15. A 16. B 17. A 18. B 19. BDAC 20. A 21. D 22. B 23. D 24. A 25. B 26. C 27. D 28. D 29. A 30. B 31. A 32. A 33. A 34. D 35. B 36. A 37. C 38. C 39. A 40. C 41. D 42. A 43. B 44. D 45. A

二、填空题

1. 内存储器（RAM）；2. 网络；3. 智能 网络；4. 信号线 各部件之间传递数据和信息 控制总线 地址总线 数据总线；5. 刻录；6. 1024；7. 650MB；8. 键盘；9. 当前要执行的程序和数据；10. GB

三、判断题

1. × 2. √ 3. × 4. × 5. × 6. √ 7. × 8. √ 9. × 10. √

四、简答题

1. 操作系统有哪些功能模块？

答：操作系统主要有以下五大功能模块：文件管理、存储管理、设备管理、作业管理和 CPU 管理。

2. 激光打印机有哪些优缺点？

答：①优点：a. 具有高分辨率；b. 打印速度快；c. 打印噪声低；d. 大量打印时，其平均打印成本最低。

②缺点：a. 价格较贵；b. 打印的耗材(碳粉和碳粉盒)价格较贵；c. 不能在复写纸上打印；对纸张的要求较高，要求使用专门的激光打印纸。

3.

答：因 $2^8=256$，故 640 像素×480 像素的 256 色没有经过的压缩数字图像的数据量 = 640×480×8/8 字节 = 300KB；

因真彩色图像一般是指 24 位或 32 位色图像，故 1024 像素×768 像素的真彩色图像的数据量 = 1024×768×24/8 字节 = 2.25MB（24 位色）；或 1024 像素×768 像素的真彩色图像的数据量 = 1024×768×32/8 字节 = 3MB（32 位色）。

第 2 章　Windows 7

第 1 节　Windows 7 入门

一、认识 Windows 7 操作系统

选择题

1. D 2. D 3. A 4. A 5. B

二、设置 Windows 7 桌面及系统设置

选择题

1. C 2. A 3. C 4. B 5. C

三、认识窗口与对话框

选择题

1. C 2. B 3. A 4. A 5. C

四、操作窗口与对话框
   选择题
   1. C   2. D   3. B   4. B   5. D

第2节　管理文件

一、使用"资源管理器"
   选择题
   1. C   2. A   3. D   4. B   5. A

二、文件与文件夹
   选择题
   1. C   2. D   3. B   4. D   5. D

第3节　管理与应用 Windows 7

一、使用控制面板
   选择题
   1. D   2. AD   3. B   4. C   5. C

二、使用附件中的常用工具
   选择题
   1. C   2. A   3. C   4. A   5. C

三、安装和使用打印机及安装和管理应用软件
   选择题
   1. AB   2. AC   3. A   4. D   5. B

第4节　维护系统与常用工具软件

   选择题
   1. D   2. D   3. D

第5节　中文输入

   选择题
   1. A   2. B   3. C   4. C   5.（B，A，B，A）

跟踪训练

一、选择题
1. B   2. A   3. A   4. B   5. C   6. B   7. B   8. D   9. A   10. C   11. D   12. D   13. C   14. B
15. A   16. CD   17. B   18. B   19. B   20. C   21. D   22. C   23. D   24. C   25. B   26. B   27. D
28. A   29. D   30. B   31. A   32. A   33. A   34. D   35. A   36. D   37. A   38. B   39. C   40. B
41. C   42. B   43. C   44. A   45. B

二、填空题
1. 注册表编辑器、regedit.exe；2. 微软、操作系统；3. 语言栏；4. 回收站；5. 计算机　资源管理器；6. 文件扩展名；7. 存档、只读、隐藏；8. "睡眠(S)"；9. 任务栏；10. 快速启动栏

三、判断题
1. ×   2. ×   3. √   4. √   5. ×   6. ×   7. √   8. √   9. ×   10. √

四、简答题
1. 如何恢复被删除的文件或文件夹。

参考答案：恢复被删除的文件或文件夹有两种方法。

（1）文件或文件夹被删除之后，可选择撤销删除命令或按 Ctrl+Z 组合键，可以取消刚刚进行的删除操作，恢复被删除的文件或文件夹。

（2）在资源管理器的"文件夹窗口"中，单击"回收站"图标，"回收站"的内容将显示在"内容窗口"中，选定要恢复的文件或文件夹，可单击文件菜单中的"还原"；或者双击"回收站"图标，右击文件，在弹出的快捷菜单中选择"还原"选项，则需要恢复的文件或文件夹将恢到原有位置上。

2. 答：①打开资源管理器，执行"组织"中的"文件夹和搜索选项"命令打开"文件夹选项"对话框；

②选择"查看"选项卡；

③在"高级设置"中选中"隐藏文件和文件夹"下的"显示所有文件和文件夹"选项；

④同时取消选中对"隐藏已知文件类型的扩展名"单选按钮；

⑤单击"确定"按钮。

3. 答：①长度不超过 255 个字符；

②不区分英文大小写；

③可以有空格(除首字符外)；

④允许多个空格符；

⑤不允许出现字符有/ \ ｜ < >:"？*

第 3 章　Word 2010

第 1 节　Word 2010 入门

一、Word 基本操作

选择题

1. C　2. C　3. D　4. B　5. C

二、编辑操作初步

选择题

1. C　2. D　3. B　4. C　5. C

第 2 节　格式化文档

一、设置字符格式

选择题

1. D　2. D　3. B　4. D　5. C

二、设置段落格式

选择题

1. D　2. C　3. A　4. B　5. B

第 3 节　设置页面与输出打印

一、设置页面格式、页眉和页脚

选择题

1. D　2. B　3. B　4. A　5. B

二、设置分栏和分隔符
选择题

1. C 2. B 3. D 4. A 5. D

第 4 节　制作 Word 表格

一、创建和编辑表格
选择题

1. B 2. A 3. D 4. B 5. D

二、表格的基本操作
选择题

1. B 2. D 3. B 4. B 5. D

三、计算和排序表格数据
选择题

1. A 2. C 3. A 4. C 5. D

第 5 节　图文混合排版

一、插入图片、文本框和艺术字
选择题

1. B 2. D 3. B 4. A 5. B

二、邮件合并
选择题

1. D 2. B 3. D

跟踪训练

一、选择题

1. B 2. C 3. C 4. B 5. B 6. D 7. A 8. B 9. A 10. B 11. C 12. D 13. D 14. B
15. D 16. C 17. B 18. D 19. A 20. D 21. C 22. C 23. C 24. A 25. C 26. C 27. A
28. B 29. A 30. A 31. D 32. C 33. C 34. C 35. C 36. C 37. C 38. C 39. B 40. B
41. B 42. D 43. C 44. A 45. D

二、填空题

1. 横排；竖排；2. 一组已经命名的字符样式或者段落样式　字符样式　段落样式；3. 注释标记　注释正文　每页的末尾　文档的末尾；4. A4；5. 选中　水平；6. 文件；25　文件；7. Windows；8. 文字处理；9. 当前；10. 选定

三、判断题

1. √ 2. × 3. × 4. × 5. √ 6. √ 7. √ 8. × 9. √ 10. ×

四、简答题

1. 试比较分散对齐和两端对齐的区别。

参考答案：

分散对齐是指把文字均匀地排列在一行。

两端对齐是指同时对齐段落的左端和右端，但是不满一行的部分不会左右对齐，这一点和分散对齐恰好相反。在默认状态下，Word 文档靠近右边界的部分不够整齐，使用两端对齐功能，可以圆满地解决这个问题。

2. 如何设置打印文档中不连续的两页？如何只打印第 3 页中的一幅图形？

答：在"打印"对话框的"打印范围"框中输入要打印的页码数，并用逗号分隔。如果只打印图形，就应该事先选定该图形。

3.（1）调整　（2）5-15，20　（3）打印所有页　仅打印偶数页　（4）每版打印2页

第4章　Excel 2010

第1节　Excel入门

一、Excel基本知识

选择题

1．B　2．A　3．C　4．D　5．A

二、窗口的操作

选择题

1．A　2．B　3．C　4．A　5．C

第2节　电子表格基本操作

一、单元格的基本操作

选择题

1．B　2．D　3．D　4．A　5．B

二、编辑和管理工作表

选择题

1．C　2．C　3．B　4．B　5．B

第3节　格式化电子表格

一、格式化数据

选择题

1．D　2．C　3．D　4．B　5．B

二、格式化工作表及条件格式

选择题

1．D　2．D　3．A　4．B

第4节　计算数据

一、数据计算

选择题

1．D　2．A　3．A　4．D　5．B

二、函数应用实例

选择题

1．A　2．A　3．C　4．A　5．A

第5节　处理数据

一、数据排序

选择题

1．D　2．C　3．A　4．D　5．C

二、数据筛选

选择题

1．C　2．B　3．A　4．C

三、分类汇总
　　选择题
　　1. D　2. C　3. B

第6节　制作数据表格

一、创建数据图表
　　选择题
　　1. D　2. D　3. D　4. B　5. B
二、数据透视表与数据透视图
　　选择题
　　1. D　2. A　3. C
三、网上发布与超级链接
　　选择题
　　1. A　2. A

第7节　打印工作表

　　选择题
　　1. B　2. B　3. C　4. C　5. B　6. B　7. C　8. C　9. B　10. B

跟踪训练

一、选择题
1. B　2. A　3. B　4. B　5. C　6. A　7. B　8. C　9. C　10. C　11. C　12. A　13. B　14. B
15. D　16. D　17. B　18. C　19. B　20. A　21. B　22. A　23. C　24. D　25. B　26. D　27. B
28. C　29. B　30. B　31. B　32. B　33. A　34. D　35. D　36. B　37. D　38. B　39. A　40. A

二、填空题
1. 23.33　4；2. 56　20；3. 31；4. 第五行行号；5. 绝对；6. 数据表1！B2：G8；7. C2，B3，B4，B5；8. 单引号；9. Ctrl+Enter；10. 视图　窗口组中的冻结窗格

三、判断题
1. √　2. ×　3. ×　4. √　5. √　6. √　7. ×　8. √　9. √　10. √

四、简答题
1. 答：清除单元格和删除单元格不同。清除单元格只是从工作表中删除了该单元格的内容，而不改变单元格的位置；删除单元格是将选定的单元格从工作表中删除，并改变了单元格的位置。

2. 答：标注一些重要信息，利用快捷菜单可以设定只显示批注。

3. 答：用鼠标选中作为目标超链接的文字或图像，然后用鼠标移到需要创建超链接的位置，释放鼠标按键即可创建超链接，或者在快捷菜单中选择"在此创建超链接"选项。

第5章　PowerPoint 2010

第1节　PowerPoint 入门

一、PowerPoint 基本操作
　　选择题
　　1. B　2. C　3. A　4. B　5. D

二、PowerPoint 2010 视图
　　选择题
　　1. B　2. A　3. C　4. D　5. B

第2节　修饰演示文稿

一、使用幻灯片版式和母版
　　选择题
　　1. D　2. C　3. B　4. D　5. D
二、设置幻灯片主题和背景
　　选择题
　　1. A　2. B　3. C　4. B　5. D

第3节　编辑演示文稿对象

一、插入对象
　　选择题
　　1. D　2. D　3. D　4. C　5. B
二、建立表格、图片和图表
　　选择题
　　1. A　2. A　3. C　4. AD　5. D
三、设置动画效果及超链接
　　选择题
　　1. B　2. D　3. D　4. BD　5. B

第4节　播放演示文稿

一、设置演示文稿放映方式及幻灯片切换方式
　　选择题
　　1. D　2. C　3. C　4. B　5. D
二、打包和打印演示文稿
　　选择题
　　1. D　2. D　3. C　4. B　5. B

跟踪训练

一、选择题
1. D　2. D　3. B　4. C　5. D　6. C　7. D　8. A　9. D　10. A　11. D　12. C　13. B　14. A　15. D　16. D　17. B　18. B　19. C　20. D　21. B　22. A　23. A　24. C　25. D　26. D　27. B　28. C　29. C　30. C　31. A　32. D　33. B　34. B　35. D　36. B　37. D　38. C　39. D　40. C

二、填空题
1. 单击鼠标　设置自动换片时间；2. 单击时　持续时间和延迟；3. 演示文稿　.pptx；4. 关闭；5. 母版；6. 视图；7. 幻灯片编号；8. 大纲视图；9. 将所有与当前演示文稿有关的文件"包"到一起；10. 在放映时进入"绘图笔"功能，使当前鼠标指针变成一支笔。

三、判断题
1. √　2. ×　3. √　4. √　5. ×　6. √　7. √　8. √　9. √

四、简答题
1. 如何在PowerPoint 2010演示文稿中设置放映的动画效果？

参考答案：
在 PowerPoint 2010 演示文稿中设置放映的动画效果
预设动画设置
①打开要设置动画效果的幻灯片。
②切换到"动画"功能区，其中提供了"应用于所选幻灯片""应用于所有幻灯片"。
③在幻灯片中选定要设置动画效果的对象，单击幻灯片放映菜单中的动画方案，单击"幻灯片放映"按钮，应用于所选幻灯片，单击"播放"按钮，可以看到动画效果。

2. 简述 6 种视图模式的外观和主要功能的区别。
答：外观的主要区别在于大纲窗格和幻灯片窗格分配的比例不同。这些不同有利于编辑幻灯片或浏览演示文稿的整体内容。

3. 设置放映方式中，通常有哪 3 种放映方式？
答：通常有以下 3 种放映方式。
① 演讲者放映(全屏幕)
② 观众自行浏览(窗口)
③ 在展台浏览(全屏幕)
用户可以通过"幻灯片放映"→"设置幻灯片放映"命令，弹出"设置放映方式"对话框，从中设置放映方式。
自定义放映：所谓自定义放映，是指用户在演示文稿中挑选一部分幻灯片，组成一个较小的演示文稿，并为这个演示文稿重命名，作为一个独立的演示文稿来放映。

第 6 章 计算机组装与维修

第 1 节 微型计算机的基本知识

选择题

1. C 2. A 3. B 4. C 5. B

第 2 节 CPU

选择题

1. B 2. D 3. B 4. B 5. A

第 3 节 主板

选择题

1. A 2. C 3. A 4. D 5. A

第 4 节 存储设备

选择题

1. B 2. B 3. D 4. C 5. ABCD

第 5 节 输入设备

选择题

1. C 2. C 3. D 4. ABCD 5. C

第 6 节 输出设备

选择题

1. C 2. A 3. C 4. B 5. D

第7节 其他设备

选择题

1. AC 2. C 3. A 4. A

第8节 选配计算机整机

判断题

1. √ 2. √ 3. ×

第9节 组装计算机整机

选择题

1. A 2. D 3. D 4. A 5. C

第10节 设置CMOS参数

选择题

1. ABC 2. B 3. C 4. C 5. B

第11节 硬盘分区及安装软件

选择题

1. B 2. B 3. C 4. C

第12节 常用外围设备及安装

选择题

1. D 2. A

第13节 测试和优化系统性能

选择题

1. C 2. D 3. C

第14节 备份和还原系统

选择题

1. B 2. C

第15节 诊断和排除系统故障

选择题

1. C 2. A 3. B 4. C 5. A

第16节 计算机日常保养与维护

一、选择题

1. A 2. D 3. A 4. D

跟踪训练

一、选择题

1. D 2. B 3. D 4. B 5. D 6. A 7. C 8. D 9. B 10. A 11. A 12. C 13. D 14. B 15. B 16. A 17. A 18. B 19. D 20. C 21. D 22. B 23. D 24. D 25. D 26. C 27. A 28. B 29. C 30. C 31. D 32. A 33. B 34. B 35. B 36. C 37. A 38. A 39. A 40. A

二、填空题

1. 1024×1024；2. ISA、PCI；3. 复位开关；4. 集成软声卡　集成硬声卡；5. 游戏杆/MIDI

接口　线性输出插孔(LINE OUT)　话筒输入插孔(MIC IN)　线性输入插孔(LINE IN)；6. 高频头　采集芯片；7. 软　硬　软集成；8. 静电；9. 点距；10. 内置、外置

三、判断题
1. √　2. √　3. ×　4. √　5. ×　6. √　7. √　8. ×　9. √　10. √

四、简答题
1. CPU 的主要性能指标有哪些？

答：CPU 的主要性能指标：

(1)CPU 主频、倍频和外频；(2)工作电压；(3)地址总线宽度；(4)数据总线宽度；(5)协处理器；(6)高速缓存(一级高速缓存、二级高速缓存)；(7)前沿总线速度(FSB)；(8)扩展总线速度(EBS)；(9)标量；(10)扩展指令集

2. 什么情况下需要对硬盘重新进行分区？

答：(1)新买的硬盘必须先分区再进行格式化；

(2)更换操作系统软件或在硬盘中增加新的操作系统；

(3)改变现行的分区方式，根据需要改变分区的数量或容量；

(4)因某种原因(如病毒)或误操作硬盘分区信息被破坏；

(5) 硬盘容量较大，为便于文件存储与管理，应对硬盘进行分区。

3. 常用的计算机故障查找方法有哪些？

答：①直接观察法：用手摸、眼看、鼻闻、耳听等方法作辅助检查。

②插拔法：初步确定发生故障的位置后，可将被怀疑的部件或线缆重新插拔，以排除松动或接触不良的原因。

③替换法：如果经过插拔后不能排除故障，可使用相同功能型号的板卡替换有故障的板卡，以确定板卡本身已经损坏或主板的插槽存在问题。若故障消失，说明原板卡的确有问题，然后根据情况更换板卡。此方法的优点是方便可靠。

④敲击法：计算机运行时好时坏可能是虚焊或接触不良或金属氧化电阻增大等原因造成的，对于这种情况可以用敲击法进行检查。

⑤系统最小化法：最严重的故障是机器开机后无任何显示和报警信息，应用上述方法已无法判断故障产生的原因。这时可以采取最小系统法进行诊断，即只安装 CPU、内存、显卡、主板。若不能正常工作，则在这 4 个关键部件中采用替换法查找存在故障的部件。如果能正常工作，再接硬盘、光驱等，以此类推，直到找出引发故障的根源所在。

⑥计算机自检判断法：如果计算机系统在开机时出现的为非致命错误时，有时计算机的带电自检程序会通过 PC 喇叭发出不同的警示音，以帮助用户找到问题所在的部位，但这里要注意的是在很多时候故障很可能是由相关部件引起的，所以也要多注意一下相关部件的检查。

第7章　计算机网络技术

第1节　计算机网络的基本知识

选择题

1. C　2. A　3. B　4. B　5. C

第2节　数据通信基础

选择题

1. B　2. B　3. B　4. C　5. D

第3节 计算机网络技术基础

选择题

1. B 2. B 3. A 4. C 5. C

第4节 网络传输介质

1. D 2. A 3. A 4. C 5. D

第5节 计算机网络设备

选择题

1. D 2. B 3. A 4. C 5. C

第6节 Internet 基础

选择题

1. A 2. A 3. B 4. A 5. D

第7节 网络安全与网络常用命令

选择题

1. B 2. C 3. B 4. C 5. D

第8节 家庭网络的组建

选择题

1. B 2. D

第9节 中小型办公局域网的组建方案

选择题

1. A 2. C 3. D

跟踪训练

一、选择题

1. A 2. C 3. A 4. B 5. C 6. D 7. B 8. B 9. D 10. D 11. D 12. B 13. D 14. C
15. B 16. D 17. A 18. D 19. D 20. A 21. D 22. B 23. D 24. C 25. B 26. B 27. A
28. A 29. D 30. A 31. B 32. B 33. B 34. D 35. D 36. B 37. C 38. D 39. A 40. D
41. D 42. A 43. B 44. A 45. B 46. B 47. C 48. D 49. C 50. B

二、填空题

1. 带宽　波特率；2. 最高速率　最低速率；3. 有效位(b)数；4. Anonymous　匿名方式(隐名方式)；5. Modulator(调制器)　Demodulator(解调器)　猫；6. 负责数/模转换；7. World Wide Web；8. 语法　语义　时序；9. 网络接口层　互联层　传输层　应用层；10. 主机号　网络号　5

三、判断题

1. √ 2. × 3. √ 4. × 5. × 6. √ 7. √ 8. √ 9. √ 10. ×

四、简答题

1. 什么是OSI？OSI各层之间有什么区别与联系？

答：OSI/RM全称为开放系统互联基本参考模型(Open Systems Interconnection Reference Model)，简称OSI。OSI参考模型中采用了7个层次的体系结构，可以分为高层、中层、低层。高层(应用层、表示层、会话层)论述的是应用问题，并且通常只以软件的形式来实现，应用层最接近用户，用户和应用层通过网络应用软件相互通信。中层(传输层、网络层)负责处理数据传输问题，把数据包穿过所有网络，实现端到端的传输。低层(数据链路层、物理层)负责网络链路两端设备间的数据通信，物理层和数据链路层的功能主要由硬件实现。

2. 答：以太网是采用带冲突检测载波监听多路访问技术(CSMA/CD)和IEEE802.3规范的总线型网络。

以太网常见的标准有 10BASE2、10BASE5 和 10BASET，传输介质采用铜轴电缆或双绞线。

以太网是目前最常用的技术。

3. 答：DHCP 的工作过程如下。

(1)DHCP 客户机向 DHCP 服务器发出请求，要求租借一个 IP 地址。但由于此时 DHCP 客户机上的 TCP/IP 尚未初始化，它还没有一个 IP 地址，因此，只能使用广播手段向网上所有 DHCP 服务器发出请求。

(2)网上所有接收到该请求的 DHCP 服务器，首先检查自己的地址是否有空余的 IP 地址，如果有，将向该客户发送一个可提供 IP 地址(offer)的信息。

(3) DHCP 客户机一旦接收到来自某一个 DHCP 服务器的"offer"信息时，它就向网上所有的 DHCP 服务器发送广播，表示自己已经选择了一个 IP 地址。

(4) 被选中的 DHCP 服务器向 DHCP 客户机发送一个确认信息，而其他 DHCP 服务器则收回它们的"offer"信息。

第8章 网页制作基础

第1节 网页设计基础

选择题

1. D　2. B　3. D　4. A

第2节 网页元素编辑

选择题

1. A　2. C　3. A　4. C　5. C

第3节 超链接的使用

选择题

1. C　2. B　3. A　4. C　5. C

第4节 表格的使用

选择题

1. D　2. A　3. B　4. B　5. B

第5节 框架的应用

选择题

1. B　2. D　3. B　4. D　5. C

第6节 表单的设计

选择题

1. C　2. A　3. A　4. A　5. C

第7节 多媒体网页效果

选择题

1. B 2. B 3. B 4. A 5. D

第8节 CSS 基础知识

选择题

1. D 2. D 3. A 4. C 5. A

跟踪训练

一、选择题

1. B 2. C 3. A 4. B 5. A 6. B 7. A 8. A 9. B 10. B 11. D 12. A 13. C 14. B
15. C 16. B 17. B 18. D 19. C 20. C 21. A 22. D 23. D 24. A 25. B 26. C 27. C
28. A 29. B 30. C 31. A 32. C 33. D 34. D 35. D 36. B 37. C 38. A 39. A 40. A

二、填空题

1. Border Cellpadding；2. 为表格在表格外添加标题；3. 表格的一行 表格的一列 表格的表头；4. <tr> <td> <th>；5. <td> <tr>；6. <table> <tr> <td>；7. 像素点数；8. 层叠样式表；9. <head>；10. <html> </html>

三、判断题

1. √ 2. √ 3. √ 4. × 5. × 6. √ 7. × 8. × 9. × 10. ×

第9章 C 语言程序设计

第1节 数据类型与运算符

选择题

1. D 2. A 3. C 4. D 5. A

第2节 数据的输入与输出

选择题

1. C 2. C 3. B 4. D 5. D

第3节 程序流程的控制

选择题

1. B 2. D 3. B 4. A 5. B

第4节 数组

选择题

1. D 2. C 3. C 4. D 5. C

第5节 函数

选择题

1. A 2. A 3. A 4. B 5. D

第6节 指针

选择题

1. C 2. D 3. D 4. D 5. D

第7节　用户建立的数据类型

选择题

1. A　2. A　3. C　4. A　5. D

第8节　文件

选择题

1. C　2. B　3. B　4. A　5. D

跟踪训练1

一、选择题

1. D　2. D　3. A　4. A　5. D　6. A　7. C　8. B　9. B　10. A　11. B　12. D　13. D　14. C
15. C　16. C　17. B　18. D　19. B　20. D　21. C　22. C　23. C　24. A　25. A　26. B　27. B
28. D　29. C　30. A　31. D　32. B　33. D　34. C　35. D　36. A　37. B　38. C　39. D　40. B

二、写出下面程序的执行结果

1. D，-69
2. 4，8，
3. c = F
4. 　　1　　5　　9
　　　2　　6　　10
　　　3　　7　　11
　　　4　　8　　12
5. 2 0 0
6. 24 10 60 0 0 0
7. 25 21 37
8. -3
9. 16
10. 2

三、填空题

(1) ① i<m 或 i<m/2；② pp=0；③ sum+prime(a[i])；

(2) ①strlen(str)；② str[i]>='A' && str[i]<='Z' || str[i]>='a' && str[i]<='z'；
③str[i]>='0' && str[i]<='9'；④ str[i] = = ' '

(3) ①pn(x, n)；②1；③x；④((2*n-1)*x*pn(x, n-1)-(n-1)*pn(x, n-2))/n；

跟踪训练2

一、选择题

1. D　2. C　3. B　4. B　5. A　6. A　7. C　8. B　9. D　10. C　11. B　12. C　13. C　14. C
15. D　16. D　17. A　18. A　19. D　20. C　21. B　22. C　23. D　24. A　25. B　26. C　27. D
28. D　29. A　30. C　31. B　32. D　33. B　34. B　35. C　36. C　37. C　38. C　39. C　40. A

二、写出下面程序的执行结果

1. printf("a=%d, b=%d", a, b);
2. a=+00325, x=+3.14159e+00
3. #####

* ####
　　* * ###
　　* * * ##
　　* * * * #
　　* * * * *
4. input a integer number：5
　　5！=120
5. 6
6. 261
7. x+=1；
8. 5，4，c=3

三、填空题

(1) ① * max=i　② * min=i　③ a，&max，&min
(2) ① * (p1+i)= = * (p2+i)　② return(0)　③ * (p1+i)- * (p2+i)　④ str1；⑤str2；
(3) ① * (psco+5 * i+j)　② average　③ * (psco+5 * i)　④ sum/4　⑤ * (psco+5 * i+j)<60
⑥ * (psco+5 * i+k)　⑦ * (pave+i)　⑧ * (psco+5 * i+k)

跟踪训练3

一、选择题

1. A　2. C　3. B　4. A　5. A　6. C　7. A　8. C　9. A　10. C　11. A　12. B　13. C　14. B
15. D　16. C　17. B　18. A　19. B　20. A　21. B　22. B　23. D　24. C　25. B　26. D　27. C
28. A　29. D　30. B　31. B　32. B　33. C　34. B　35. D　36. D　37. C　38. A　39. C　40. D

二、写出下面程序的执行结果

1. b，d
2. 3　5　8
3. i=10，j=2
4. 　1：a=1，b=1
　　 2：a=1，b=2
　　 3：a=1，b=3
5. 100

三、填空题

(1) ①x. re+y. re　②x. im+y. im　③x. re * y. re-x. im * y. im
(2) ①struct student　②b[i]. total=0　③b[i]. total+b[i]. score[j]　④b[i]. ave=b[i]. total/3
⑤float s0
(3) ①struct student * b　②i=0；i<n；i++，b++　③b->total=0　④b->total+b->score[j]
⑤p=a　⑥p=a；p<a+3；p++